U0306210

合江县耕地地力评价与科学施肥

孙先明　主编

中国农业科学技术出版社

图书在版编目（CIP）数据

合江县耕地地力评价与科学施肥 / 孙先明主编．—北京：中国农业科学技术出版社，2017.12

ISBN 978-7-5116-2714-8

Ⅰ．①合…　Ⅱ．①孙…　Ⅲ．①耕作土壤-土壤肥力-土壤评价-合江县②施肥-管理-合江县　Ⅳ．①S159.271.4②S158③S147.2

中国版本图书馆 CIP 数据核字（2016）第 201154 号

责任编辑　白姗姗
责任校对　贾海霞

出 版 者　中国农业科学技术出版社
　　　　　北京市中关村南大街 12 号　邮编：100081
电　　话　(010) 82106638（编辑室）　(010) 82109702（发行部）
　　　　　(010) 82109709（读者服务部）
传　　真　(010) 82106650
网　　址　http://www.castp.cn
经 销 者　各地新华书店
印 刷 者　北京建宏印刷有限公司
开　　本　787 mm×1 092 mm　1/16
印　　张　15.5　　彩插　64 面
字　　数　377 千字
版　　次　2017 年 12 月第 1 版　2017 年 12 月第 1 次印刷
定　　价　128.00 元

《合江县耕地地力评价与科学施肥》

编委会

主　　编　孙先明

副主编　刘　勇　林良福

编　　者　傅　杰　赵光林　何　平　康荣华

前　言

土地是人们获取粮食及其他农产品最基础的生产资料，是人类赖以生存的基础。通过耕地地力调查与质量评价，为科学合理施肥，改良培肥土壤，种植业结构调整，促进农业节本增效，农民增收提供科学依据，为耕地管理与保护提供科学的决策依据；为提高耕地综合生产能力，为农业产业化、集约化、现代化建设提供强有力的技术支撑；是提高农产品品质，促进粮食安全，发展高产、优质、低耗、安全的现代和可持续发展农业的需要。

2008年合江县开始实施农业部测土配方施肥补贴项目，同时利用测土配方施肥数据开展县域耕地地力调查与质量评价工作。目前，全县采集土样近6 000个，植株样200余个，检验指标360 000多项次，开展农户调查500户。

通过本次耕地地力评价主要成果有：一是摸清了全县耕地地力状况、基础地力生产潜力、耕地障碍因子、养分丰缺状况。二是分析了土壤理化性状、立地条件、不同地力等级土壤分布规律、土壤属性。三是划分及验证了各乡镇各土属土种地力等级。四是分析了肥料施用量与产量关系、土壤基础地力与农作物产量关系。五是提出了不同地力等级施肥分区、农作物布局和配方施肥指导意见，水稻、玉米、油菜平衡施肥指导意见，实施土壤改良意见。六是形成了全县耕地地力等级图集、养分图集、土壤酸碱度分布图等图件，完成地力评价工作报告、技术报告、荔枝和真龙柚适宜性评价报告、主要粮油作物施肥分区报告。七是建立了全县县域耕地资源管理信息系统。

本书在编写过程中得到了省、市、县有关方面领导和专家的大力支持，在此表示衷心的感谢！

对于本书中存在的问题和错误，敬请广大读者批评指正。

编　者

2015年12月

前言

目　录

第一章　合江县自然与农业生产概况

第一节　自然与农村经济概况

一、地理位置与行政区划

（一）四周抵界

合江县位于四川南部，隶属泸州市。合江县距今已有两千多年的历史，早在公元前115年，便以符县的名称，建在赤水河入长江口的符关，曾一度更名。公元564年，即北周保定四年，周武帝以赤水河和长江于县两侧合流，遂改名为合江县，从此，合江的名称才固定下来沿用到今。

合江县位于四川盆地南缘，地处东经105°32′～106°28′，北纬28°27′～29°01′。南部紧靠贵州山区，东北部与江津毗邻，西与泸县、纳溪、叙永接壤，地幅似“肺叶形”，东西长81km，南北长61km，属盆边山区县之一，兼备丘陵及少数河谷景观。地处四川盆地与贵州高原的过渡带，地势由西北向东南逐渐升高，县城东南，山峦重叠，峡谷幽深，民间称为山地；县城西北，小丘起伏，冲谷密布，民间称为丘陵。北部最低海拔203m，最高是东南部轿子山，海拔1 751m，相对高差1 548m。由于地形复杂多样，地表水热条件不同，从而影响土壤特性和农业生产等方面的差异。

（二）行政区划

合江县幅员面积2 422km^2，辖27个乡镇即合江镇、密溪乡、白米乡、望龙镇、白沙镇、参宝镇、焦滩乡、佛荫镇、大桥镇、尧坝镇、先市镇、车辋镇、二里乡、九支镇、五通镇、虎头乡、凤鸣镇、实录乡、榕右乡、榕山镇、白鹿镇、甘雨镇、福宝镇、南滩乡、石龙乡、先滩镇和自怀镇，284个行政村、37个社区，总人口88.7万人，其中，非农业人口11.8万人。最新的合江县村级和乡镇行政区划图，见附图1和附图2。

二、土地资源概况

土地是“万物之本”，是人类赖以生存的物质基础。对土地资源开发利用的程度，标志着经济发展的水平。

（一）土地利用现状

据2009年合江县统计年鉴，全县总面积363.3万亩*（合24.22万hm^2），耕地56.86

---

* 1亩≈667m^2，1hm^2＝15亩。全书同

万亩，占总面积的15.7%。全县2009年末总人口88.7万人，人均耕地0.64亩，而每个农业人口占有耕地0.74亩，相比全国人均耕地1.4亩而言，合江县耕地资源比较缺乏，有待通过土地整理等方式增加耕地面积（数据源自合江县统计局）。土地利用状况见附图3。

（二）土壤种类、特征和分布规律

根据当前最新的全省土壤分类系统，合江县土壤类型共有4个土类，9个亚类，26个土属，65个土种（附图5、附图8和附表）。

水稻土类面积占全县土壤面积的60.65%，分潴育型、淹育型、渗育型和潜育型水稻土4个亚类。潴育型水稻土包含4个土属，即酸紫泥田、潴育黄泥田、酸紫泥田和钙质紫泥田；淹育型水稻土，包括淹育紫泥田、淹育钙质紫泥田2个土属；渗育型水稻土则有灰棕潮田、灰潮田、紫泥田、紫潮田、钙质紫泥田、黄泥田和酸紫泥田7个土属；潜育型水稻土包含有5个土属，即潮田、紫泥田、钙质紫泥田、黄泥田和矿毒田，共计33个土种。水稻土具有土层深厚、蓄水保肥力强、有机质容易积累和土温稳定等特点。水稻土遍布于全县各地，由于受水系和地貌类型的影响不同，因而在各个土区的分布面积差异较大，浅丘区占54.64%，深丘区占20.28%，中低山区占25.26%。

紫色土类占全县面积的38.98%。本土类包括中性紫色土、石灰性紫色土和酸性紫色土3个亚类5个土属共21个土种。其中，中性紫色土亚类，包括灰棕紫色泥土属，共7个土种；石灰性紫色土亚类，包括红棕紫泥土、棕紫泥土2个土属，共9个土种；酸性紫色土亚类包含酸紫泥土和红紫泥土2个土属，5个土种。紫色土多分布在海拔216~1 000m的丘陵、河谷及中低山区，是全县旱粮和多种经济作物的主要生产基地。

新积土类占全县总面积的0.31%，是全县面积最小的土类，呈条状分布于海拔210~300m的长江、赤水河一级阶地和县境内各中小溪河的沿岸。新积土具有母质来源复杂、养分丰富、胶体品质好、吸收容量大、土层深厚、质地层次分明等特点。全县只有一个灰新积土亚类，钙质灰棕潮泥土和紫潮泥土2个土属，7个土种。

黄壤绝大部分分布于林地，占全县林地面积的29.6%。集中分布于合江县海拔1 000~1 500m的中山地带，浅丘河谷地也有零星分布。只有黄壤一个亚类，包括老冲积黄泥和冷沙黄泥土两个土属。

三、自然资源

（一）气候资源

合江县属四川盆地亚热带湿润气候区，主要气候特点是：气温较高，降水充沛，无霜期长，光照较足，四季分明；春季气温回升早，夏季炎热多伏旱，初秋多雨降温快，冬季不冷阴日多。但境内地形复杂，山丘分布明显，气候差异显著，全县常年平均气温分布：从北到南由高到低，为9.5~18.5℃，≥0℃积温3 400~6 700℃。据合江县24年（1957—1980年）气象资料统计分析：南北温差9℃左右，积温差大于3 000℃。常年平均降水量分布，从北到南由少到多，为1 045~1 359mm，南北相差314mm。常年平均日照时数北部多于南部，北部1 349h，中部1 280h，南部日照偏少。

（二）水文地质条件

水是一切生命活动和工农业生产不可缺少的物质。深入了解水资源，对工农业生产的布局与发展，都具有十分重要的意义。

1. 水文条件

合江县地势南高北低，主要河流除长江以外，大都与地势相一致，从南向北注入长江。长江由西向东横穿合江县，占地面积4 500hm^2，合67 500亩，并将合江县分割为江南和江北两大部分。长江以南，有赤水河、高洞河和大小漕河四条。此外，还有18条小溪纵横穿插于境内，水源丰富，提灌面积较大。在地下水资源方面，除东南部山区有较丰富的岩溶水做灌溉用外，丘陵地区的岩层裂隙水，含量不丰富，很少开发利用，但对稻田的潜育化作用，影响十分深刻。

从总水量看，合江县地表水丰富，但时空分布不均。在时间分布上，36.12%的地表水都集中在6—8月，且多洪流出现，二春耕生产用水量大的3—5月，仅占全年的27.92%；在空间分布上，总水量的80%都是外来水，几乎全部属于位置低的长江，赤水河、高洞河和大小漕河，提灌面积不大；其次，现有水利工程，由于布局、管理较差，其蓄水量仅占自产水量的35.6%，平均每亩本田仅有水171m^3，远远不能满足农业用水需要，致使农民不得不大搞冬水田，防寒保栽，近年来合江县冬水田面积约占总田78.5%。由于长期关冬水，不仅不能扩大复种面积，反而造成稻田泥脚深冷，水、热、气、肥不相协调，严重影响水稻生长。

2. 地层地质条件

合江县地层发育不富，总计只有3个系，7个组（群）的地层在境内出露，而且出露的地层全是沉积岩。有沙溪庙组地层、遂宁组地层、蓬莱镇组地层、夹关组地层、第四系地层。上述合江县地层出露面积和岩层组合的特点是：蓬莱镇组和夹关组面积最大，两者占幅员面积63.2%，其次为沙溪庙组和遂宁组，而以第四系地层出露面积最小。在岩层组合上，则以泥岩和砂岩为主，砂泥岩互层次之。泥岩主要分布于遂宁组地层出露地带，蓬莱镇和沙溪庙地层也有较大面积分布。由于成岩环境为河湖相沉积，钙质胶结，结构松弛，极易崩解，风化而成碎屑，一遇风暴，最易流失。因此，构成的丘顶多呈浑圆状，丘坡多呈梯形，台面窄而陡，耕地面积窄小，土层浅薄，不耐干旱。以砂岩为主组成的地表，抗风化力强，故一般砂岩出露地区的地势较高，以先滩、福宝、九支、榕山一带最为突出，是构成全县最高的地方，由于夹关组和蓬莱镇组的厚砂岩风化剥蚀过程较慢，所以至今在这些地方仍残留了中低山地地貌景观。但砂岩颗粒粗，水分容易渗入，可使胶结物溶解，盐基流失，而呈酸性淋溶的风化壳，发育呈酸性紫色土。

四、农村经济概况

2009年，面对全球金融危机带来的严峻挑战，全县人民在县委、县政府的正确领导下，深入贯彻科学发展观，全县实现了经济平稳增长，经济结构继续改善，社会发展取得了新进步。在农村经济方面主要表现如下。

农业生产稳定。2009年农林牧渔总产值完成32.2亿元，比去年同期增长3.7%；实现增加值19.4亿元，同比增长3.7%。其中，农业、林业、牧业、渔业、农林牧渔服务业增加值分别为10.0亿元、0.8亿元、7.3亿元、0.9亿元、0.4亿元，分别增长3.9%、14.6%、2.9%、12.1%、5.0%。

产业结构不断优化。2009年，全县以推进农业产业化建设为重点，促进农民增收为核心，荔枝、优质竹等特色规模产业不断壮大，农业产业结构不断优化。全县粮食作物种植面积112.0万亩，成片定植荔枝3.68万亩，新发展优质竹7.76万亩；全年生猪出栏94.8万头。被评为“四川省三农工作先进县”，成为国家新增千亿斤粮食规划核心县、现代农业产业基地强县培育县、现代畜牧业试点县。合江荔枝成为泸州市首件农产品国家地理标志保护产品。

全县农机总动力20.04万kW，增长16.8%。农用排灌机械达到3.95万kW，机电灌溉面积17 333hm^2。农机总值达到10 363万元，增长9.4%。

新农村建设扎实推进。全年红层找水打井4 840口，新建集中供水站24个，解决了9万人的饮水安全；整合农民工培训资金，培训农民工2.2万人；全年劳务输出23.2万人，实现劳务收入17.85亿元；新建通村公路360km，农村的交通条件得到了极大的改善。

第二节　农业生产概况

2009年，合江县编制荔枝产业三年发展规划，出台扶持农业产业化经营奖励补助办法，荔枝、优质竹等特色规模产业不断壮大，成片发展荔枝1.68万亩、优质竹7.76万亩，合江荔枝成为泸州市首件农产品国家地理标志保护产品。

农业生产条件不断改善。实施参宝、白沙土地整理项目，新增耕地3 580亩。完成10座病险水库整治，新增节水灌面9 500亩。红层找水打井4 840口，新建集中供水站24个，解决9万人饮水安全。新建沼气池5 030口。整合农民工培训资金，培训农民工2.2万人次。劳务输出23.2万人，实现收入17.85亿元。合江被评为“四川省三农工作先进县”，成为国家新增千亿斤粮食规划核心县、全国小型农田水利建设重点县和四川省竹产业发展重点基地县、现代畜牧业试点县、现代农业产业基地强县培育县。

2009年，全县农作物总播种面积达92 779hm^2，比2008年减少了8hm^2，其中，粮食作物增加了0.28%，油料作物增加了5.8%，蔬菜种植面积达9 332 hm^2，比上年增加了0.66%；全县粮食总产量458 150t，比2008年增产1.2%，其中，小春粮食产量33 460t，大春粮食产量424 690t；油料作物产量3 172t，比上年增加7.6%；年末蔬菜产量达285 837 t，比上年增加4.8%。具体近几年农业生产情况如图1-1、表1-1和表1-2所示。

表1-1　主要农产品产量　(单位：t)

农产品产量（t）		2007年	2008年	2009年
谷物	稻谷	251 018	259 208	259 014
	小麦	18 523	19 090	19 165
	玉米	51 516	52 924	53 949
荔枝		945	3 172	9 348
大豆		13 105	15 206	13 397
薯类（折粮）		97 463	98 762	99 047
油料	花生	654	686	877
	油菜籽	2 149	2 264	2 295
糖料作物		8 666	8 671	8 654
蔬菜（含菜用瓜）		263 553	269 547	285 837
中药材		720	714	734

表 1－2　主要农作物播种面积　　（单位：hm^2）

农作物播种面积		2007 年	2008 年	2009 年
谷物	稻谷	31 686	30 936	31 160
	小麦	5 826	5 809	5 804
	玉米	8 690	8 576	8 516
荔枝		457	1 334	2 640
大豆		6 912	6 915	5 603
薯类（折粮）		16 897	17 290	17 225
油料	花生	685	685	836
	油菜籽	1 906	2 005	2 011
糖料作物		512	512	500
蔬菜（含菜用瓜）		9 277	9 268	9 332
中药材		585	480	458

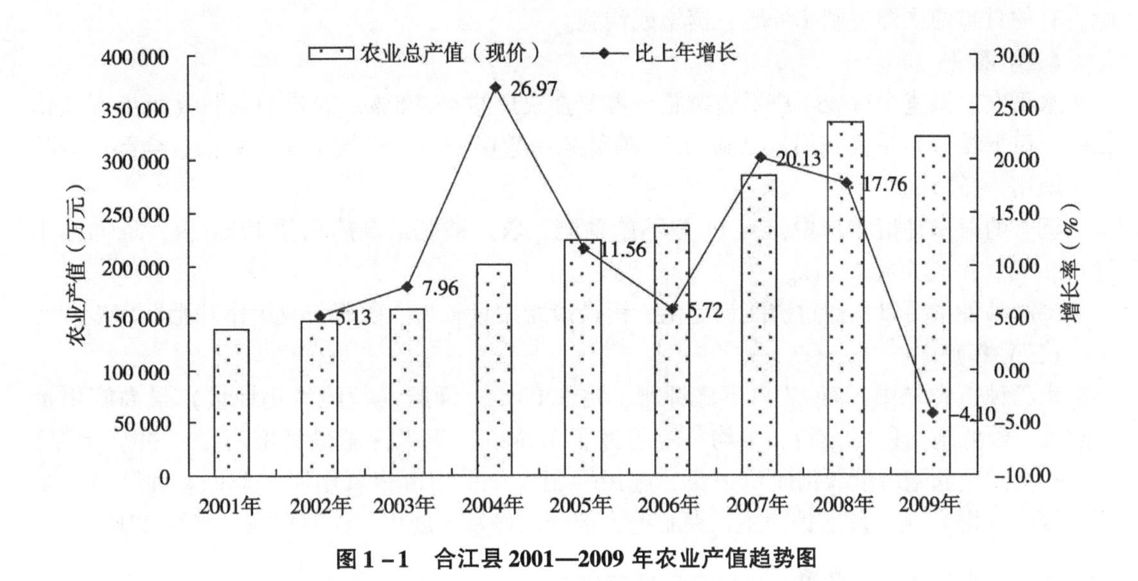

图 1－1　合江县 2001—2009 年农业产值趋势图

第三节　农业生产施肥现状

合江县共有 27 个乡镇，现有耕地 568 620 亩，其中，田 468 585 亩，占总耕地面积的 82.41%；土 100 035亩，占总耕地面积的 17.59%。对 2008—2010 年农户施肥情况进行了调查，共计 645 户。其中，水稻 561 户，玉米 33 户，小麦 35 户，甘薯 3 户，荔枝 3 户，真龙柚 2 户，再生稻 8 户。

一、有机肥施肥现状：比例、面积、数量、方式

不论是种植面积较大的水稻、玉米、小麦、荔枝、甘薯等种植户，还是其他农户，普遍

都有施用有机肥的习惯。其中，施用有机肥的农户分别占各自调查户的29.77%、36.36%、40%、75.0%、66.67%和66.67%。以水稻和玉米为例：水稻种植户中，部分农户施用的水稻有机肥量高达为1 500kg/亩，少数的农户少施甚至不施有机肥，故每亩平均量为228.17kg；有机肥一般是以猪粪尿（鲜基）为主，作底肥施用。玉米有机肥最高施用量1 300kg/亩，最低施用量10kg/亩，平均亩施有机肥236.42 kg，有机肥品种以猪粪尿（鲜基）为主，部分为沤肥（鲜基）。玉米采用窝施、水稻采用撒施。

二、化肥施用现状：比例、面积、数量、方式、品种

（一）氮肥

水稻、玉米调查农户均有施用氮肥，分别占调查总面积的88.95%，90.91%。其中，水稻最高施氮量（以下类似的数据均为折纯量）为30kg/亩，最低施用量0kg/亩，平均亩施19.89kg。占调查农户的1.71%；氮肥主要以尿素为主，分次施用。

玉米氮肥最高施用量30.5kg/亩，最低施用量0kg/亩，平均亩施纯氮15.05kg；水稻一般采用两次施肥，即底肥和分蘖肥，撒施；玉米采用4次施肥，即底肥、苗肥、秆肥和穗肥，有的只施两次即底肥和秆肥，窝施或沟施。

（二）磷肥

水稻农户调查中有254户不施磷肥，占调查农户的45.28%。农户的磷肥（折纯五氧化二磷，以下类似）最高施用量12kg/亩，最低施用量0kg/亩，平均亩施1.91kg，全部作基肥一次施用，撒施。

调查的玉米种植农户中，有11户不施磷肥，农户磷肥最高施用量12kg/亩，最低施用量0kg/亩，平均亩施2.01kg。

磷肥品种主要以普通过磷酸钙为主，钙镁磷肥用量较少。磷肥一般用作基肥，窝施。

（三）钾肥

水稻种植农户中，有17户不施钾肥，占3.03%。钾肥（折纯氧化钾量）最高施用量9kg/亩，最低施用量0kg/亩，平均亩施用钾肥1.54kg；玉米钾肥最高施用量（折氧化钾）5.0kg/亩，最低施用量氧化钾0kg/亩，施用钾肥农户平均亩施氧化钾1.28kg。钾肥品种主要以复合（混）肥、硫酸钾为主，钾肥绝大部分均作基肥施用，油菜窝施、水稻撒施。

三、历史施用化肥数量、粮食产量的变化趋势

（一）历史施用化肥数量

合江县2007年农用化肥使用量为10 891t（折纯），2008年农用化肥施用量为10 673t（折纯）比上一年减少2%；2009年农用化肥施用量为11 377t（折纯），比上一年增加了6.6%。

（二）粮食产量的变化趋势

2001—2008年的全县粮食产量变化，见图1-2。总的来看，粮食产量有增有减，尤其是2002年、2003年这两年粮食产量不到42万t，而近四年的粮食产量都超过了43万t，且还有增加的趋势，可见合江县粮食安全形势比较乐观。

（三）大量元素氮、磷、钾比例、利用率

通过对501户农户的施肥情况调查表明，水稻在平均施用有机肥678.36kg/亩的同时，

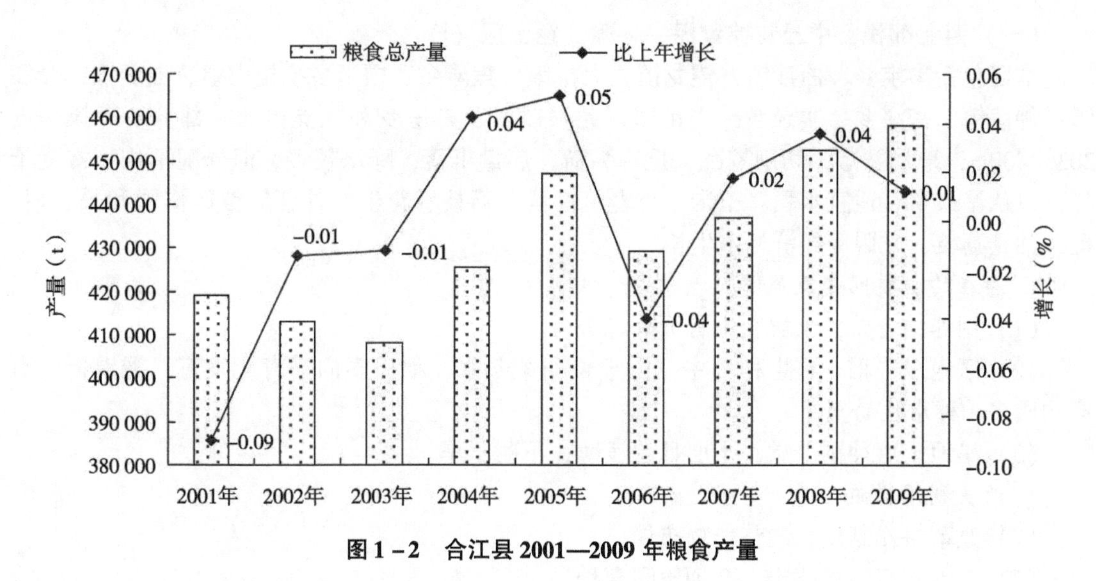

图 1－2　合江县 2001—2009 年粮食产量

平均施用氮、磷、钾的比例为 N：P_2O_5：K_2O = 11.34：2.33：2.17 = 1：0.21：0.2，玉米在平均施用有机肥每亩 1 296.4kg 的同时，平均施用氮、磷、钾的比例为 N：P_2O_5：K_2O = 15.8：4.12：3.11 = 1：0.26：0.2。

四、施肥实践中存在的主要问题

就农户调查和统计数据表明，合江县化肥施用总量较大，但化肥的增产效果却不是很明显。归纳起来有以下几点。

（1）施肥结构不合理。肥料配比严重失调，仍有些农户遵照传统的经验施肥，存在严重的盲目性和随机性。当前合江县水稻的氮、磷、钾施肥比例为 1：0.21：0.2，玉米的氮、磷、钾施肥比例为 1：0.26：0.2，显然与各自合理的氮磷钾配比尚有差距。另外，农户与农户之间施肥比例、方法、施用量也有较大差异，施肥随意性大。

（2）施肥方法不科学。农民往往重底（肥）轻追（肥），这一方面降低了肥料利用率，另一方面也会导致作物生长中后期脱肥现象严重，影响作物抽穗和结实，进而影响作物产量；种肥不分种类、施肥深度过浅（主要是撒施肥料较为普遍），这种施肥方法极易造成化肥的挥发和淋失。

（3）中、微量元素的微肥施用没有得到足够的重视。许多农户只是重视传统的氮磷钾肥的使用，忽视微量元素对作物生长的重要性。根据植物生长的“最小养分律学说”，植物所需的任何一种必须元素都应该遵照平衡施用原则，否则施用配比的合理性也会影响作物产量。

第四节　耕地改良利用与生产现状

一、主要的耕地改良模式及效果

全县分为 3 个土区，两个亚区，见附图 4。

（一）西北部浅、中丘灰棕紫泥——粮、经土区（Ⅰ）

本区包括参宝乡、白沙镇、望龙镇、大桥镇、焦滩乡、白米乡、榕山镇、白鹿镇、合江镇、佛荫镇、密溪乡、实录乡、先市镇、尧坝镇以及二里乡和九支镇的一部分。海拔高度203～400m，地形宽敞，切割零乱，丘谷纵横，热量丰富，降水较多，但分配不均，常受干旱，以伏旱最重，适宜水稻、玉米、小麦、红苕、荔枝、花生、甘蔗等粮经作物和桑、柑、橙、柚、荔枝、龙眼等经济林木生长。

1. 存在的主要问题及原因

（1）用养结合差，土壤肥力有下降趋势。

（2）区内以中稻+再生稻为主，由于长期关冬水，稻田多向潜育化发育，泥温低。有毒物质多，种水稻易坐蔸。

（3）旱地土壤冲刷严重，土层日趋浅薄，不耐干旱。

2. 改良利用措施

（1）改革耕作制度，调整作物布局。

（2）旱地实行深耕改土，合理轮间套种。

（3）按土施肥，合理用肥。

（4）加深耕作层，增施用有机肥，培肥土壤。

（5）积极营造防护林，增加森林覆盖度，减少冲刷，调节低空大气层水、热动态。

（二）中部高丘红棕紫泥——粮、果土区（Ⅱ）

本区包括二里乡、九支镇、凤鸣镇、虎头乡、南滩乡和甘雨镇的一部分。区内海拔高度300～500m，山丘相对高度60～100m，丘间冲谷宽20～80m，主要分布于长江以南各向斜底山下部和背斜翼部。多蛇形山，切割较大，夹沟田多。气候温和，多年来平均温度17.7℃，大于10℃的年积温5 651℃，无霜期为350d，年日照1 345h，常年降水1 210mm，但分布不均，容易形成干旱。主产水稻、小麦、玉米、红苕。在耕作制度上，田以中稻一熟为主，土内以麦、苕两熟为主。自然植被较少，多分布在房前屋后、沟边、路边，成片林地面积不大，且分布不均。

1. 存在主要问题及原因

（1）土层浅薄，不耐干旱。

（2）低产田面积较大。

（3）土壤肥力低。

（4）现有水利工程少，渠系不配套，抗旱能力差，土壤受干旱面积较大，常年均有数千亩农田不能栽水稻改走旱路。

（5）疏林光山较多，恢复较差，而现有林木的栽种也不尽合理。

2. 改良利用途径

（1）退耕还林。

（2）搞好坡面谷内治理，旱地挑沙面土，增厚土层同时开好边沟、背沟和沉沙凼，减缓径流，并开好横山堰，防止山洪入田，谷内开好排水沟，做到能灌能排。

（3）改造低产田土。

（4）治理塘、库、增强抗旱能力。

（5）搞好作物的合理安排。

（三）东南部中、低山红紫泥、黄壤——林、粮、竹、药、茶土区（Ⅲ）

本区包括福宝镇、自怀镇、先滩镇、石龙乡以及榕右乡、石龙乡、九支镇、五通镇、凤鸣镇和车辋镇的一部分。属向斜构造，山脉由东南向西北延伸，海拔高程一般在 1 000m 左右，最高 1 751m，最低 500m。气候特点是气温低（全年平均气温 13.8 ~ 15.5℃，窄谷中为 16.1 ~ 17.7℃），雨量多（全年降水量 1 300mm），日照少（全年 860h 左右）。在耕作制度上，田头多一年一熟，土内一年两熟，主产玉米、水稻、红苕。

根据土壤区划的相似性原则，本区分为两个土壤亚区，现分述于后。

1. 先滩—福宝中山峡谷红紫泥、黄壤—林、竹、药、茶亚区（Ⅲ1）

本区包括福宝镇、自怀镇、先滩镇、石龙乡以及榕右乡和石龙乡的一部分。位于县境东部，海拔高度一般 700 ~ 1 000m，最高海拔轿子山 1 751m。自然气候的特点是温凉、潮湿，光照不足；年平均气温 13.2 ~ 15.5℃，光照 < 860h，降水量在 1 300mm 以上，及其他土区的自然气候差异大。主要农作物有水稻、玉米、红苕、小麦、洋芋等。在耕作制度上，田头一年一熟，土头一年一熟或一年二熟，产量不高，一部分地区还存在着广种薄收的现象。

（1）主要的问题及原因。①土壤酸度大，有效养分缺乏。②水土流失严重。③农业结构单一，经济收入水平低。

（2）改良利用措施。①努力保护好现有的自然森林资源，建立健全保护林地组织，护林制度，做到“山有人营，林有人护”。②合理利用土地，充分发挥生产潜力。③因地制宜，改土开田。④抓好开沟排水，改造冷浸下湿田。

2. 石顶—农会低山窄谷红紫泥、棕紫泥—林、粮、牧亚区（Ⅲ2）

本区包括九支镇、五通镇、凤鸣镇和车辋镇的一部分。位于县境内西南部，山岭海拔一般 800m 左右，最高的铁索关海拔 1 070m。自然气候特点是：年平均气温 15.5 ~ 17℃，日照大于 860h，降水量 1 200mm 左右，气温和日照都比Ⅲ1 高，仅降水量低于Ⅲ1。区内栽培作物有水稻、小麦、玉米和红苕等。在耕作制度上，田头多一年一熟，土头多一年两熟，山头多一年两熟，山上多为林地，山腰及山麓多为农林间作地。

（1）主要的问题及原因。①水土流失严重。②低产田面积较大。③农业结构单一，经济落后。④本区成土母质为白垩系夹关组砖红色砂岩及侏罗系蓬莱镇组灰紫色长石石英砂岩风化物，由于先天地质淋溶作用，故形成的土壤普遍“酸、瘦、缺磷”，农作物僵苗、死苗多；局部地区土壤管理利用差，耕作粗放，用养矛盾突出。

（2）改良利用措施。①狠抓改土培肥，积极推广良种。②发挥区域优势，加强林、牧业建设。③搞好水利工程建设，变望天田、内涝田为排灌自如的良田。

二、耕地利用程度与耕作制度

（一）耕地利用程度

耕地利用程度的高低一般用垦殖率、复种指数、粮食单产、集约化程度等来反映。而集约化程度又通常用化肥施用量、农机总动力、农村用电量等来表现。合江县依据其特殊的地形地貌，在保障粮食稳定增产的前提下，积极开展多种经营，种植蔬菜、荔枝、中药材等优势作物。下面将 2009 年合江县与泸州市（2008 年全市平均或累计）的耕地利用程度相关指标进行对比，见表 1 – 3。不难看出，合江县耕地利用程度较高，各指标在全市都处于高水平。

表 1－3　耕地利用程度状况表

县（市）	垦殖率（%）	复种指数（%）	粮食产量（万 t）	化肥施用量（t）	农村用电量（万 kW·h）	农业机械总动力（万 kW）
合江县	15.6	244.7	45.82	11 377	5 664	10.93（2009 年）
泸州市	17.3	231.2	203.35	137 860	40 700	94.9（2006 年）

（二）耕作制度

土壤耕作制度是与一个地区的作物种植制度紧密相连的，有什么样的作物种植制度就有什么样的土壤耕作制度与之相配套，以达到用地与养地的有机结合。合江县处于北纬 30°以下地区，水、热条件充分，种植制度为一年一熟、两熟，甚至旱作三熟；根据作物的生态适应性与生产条件采用的种植方式，县境内有单种、复种、间种、轮作等种植方式。在发扬精耕细作传统的同时，注意与现代农业技术特别是农业机械化相结合，因地制宜地提高复种指数，实行复种轮作制，将是该区主要农业耕作制度发展的基本方向。

三、不同类型耕地投入产出情况

通过对 561 户农户的水稻施肥情况调查表明，水稻在平均施用有机肥 228.17kg/亩的同时，平均施用氮、磷、钾的比例为 1∶0.1∶0.08，平均产量达到 503.8kg/亩，产值 977.4 元，平均成本 739.8 元/亩（有机肥按照 0.1 元/kg、氮按 4.34 元/kg、磷按 3.2 元/kg，钾按 3.4 元/kg，水稻按 1.94 元/kg，每亩投工 13 个，1 个投工按 50 元计），投入产出比为 1∶1.32。

通过对 32 户农户的玉米施肥情况调查表明，玉米在平均施用有机肥 236.42kg/亩的同时，平均施用氮、磷、钾的比例为 $N : P_2O_5 : K_2O = 1 : 0.13 : 0.09$，平均产量达到 381.21kg/亩，平均产值 701.4 元，平均成本 587.8 元/亩（有机肥按 0.1 元/kg、氮按 4.34 元/kg、磷按 3.2 元/kg，钾按 3.4 元/kg，玉米按 1.84 元/kg，每亩投工 10 个，1 个投工按 50 元计），投入产出比为 1∶1.19。

第五节　耕地保养管理的简要回顾

一、近年来重大项目投入对耕地地力的影响

合江县作为四川省成长型特色工业园区、三江省级新农村示范片。近年来，在市委市政府、县委县政府的大力投入与扶持下，尤其是在步入“十二五”发展新时期后，耕地地力及农业生产条件有显著提高，主要有以下几点。

2008 年，县政府在加快新农村的建设上，探索成立农村土地股份合作社，鼓励开展农村土地规模经营。加大支农资金整合力度，深入推进合江镇龙潭村新农村建设试点。设立农业产业化建设基金，集中发展荔枝、青果两大特色产业，鼓励乡镇发展真龙柚、甜橙等具有地方特色、增收效果明显的多种经营项目。重点打造 6 个“一乡一品”示范片，新发展荔枝 1.5 万亩、优质竹 7 万亩，高产青果 5 万株。实施品牌战略，着力提升“合江荔枝”等特

色品牌知名度。

2009年按照集中成片推进的原则，大力整合现代农业、农业综合开发等支农资金，把三江省级新农村示范片作为三农工作的“一号工程”，着力打造全省新农村建设示范样板。在合江镇、虎头、密溪等乡镇发展优质晚熟荔枝2.5万亩，在二里、五通等乡镇发展优质竹7万亩，在白鹿、白米等乡镇发展大棚蔬菜3万亩。实施新增千亿斤粮食生产能力建设工程，发展优质稻38万亩，稳定粮食产量46万t。推进农业标准化生产，提升农产品品牌，培育壮大龙头企业和专合组织。

紧紧抓住三江省级新农村示范片建设不放松，新农村建设取得重大突破。即以“做强荔枝产业、共建美好家园”为主题，按照集中成片推进的原则。财政投入2亿元，拉动社会和群众投入2.8亿元，成片定植荔枝2.6万亩，种植真龙柚3 500亩，且顺利通过农业部优质晚熟荔枝标准化示范基地、四川省真龙柚标准化示范项目验收。投入2.37亿元，实施42个土地开发项目、5个“双挂钩”项目，新增耕地1.38万亩。投入2 200万元，完成小农水重点县项目建设任务，新增和恢复灌溉面积2.2万亩。实施新增千亿斤粮食生产能力建设工程，全年粮食产量47万t。初步形成“产业连片、设施联户、服务配套”的良好格局。并围绕打造重庆“菜篮子、米袋子、果盘子”，大力发展以荔枝为主导的特色优势产业。县政府按照“资源换资本”的思路，成功签约投资14.1亿元的县城西扩及江北新城（一期）一级土地整理项目，县城西扩5 300亩土地整理。

为了奋力实现“十二五”良好开局，大力发展以荔枝为主导的特色农业产业。在稳定粮食生产的基础上，按照标准化、集约化、规模化的要求，深入实施《2010—2015荔枝产业发展规划》，高标准打造合江镇、虎头乡万亩荔枝示范园，带动全县新发展荔枝3万亩。在密溪、参宝、白米等地定植真龙柚5 000亩，在二里、九支等地新发展优质竹7.5万亩。新发展标准化蔬菜示范基地4 800亩，粮食产量稳定在47万t以上。

二、政策、法规等对耕地地力的影响

《中华人民共和国水土保持法》的规定，根据水土保持规划，组织有关行政主管部门和单位有计划地对水土流失进行治理，采取整治排水系统、修建梯田、蓄水保土耕作等水土保持措施。

依据《中华人民共和国土地管理法》，切实贯彻“十分珍惜、合理利用土地和切实保护耕地”的基本国策，实行占用耕地补偿制度，严格执行土地利用总体规划和土地利用年度计划，确保本行政区域内耕地总量不减少，并采取措施维护排灌工程设施，改良土壤，提高地力，防止土地水土流失和土壤污染等土壤退化现象。

第二章 合江县耕地地力评价技术路线

第一节 资料准备

一、图件资料

地形图（比例尺1：50 000地形图）、土壤图及土壤养分图（第二次土壤普查成果图）、土地利用现状图（比例尺1：10 000）、行政区划图（乡镇界）、地貌类型分区图。本次地力评价工作统一使用的坐标系统为：Beijing_ 1954_ GK_ Zone_ 18N。

二、数据及文本资料

第二次土壤普查成果资料（土壤志、土种志），县、乡、村名编码表（参照《县域耕地资源管理信息系统数据字典》中编码规则，建立一套最新、最准、最全的县内行政区划代码表）、土壤类型代码表及市县土壤类型代码对照表（参照《县域耕地资源管理信息系统数据字典》中编码规则，建立一套土壤类型代码表）、耕地地力调查点基本情况及土壤样品化验结果数据表、历年土壤肥力监测点田间记载及化验结果资料、各乡镇、村近三年种植面积、粮食单产、总产统计资料，历年土壤、植株测试资料、农村及农业生产基本情况资料、土壤典型剖面照片及相关数据、地方介绍资料。

三、调查取样方法与内容

（一）布点

1. 土壤采集布点原则

合江县根据该项目各年度采样数量、各镇（乡）耕地面积、地形地貌、土壤类型、肥力高低、作物种类等，在保证采样点具有典型性和代表性，同时要兼顾空间分布的均匀性等原则的基础上，以20～120亩为一个取样单元进行布点，除个别特殊样点的布点面积小于20亩外。

2. 植株采集布点原则

肥料试验的作物植株采集，在每个试验区内（排除边际效应及特殊部位），作物收获前一般从第三行（第三窝）起连续采取10个整株（窝）的样品组成一个混合样。

3. 布点的步骤

布点的有关要求：合江县土壤样品化验有数据记录的3 803个（达到项目规定的要求，其中，2008年采样个数1 603个，2009年采样个数2 200个，在地力评价工作中，剔除异常点后实际参与地力评价样点为3 716个），在全县范围内，平均每20～120 亩耕地为一个采样单元采集1 个土样，在一个采样单元中，选择有代表性的一田块，采用“S”形进行采样。根据相关规定，本次地力评价项目所所使用农化样点数目3 716个，在全县范围内分布均匀，能够较准确的反映土壤养分状况。

样点分配：根据合江县各镇（乡）耕地面积，各类作物耕种面积，土壤类型、种植作物种类进行平衡调整分配。

布设点位图：首先在室内根据我县土地利用现状图利用现状、地形图进行布点，将土地利用现状图与土样图叠合，根据叠合单元，确定采样点位置，以20～120 亩为一个采样单元的原则进行布设，力求点位均匀分布。然后根据图上的点位到野外确定实际的采样点位置。当室内点位变更时要对原点位进行修正。点位图见附图11。

（二）采样组织方式

针对土样采集，农业局专门成立了采样实施小组，采样组织领导工作由小组办公室负责，统一组织协调人员、车辆，技术培训、指导等；采样实施小组负责样品的采集、运送等；采样实施小组由土肥站站长负总责，抽取农业局技术骨干为各采样组组长，在农业局和镇（乡）抽取技术人员为各小组成员，全县每年组成采样组2～5 个，采样组进行土壤样品采集。

（三）土样采样方法

1. 野外采样田块确定

每一采样组根据点位图，选定采样路线，到达点位所在的村组后，首先向农民了解本村前季作物产量情况，将土壤类型、产量水平相近的区域，以20～120 亩划分为一个采样单元。在采样单元内，确定具有代表性、面积大于1 亩的田块为采样田块。

2. 采样

准备好GPS、土钻、锄头、竹片等工具。用GPS 定位，采用“S”法进行采样，均匀随机采取15～30 个采样点，骨干样、试验、示范田的基础样2kg，一般农化采样量1kg 即可；若土壤的实际采样量超过规定则将土壤充分混合，摊在塑料布上，将大块样品碾碎、混匀，摊成圆形，中间划十字分成4 份，然后对角线去掉2 份，重复多次，直至达到样品要求重量。取样时要避开路边、田埂、沟边、肥堆等特殊部位；同时编号、填写好采样登记表及内外标签，当确认检查三者的一致性后，再进行下一样品的采集。

四、样品分析及质量控制

（一）仪器设备

合江县通过招投标方式，采购一批先进的化验分析仪器，包括原子吸收分光光度计、紫外分光光度计、定氮仪、消化炉、火焰光度计、电脑等，共计18 台套设备，基本满足测试样品大、中、微量元素的需要，为合江县分析测试工作的开展打下良好基础。

（二）样品处理

样品采集后，及时送到土肥站化验，摊放在晾晒土样的风干盘中、剔除石子、草根等其他杂物，有序堆置于风干架上。待样品风干后，对样品进行磨制，对接好标签，将样品磨制好后，装入测土配方施肥专用样品袋，转入化验室的样品贮藏室，按各镇（乡）编号顺序有规律地摆放，待测。

（三）化验分析及质量控制

严格按照《测土配方施肥技术规范》中的相关要求，进行样品测试。其中，pH 值采用土液比 1 : 2.5，电位法；有机质采用油浴加热，重铬酸钾氧化容量法；全氮采用半微量开氏法；碱解氮采用碱解扩散法；有效磷采用碳酸氢钠或氟化铵—盐酸浸提——钼锑抗比色法；速效钾采用乙酸铵提取——火焰光度计法（原子吸收法）进行测定。

为了做好土样检测工作，本县按照测土配方施肥项目要求，对原土肥站化验室进行改建，配备仪器设备，建成了合江县测土配方施肥土样检测室，并采取了一系列的分析检测质量保证措施，实行了检测前、检测中、检测后的全程质量控制。

检测前，首先进行样品确认，对样品编号进行核对，并严格按照农业部规定的检测方法实施，同时确认检测环境，记录温、湿度，及其他干扰条件。

检测中，通过盲样考核、空白试验、重复试验、标准曲线、标准样品控制等办法，严格控制样品化验质量，使分析结果得到保证。

检验后，加强原始记录校核、审核，确保数据准确无误。主要是校核审核原始记录的计量单位、检验结果是否正确，检测条件、记录是否齐全，有无更改等情况。同时，还对各指标间的合理性、相关性进行分析。例如，土壤有机质和氮、磷的相关性等。

第二节　技术准备

一、评价方法

合江县耕地地力评价是以农业部《测土配方施肥技术规范（试行)》和全国农业技术推广服务中心《耕地地力评价指南》为技术依据，主要的技术流程如图 2 - 1 所示。

关键步骤有以下 6 个方面。

第一，利用信息技术手段，收集整理相关的数据资料，建立合江县耕地资源基础数据库。

第二，在相关专业专家的协助下，从国家和省级耕地地力评价指标体系中选择适合本区的耕地地力评价指标，最终选择 11 项指标。

第三，将合江县土地利用现状图和土壤图进行叠加，确定耕地地力评价单元。

第四，在全国统一的县域耕地资源管理信息系统下，按照要求建立规范的数据库，并进行数据管理。

第五，对每一个评价单元进行赋值、标准化，在隶属函数模块下输入函数，并在层次分析模型编辑模块中计算每个评价因子的权重。

第六，在耕地生产潜力模块下进行合江县耕地地力评价，并根据《全国耕地类型区、耕地地力等级划分》（NY/T 309—1996）方法，将合江县耕地地力评价结果归入全国耕地地力等级体系。

二、耕地地力评价因子的确定

耕地地力评价实质是评价地形地貌、土壤理化性状等自然要素对农作物生长限制程度的

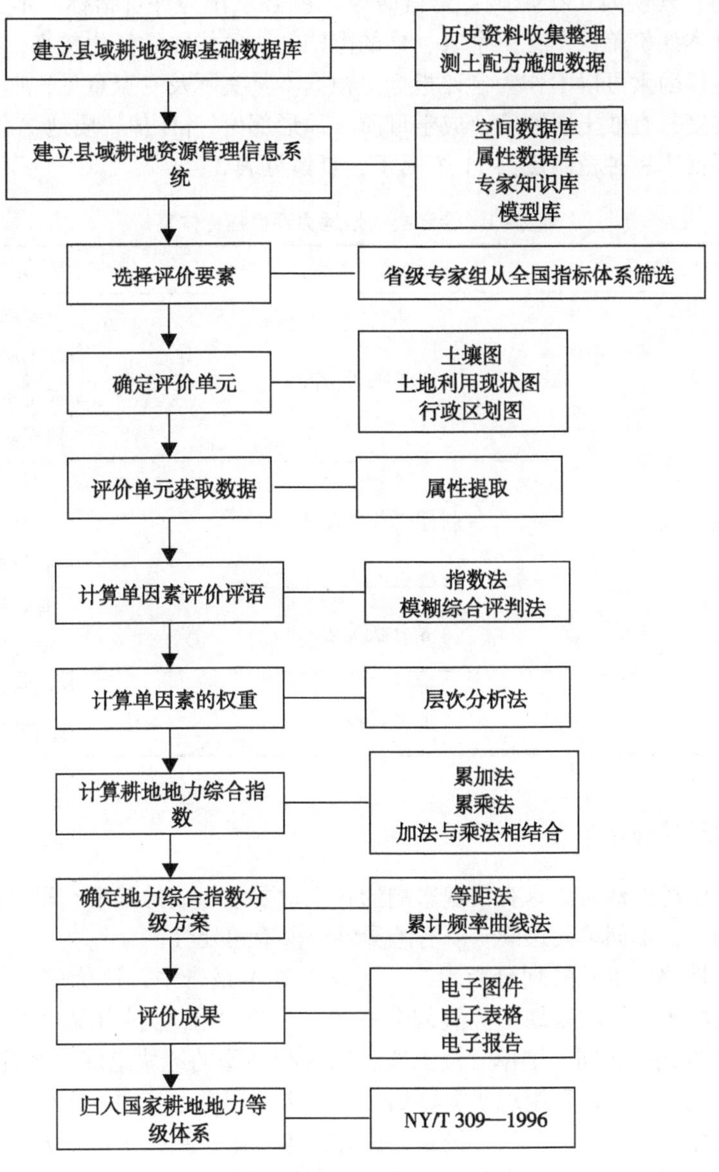

图 2-1　耕地地力评价技术路线

强弱。选取评价指标时应遵循以下几个原则。

第一，选取的指标对耕地地力有比较大的影响，如地形部位、灌溉条件等。

第二，选取的指标在评价区域内的变异较大，便于划分耕地地力的等级。如有效土层厚度是影响耕地生产能力的重要因素，在多数地方都应作为评价指标，但在冲积平原地区，耕地土壤都是由松软的沉积物发育而成，有效土层深厚而且比较均一，就可以不作为评价指标。

第三，选取的评价指标在时间序列上具有相对的稳定性，如土壤的质地、有机质含量等，评价结果有较长的有效期。

第四，选取评价指标与评价区域的大小密切相关。当评价区域很大（国家或省级的耕地地力评价）时，气候因素（降雨、无霜期等）就必须作为评价指标。本次耕地地力评价是以区、县为基本评价单位，在一个区、县的范围内，气候因素变化较小，在进行县域耕地地力评价时，气候因素可以不作为参评指标。根据本县实际及专家意见，本县耕地地力评价的因子主要有坡度、有效土层厚度、成土母质、地形部位、pH 值、质地、有机质、有效磷、速效钾、灌溉保证率和种植制度共 11 个因子，具体见表 2－1。

表 2－1　合江县耕地地力评价指标体系

目标层（A 层）	准则层（B 层）	指标层（C 层）
耕地地力	立地条件 B_1	坡度 C_1
		有效土层厚度 C_2
		成土母质 C_3
		地形部位 C_4
	耕层理化性质 B_2	pH 值 C_5
		质地 C_6
		有机质 C_7
	养分状况 B_3	有效磷 C_8
		速效钾 C_9
	土壤管理 B_4	灌溉保证率 C_{10}
		种植制度 C_{11}

三、评价单元的确定

评价单元是由对土地质量具有关键影响的各土地要素组成的基本空间单位，同一评价单元的内部质量均一，不同单元之间，既有差异性，又有可比性。

目前，对土地评价单元的划分尚无统一方法。在本报告中，评价单元的划分采用土壤图、土地利用现状图、行政区划图叠置划分的方法，即“土地利用现状类型—土壤类型—行政区划图”的格式，相同土壤单元及土地利用现状类型的地块组成一个评价单元。其中，土壤类型划分到土属，土地利用现状类型划分到二级利用类型。同一评价单元内的土壤类型相同，利用现状相同，交通、水利、经营管理方式等基本一致，用这种方法既克服了土地利用类型在性质上的不均一性，又克服了土壤类型在地域边界上的不一致性，便于将评价结果落实到实地。

本研究通过将土地利用现状图、土壤图、行政区划图进行叠加分析，提取耕地地类进行评价。由于将三个图层相叠加得到的图斑数量较多，将会大大增加地力评价的工作量。根据中国农业出版社出版的《县域等地资源管理信息系统数据字典》有关实体面积的规定，将面积 $<2\ 500m^2$ 的小图斑进行合并，最终得到 26 271个评价单元。

第三节　耕地地力评价

采样调查、分析化验、田间试验、示范数据是项目的重要成果，是制定肥料配方和开展耕地地力评价的重要依据。合江县高度重视数据采集、分析、汇总工作，按照整体设计、分步实施的原则，逐步建立县级数据管理信息系统，为科学施肥、耕地质量建设与管理、农业生态环境保护提供支撑。

耕地地力评价大体可分为以产量为依据的耕地当前生产能力评价和以自然要素为主的生产潜力评价。本次耕地地力评价是指耕地用于一定方式下，在各种自然要素相互作用下所表现出来的潜在生产能力。

生产潜力评价又可分为以气候因素为主的潜力评价和以土壤因素为主的潜力评价。在一个较小的区域范围内（县域），气候因素相对一致，耕地地力评价可以根据所在地的地形地貌、成土母质、土壤理化性状、农田基础设施等因素相互作用表现出来的综合特征，揭示耕地潜在生物生产力的高低。耕地地力评价结果表达有以下两种。

（1）方法一。回归模型法。

$$Y = b_0 + b_1X_1 + b_2X_2 + \cdots\cdots + b_nX_m$$

式中，Y 为单位面积产量；X_i 为耕地自然属性（参评因素）；b_i 为该属性对耕地地力的贡献率（解多元回归方程求得）。

（2）方法二。参数法。

$$IFI = b_1X_1 + b_2X_2 + \cdots\cdots + b_nX_n$$

式中，IFI 为耕地地力指数（integrate fertility index）；X_i 为耕地自然属性（参评因素）；b_i 为该属性对耕地地力的贡献率（层次分析方法或专家直接评估得到）。

一、评价单元赋值

首先将土壤图、土地利用现状图和行政区划图进行叠加分析，求得耕地资源管理单元图，随后针对每个单元分别进行 11 个指标的提取。

对于 pH 值与有机质、有效磷、速效钾等土壤养分因子值的获取，可以通过野外采集的土壤样品的化验分析数据用地统计的方法进行 Kriging 空间插值来获得。将采样点调查及分析数据按照经纬度在 ArcGIS 9.3 中进行布点，然后，利用其中的地统计分析（Geostatistical Analyst）模块选择最优的插值模型进行 kriging 空间插值，得到各因子的空间分布图，并将其输出为 GRID 文件。最后，同样使用确定的评价单元图通过空间分析（Spatial Analyst）模块下的区域统计（Zonal Statistics）功能来提取每个评价单元范围内的 pH 值、有机质、有效磷、速效钾等因子的平均值，并将该值赋给相应的评价单元，最终就实现了这些因子值的提取。土壤质地、成土母质由于本身与土壤类型密切相关，同一种土壤也通常由共同的母质在相同或相近的成土条件下发育而成，因此，关于每个评价单元的土壤质地与成土母质是从土壤二次普查报告中相关部分内容获取的。与此类似的，土壤的有效土层厚度是结合了二次普查资料中每个土种的典型坡面后与对应单元的土种进行关联得到的。

地形部位、坡度、灌溉保证率以及种植制度是通过土壤采样点的野外调查数据得到。其原因是土壤调查样点分布较为均匀，且密度较大，在采集土壤时，对各样点的土壤质地也进行了详细的调查，而这些因子在空间上一定范围内存在相对的一致性，也就是说在一定的采样密度下，每个采样点附近的评价单元的这些因子的值可以用该样点的值代替，即以点代面来实现评价单元中对地形部位、坡度、灌溉保证率以及种植制度值的提取。

二、确定各评价因子的权重

计算各因子的权重可有多种方法，如主成分分析、多元回归分析、逐步回归分析、灰色关联分析、层次分析分析（AHP）等。其中，AHP（Analytic Hierarchy Process 的缩写）是由美国运筹学家萨迪（T. L. Saaty）于20世纪70年代初期提出的。其基本思想是把复杂的问题分解成各个组成因素，并按这些因素的支配关系（递阶层次），通过两两比较的方式确定层次中诸因素的相对重要性，最后综合决策者的判断确定决策方案相对重要性的总排序。该方法将定量与定性分析相结合，将人的主观判断用数量形式表达和处理，因而大大提高了决策的有效性、客观性和科学性。因此，地力评价过程中选用 AHP 法确定各参评指标的权重，具体步骤如下。

（一）建立层次结构

将所选取的11个评价指标根据各自的属性和特点，排列为四个层次，其中，适宜性为目标层（A层），立地条件、耕层理化性状、养分状况和土壤管理这些相对共性因素为准则层（B层），再把影响准则层的11个单项指标作为指标层（C层）。

（二）构造判断矩阵

设目标层 A = 耕地地力，准则层 B 层 $u = \{u_1, u_2, \cdots, u_j\}$ 为评价因子集，本次调查的评价因素有4个，即 u_1 = 立地条件，u_2 = 耕层理化性状，u_3 = 养分状况，u_4 = 土壤管理。U_{ij}表示 u_i 比 u_j 对上一层的相对重要性数值，u_{ij}的取值按表2－1进行。根据表2－2中的标度法，邀请了专家按照B层各因素对A层、C层各因素对B层相应因素的相对重要性，给出数量化的评估。专家们评估的初步结果经合适的数学处理后反馈给各位专家，请专家确认。经多次征求意见形成五个判断矩阵，如表2－3至表2－7所示。

表2－2　判断矩阵标度的含义

标度	含　义
1	表示两个因素相比，具有同样重要性
3	表示两个因素相比，一个因素比另一个因素稍微重要
5	表示两个因素相比，一个因素比另一个因素明显重要
7	表示两个因素相比，一个因素比另一个因素强烈重要
9	表示两个因素相比，一个因素比另一个因素极端重要
2，4，6，8	上述两相邻判断的中值
倒数	因素 i 与 j 比较得判断 u_{ij}，则因素 j 与 i 比较的判断 $u_{ji} = 1/b_{ij}$

表2－3　判断矩阵（A－B）

A	B_1	B_2	B_3	B_4
B_1	1	1.0417	4	3.125
B_2	0.96	1	1.4286	1.6667
B_3	0.25	0.7	1	1.1111
B_4	0.32	0.6	0.9	1

表 2-4　准则层 B_1 判断矩阵（B_1-C）

B_1	C_1	C_2	C_3	C_4
C_1	1	0.7143	0.2857	0.4
C_2	1.4	1	1.25	1.25
C_3	3.5	0.8	1	1.6667
C_4	2.5	0.8	0.6	1

表 2-5　准则层 B_2 判断矩阵（B_2-C）

B_2	C_5	C_6	C_7
C_5	1	1.5	0.5714
C_6	0.6667	1	0.5882
C_7	1.75	1.7	1

表 2-6　准则层 B_3 判断矩阵（B_3-C）

B_3	C_8	C_9
C_8	1	1.1765
C_9	0.85	1

表 2-7　准则层 B_4 判断矩阵（B_4-C）

B_4	C_{10}	C_{11}
C_{10}	1	1.9
C_{11}	0.5263	1

（三）各判断矩阵的特征向量及其最大特征值计算

建立比较矩阵以后，就可以求出各个因素的权重。采取几何平均近似法（方根法）计算出各矩阵的最大特征值 λ_{max} 及其对应的特征向量 W，并用 $CR = CI/RI$ 进行一致性检验。计算方法如下。

（I）分别计算判断矩阵每一行元素的乘积 M_i。

$$M_i = \prod_{i=1}^{n} a_{ij} \quad (i = 1,2,3,\cdots,n)$$

（II）分别计算各行 M_i 的几何平均数 W。

$$W = \sqrt[n]{M_i} \quad (i = 1,2,3,\cdots,n)$$

（III）对向量 W 作归一化处理。

$$W_i = \frac{W}{\sum_{1}^{n} W} \quad (i = 1,2,3,\cdots,n)$$

(Ⅳ) 计算判断矩阵的最大特征值 λ_{max}。

首先用判断矩阵 A 右乘列向量 W_i，将得到的各行（AW_i）的值代入下面的公式即可求得 λ_{max} 的值。

$$\lambda_{max} = \frac{1}{n}\sum_{i=1}^{n}\frac{(AW)_i}{W_i}$$

（四）判断矩阵的一致性检验

根据两两比较结果构成的判断矩阵，理想时就满足一致性，即对判断矩阵 A（a_{ij}）有成立。

$$a_{ij} = \frac{a_{ik}}{a_{jk}}$$

但是，在实际评价中，评判者的逻辑一致性是不可能完全严谨的。它往往出现“克星循环”错误，即 A > B，B > C 的情况下存在 C > A 的情况和比较错误，即 A = mB，B = nC 时存在 A ≠ mnC 的情况，所以在计算判断矩阵的权重后，还有必要检验其逻辑一致性程度。

根据矩阵理论，当 n 阶矩阵 A（a_{ij}）具有一致性时，$\lambda_1 = \lambda_{max} = n$，其余的特征根均为 0。当矩阵具有满意的一致性时，λ_{max} 稍大于 n，而其余特征根也接近于 0，即当判断矩阵不能保证具有完全一致性时，相应的判断矩阵特征根也发生变化，这样就可以用判断矩阵特征根的变化来检查判断的一致性程度。因为对于 n 维矩阵 A（a_{ij}），当 $a_{ij} = 1$（$i = 1, 2, \cdots, n$）时

$$\sum_{i=1}^{n}\lambda_i = n$$

当具有满意一致性时

$$\lambda_{max} - n = -\sum_{i=2}^{n}\lambda_i$$

因此，在层次分析法中引入判断矩阵最大特征根外的其余特征根的负平均值来作为度量判断矩阵偏离一致性的指标，检查决策者判断思维的一致性。

$$CI = \frac{\lambda_{max} - n}{n - 1}$$

CI 值越大表示一致性越差；CI 值越小，表示一致性越好；当 $CI = 0$，表示判断矩阵具有完全一致性。为了排除随机因素对一致性的影响，需要将值与平均随机一致性指标进行比较。对于 1 ~ 9 维的判断矩阵如表 2 - 8 所示。

表 2 - 8　1 ~ 9 维的判断矩阵 *RI* 值

维数	1	2	3	4	5	6	7	8	9
RI 值	0	0	0.58	0.9	1.12	1.24	1.32	1.41	1.45

CI 与 RI 的比值记为 CR，

$$CR = CI/RI$$

一般认为 $CR < 0.10$ 时，判断矩阵具有满意的一致性。

本研究根据各位专家打分形成的判断矩阵，利用上述方法计算出各个判断矩阵的特征向

量并进行一致性检验，结果如下。

判断矩阵 1（A－B）：$\lambda_{max}=4.00$　$CI=0$　$CR=0.04056177<0.1$

判断矩阵 2（B_1－C）：$\lambda_{max}=4.00$　$CI=0$　$CR=0.06248006<0.1$

判断矩阵 3（B_2－C）：$\lambda_{max}=3.00$　$CI=0$　$CR=0.09186775<0.1$

判断矩阵 4（B_3－C）：$\lambda_{max}=2.00$　$CI=0$　$CR=0.00000000<0.1$

判断矩阵 5（B_4－C）：$\lambda_{max}=2.00$　$CI=0$　$CR=0.00000000<0.1$

由此可见，本研究中各判断矩阵均具有满意的一致性，可以对各个评价因子进行层次总排序。

（五）层次总排序

计算同一层次所有因素对于最高层（总目标）相对重要性的排序权值，称为层次总排序。这一过程是从最高层次到最低层次逐层进行的。若上一层次 A 包含 m 个因素 A_1，A_2，…，A_m，下一层次 B 包含 n 个因素 B_1，B_2，…，B_n，它们对于因素 A_j 的层次单排序权值分别为 b_{1j}，b_{2j}，…，b_{nj}（当 B_k 与 A_j 无联系，$b_{kj}=0$），此时 B 层的总排序权值由表 2－9 给出。

表 2－9　层次总排序权值

层次 A		A_1	A_2	…	A_m	B 层的总排序权值
		a_1	a_2	…	a_m	
层次 B	B_1	b_{11}	b_{12}	…	b_{1m}	$\sum_{j=1}^{m} a_j b_{1j}$
	B_2	b_{21}	b_{22}	…	b_{2m}	$\sum_{j=1}^{m} a_j b_{2j}$
	…	…	…	…	…	…
	B_n	b_{n1}	b_{n2}	…	b_{nm}	$\sum_{j=1}^{m} a_j b_{nj}$

由于，

$$\sum_{j=1}^{m} a_j b_{1j} + \sum_{j=1}^{m} a_j b_{2j} + \cdots + \sum_{j=1}^{m} a_j b_{nj} = \sum_{j=1}^{m} a_j (b_{1j} + b_{2j} + \cdots + b_{nj}) = \sum_{j=1}^{m} a_j = 1$$

B 层的总排序权值已满足“归一化”条件。如果 B 层的某些因素对于 A_j 单排序的一致性指标为 CI_j，相应的平均随机一致性指标为 RI_j，则 B 层总排序的随机一致性比率为：

$$CR = \frac{\sum_{j=1}^{m} a_j CI_j}{\sum_{i=1}^{m} a_j RI_j}$$

当 $CR<0.10$ 时，认为层次总排序结果具有满意的一致性。

根据上述方法，要对本研究中的各个评价因子进行最终的层次总排序，首先计算各评价因子的层次总排序权值（组合权重），如表 2－10。

表 2-10　各个因素的组合权重计算结果

A	B_1	B_2	B_3	B_4	组合权重
	0.4252	0.2775	0.1616	0.1357	
C_1	0.132				0.0553
C_2	0.2852				0.1233
C_3	0.3401				0.1453
C_4	0.2427				0.1025
C_5		0.3508			0.0857
C_6		0.1972			0.0649
C_7		0.452			0.1282
C_8			0.5291		0.0819
C_9			0.4709		0.0696
C_{10}				0.625	0.0940
C_{11}				0.375	0.0495

对于组合权重的计算结果也需要进行一致性检验，由于 $CI = 0.03$，所以 $CR = 0.07118306 < 0.10$，因此，认为层次总排序结果具有满意的一致性。同时，由于层次总排序结果即为评价因子的组合权重的排序，所以计算得到的表 2-10 的组合权重即为评价因子的权重。对表 20 中各评价因子权重进行排序，从中可以看出，各评价因子的影响程度综合排序如下：成土母质（C_3）>有机质（C_7）>有效土层厚度（C_2）>地形部位（C_4）>pH（C_5）>有效磷（C_8）>灌溉保证率（C_{10}）>速效钾（C_9）>坡度（C_1）>质地(C_6)>种植制度（C_{11}）。

三、确定各评价因子的隶属度

在建立了评价指标体系后，由于单因素间的数据量纲不同，不能直接用来衡量该因素对耕地地力的影响程度，因此，必须对参评的指标进行标准化的处理。各因子对耕地地力的影响程度是一个模糊的概念，在模糊评价中以隶属度来划分客观事物中的模糊界线，隶属度可以用隶属函数来表达。

根据模糊数学理论，将选定的评价指标与耕地地力的关系分为戒上型、戒下型、峰型、直线型和概念型 5 种类型的隶属函数。

1. 戒上型函数模型（有效土层厚度、有效磷、速效钾、全氮、有机质含量等）

$$y_i = \begin{cases} 0, & u_i \leqslant u_t \\ 1/[1 + a_i(u_i - c_i)^2], & u_i < u_i < c_i,(i = 1,2,\cdots m) \\ 1, & c_i \leqslant u_i \end{cases}$$

式中，y_i 为第 i 个因素评语；u_i 为样品观测值；c_i 为标准指标；u_i 为指标下限值。

2. 戒下型函数模型（坡度等）

$$y_i = \begin{cases} 0, & u_t \leqslant u_i \\ 1/[1 + a_i(u_i - c_i)^2], & c_i < u_i < u_t, (i = 1,2,\cdots m) \\ 1, & u_i \leqslant c_i \end{cases}$$

式中，u_i 为指标上限值。

3. 峰型函数模型（pH 值）

$$y_i = \begin{cases} 0, & u_t > u_{ti} \text{ 或 } u_i < u_{t2} \\ 1/[1 + a_i(u_i - c_i)^2], & u_{t1} < u_i < u_{t2}, (i = 1,2,\cdots m) \\ 1, & u_i \leqslant c_i \end{cases}$$

式中，u_{t1}、u_{t2}分别为指标上、下限值。

4. 直线型（灌溉保证率等）

$$y_i = au_i + c_i$$

5. 概念型指标（地形部位、成土母质、质地、轮作制度等）

这类指标其性状是定性的、综合的，与耕地地力之间是一种非线性的关系，如质地、成土母质等。这类要素的评价可采用特尔斐法直接给出隶属度。

在本研究中根据合江县选出的 11 项评价因素，对于戒上型、戒下型、峰型、直线型四种函数，用特尔斐法同样邀请专家对一组实测值评估出相应的一组隶属度，根据相关数据的回归分析和专家经验，确定各因子的分值等级序列。并根据这两组数据用 SPSS 10.0 拟合隶属函数，计算出隶属函数的参数。其结果见表 2－11，其中，pH 值为峰型函数，有效土层厚度、有机质、有效磷、速效钾和全氮表现为戒上型函数，坡度为戒下型，灌溉保证率表现为直线型函数。对于 11 个评价因子中的定性描述的评价因子质地、地形部位、成土母质和轮作制度 4 个指标，这类定性的、综合性的指标则采用特尔斐法直接打分给出隶属度，得到概念型的隶属函数，见表 2－11 至表 2－15。

表 2－11　评价因素及其隶属函数

评价因子	函数类型	隶属函数	a	c
pH 值	峰型	$y=1/[1+a(x\text{-}c)^2]$	0.283926	6.810042
灌溉保证率	正直线型	$y=ax+c$	0.014	50
坡度	戒下型	$y=1/[1+a(x\text{-}c)^2]$	0.0058906	5
速效钾	戒上型	$y=1/[1+a(x\text{-}c)^2]$	0.000028	194
有机质	戒上型	$y=1/[1+a(x\text{-}c)^2]$	0.003472	30
有效磷	戒上型	$y=1/[1+a(x\text{-}c)^2]$	0.000833	38.29646
有效土层厚	戒上型	$y=1/[1+a(x\text{-}c)^2]$	0.009	50

表 2－12　质地隶属度及其描述

描述	紧砂土	轻壤土	中壤土	重壤土	轻黏土	中黏土
隶属度	0.556	0.900	1.000	0.914	0.700	0.733

表 2-13 轮作制度隶属度及其描述

描述	隶属度
一年一熟（水稻）	0.756
一年一熟（玉米）	0.717
一年一熟（油菜）	0.694
一年两熟（稻—稻）	0.944
一年两熟（麦—苕）	0.861
一年两熟（油—薯）	0.861
一年两熟（玉—苕）	0.88
一年三熟（玉苕洋芋）	0.93
一年三熟（油玉薯）	0.95
一年三熟（麦玉苕）	0.944

表 2-14 地形部位隶属度及其描述

描述	隶属度
中低山中下部	0.25
丘陵坡地中上部	0.35
丘陵低洼处小山冲	0.45
丘陵山地坡中部	0.55
丘陵山地坡下部	0.6
丘陵低谷地	0.7
河流阶地	1

表 2-15 成土母质隶属度及其描述

描述	隶属度
夹关组	0.3
老冲积	0.4
遂宁组	0.6
蓬来镇组	0.7
沙溪庙组	0.8
新冲积	1

四、计算耕地地力综合指数

采用累加法计算每个评价单元的地力综合指数：

$$IFI = \sum (Fi \times Ci)$$

式中，IFI 为耕地地力综合指数，Fi 为第 i 个评价因子的隶属度，Ci 为第 i 个评价因子的组合权重。合江县耕地地力评价共有 11 个因子，即 $i=11$。

第四节　耕地资源信息系统的建立

一、数据库建立标准

（一）属性数据采集标准

按照测土配方施肥数据字典建立属性数据的采集标准。采集标准包含对每个指标完整的命名、格式、类型、取值区间等定义。在建立属性数据库时要按数据字典要求，制订统一的基础数据编码规则，进行属性数据录入。

（二）空间数据采集标准

县级地图采用1∶50 000地形图为空间数学框架基础。

投影方式：高斯－克吕格投影，6度分带。

坐标系及椭球参数：西安80/克拉索夫斯基。

高程系统：1980年国家高程基准。

野外调查GPS定位数据：初始数据采用经纬度，统一采用GW84坐标系，并在调查表格中记载；装入GIS系统与图件匹配时，再投影转换为上述直角坐标系坐标。

二、数据库建立方法

（一）属性数据库建立

属性数据库的内容包括田间试验示范数据、土壤与植物测试数据、田间基本情况及农户调查数据等。采用数据库软件和EXCEL表格，对属性数据进行了规范整理。数据内容及来源包括镇、村行政编码表等内容（表2－16）。按照数据字典的要求，设计各数据表字段数量，字段类型、长度等，统一以Dbase的DBF格式保存入库。

表2－16　属性数据库内容及来源

编号	数据表名称	来源
1	镇、村行政编码表	民政局
2	土壤名称编码表	土壤普查资料
3	土种属性数据表	土壤普查资料
4	镇、村农村基本情况统计表	统计局
5	土地利用现状属性数据表	国土局
6	土壤样品分析结果数据表	野外调查采样分析

（二）空间数据库建立

空间数据库的内容包括土壤图、土地利用现状图、行政区划图、采样点位图等。应用GIS软件，采用数字化仪或扫描后屏幕数字化的方式录入（部分图件直接采购）。图件比例尺均为1∶50 000（土地利用现状图为1∶10 000）。将扫描矢量化及空间插值等处理生成的各类专题图件，在ArcGIS软件的支持下，以点、线、面文件的形式进行存储和管理，同时将所有图件转换统一到北京 54 的投影坐标。将空间数据内容（表 2 – 17）导入到县耕地资源管理信息系统中，建立基础空间数据库及合江县工作空间。

表 2 – 17　空间数据库内容及资料来源

序号	图层名称	图层属性	资料来源
1	面状河流（lake）	多边形	地形图
2	堤坝、渠道、线状河流（steam）	线层	地形图
3	行政界线（boundary）	线层	行政区划图
4	土地利用现状（land use）	多边形	国土局 1：50 000 现状图
5	土壤图（soil type）	多边形	土壤普查资料
6	土壤养分图（pH 值、有机质、氮、磷、钾）	多边形	土壤普查或空间插值生成
7	评价单元图（soil Ualue）	多边形	叠加生成

三、数据库的质量控制

（一）属性数据质量控制

数据录入前应仔细审核，数值型的资料应注意量纲、上下限，地名应注意汉字多音字、繁简体、简全称等问题，审核定稿后再录入。为保证数据录入准确无误，录入后还应逐条检查。

（二）图件数据质量控制

扫描影像能够区分图中各要素，若有线条不清晰现象，需重新扫描。

扫描影像数据经过角度纠正，纠正后的图幅下方两个内图廓点的连线与水平线的角度误差不超过 0.2°。

公里网格线交叉点为图形纠正控制点，每幅图应选取不少于 20 个控制点，纠正后控制点的点位绝对误差不超过 0.2mm（图面值）。

矢量化：要求图内各要素的采集无错漏现象，图层分类和命名符合统一的规范，各要素的采集与扫描数据相吻合，线划（点位）整体或部分偏移的距离不超过 0.3mm（图面值）。

所有数据层具有严格的拓扑结构。面状图形数据中没有碎片多边形。图形数据及属性数据的输入正确。

（三）图件输出质量要求

图件须覆盖整个辖区，不得丢漏。

图中要素必有项目包括评价单元图斑、各评价要素图斑和调查点位数据、线状地物、注记。要素的颜色、图案、线型等表示符合规范要求。

图外要素必有项目包括图名、图例、坐标系及高程系说明、成图比例尺、制图单位全称、制图时间等。

（四）面积数据要求

耕地面积数据以当地政府公布的数据为控制面积。

第五节　耕地地力等级划分

在县域耕地资源管理信息系统中，将空间数据和属性数据进行关联，调用合江县耕地地力评价指标体系，进行耕地地力评价。得到合江县综合地力指数累积曲线图，根据累计曲线分级法将合江县耕地分为四个等级即一等地、二等地、三等地和四等地。

第六节　归入全国耕地地力等级体系

1997 年 6 月 1 日实施的 NY/T 309—1996《全国耕地类型区、耕地地力等级划分》标准，根据粮食单产水平将全国耕地地力划分为十个等级。以产量表达耕地生产能力，年单产大于 900kg/亩为一级地，小于 100kg/亩为十级地，每 100kg 为一个等级。因此，我们将耕地地力综合指数转换为概念型产量。在依据自然要素评价管理单元中抽取一定的单元，调查近三年的实际年平均产量，经济作物统一折算为谷类作物产量，将这两组数据进行相关分析，根据其对应关系，将用自然要素评价的耕地地力等级分别归入相应的概念型产量表示的地力等级体系。基于此，合江县耕地地力中，一等地相应归入国家四等地，二等地归入国家五等地，三等地和四等地归入国家六等地。

第七节　中低产田类型划分

依据《全国中低产田类型划分与改良技术规范》（NY/T 309—1996），中低产田通常是指存在各种制约农业生产的土壤障碍因素、产量相对低而不稳的耕地的总称。根据土壤主导障碍因素及改良主攻方向把全国耕地土壤归并为 8 个中低产田类型，简介如下。

1. 干旱灌溉型

由于降水量不足或季节分配不合理，缺少必要的调蓄工程，以及由于地形、土壤原因造成的保水蓄水能力缺陷等原因，在作物生长季节不能满足正常水分需要，同时又具备水资源开发条件，可以通过发展灌溉加以改造的耕地。应大力开发水源，提高水源保证率，以增强抗旱能力的稻田和旱地。其主导障碍因家为干旱缺水，以及与其相关的水资源开发潜力、开发工程量及现有田间工程配套情况等。

2. 渍涝潜育型

由于季节性洪水泛滥及局部地形低洼，排水不良，以及土质黏重，耕作制度不当引起滞水潜育现象，需加以改造的水害性稻田。其主导障碍因素为土壤潜育化、渍涝程度和积水，以及与其相关的包括中小地形部位、田间工程配套情况等。

3. 盐碱耕地型

由于耕地可溶性盐含量和碱化度超过限量，影响作物正常生长的多种盐碱化耕地。其主导障碍因素为土壤盐渍化，以及与其相关的地形条件、地下水临界深度、含盐量、碱化度、

pH 值等。

4. 坡地梯改型

通过修筑梯田、梯埂等田间水保工程加以改良治理的坡耕地，其他不宜或不需修筑梯田、梯埂，只须通过耕作与生物措施治理或退耕还林还牧的缓坡、陡坡耕地，列入瘠薄培肥型与农业结构调整范围。坡地梯改型的主导障碍因素为土壤侵蚀，以及与其相关的地形、地面坡度、土体厚度、土体构型与物质组成、耕作熟化层厚度等。

5. 渍涝排水型

河湖水库沿岸、堤坝水渠外侧、天然汇水盆地等，因局部地势低洼，排水不畅，造成常年或季节性渍涝的旱耕地。其主导障碍因素为土壤渍涝，与其相关的地形条件、地面积水、地下水深度、土体构型、质地、排水系统的渲泄能力等。

6. 沙化耕地型

西北部内陆沙漠，北方长城沿线干旱、半干旱地区，黄淮海平原黄河故道、老黄泛区沙化耕地（不包括局部小面积质地过沙的耕地）。其主导障碍因素为风蚀沙化，以及与其相关的地形起伏、水资源开发潜力、植被覆盖率、土体构型、引水放淤与引水灌溉条件等。

7. 障碍层次型

土壤剖面构型上有严重缺陷的耕地，如土体过薄、剖面 1m 左右内有沙漏、砾石、粘盘、铁子、铁盘、沙姜等障碍层次。障碍程度包括障碍层的物质组成、厚度、出现部位等。

8. 瘠薄培肥型

受气候、地形等难以改变的大环境（干旱、无水源、高寒）影响，以及距离居民点远，施肥不足，土壤结构不良，养分含量低，产量低于当地高产农田，当前又无见效快、大幅度提高产量的治本性措施（如发展灌溉），只能通过长期培肥、逐步加以改良的耕地。如山地、丘陵雨养型梯田，坡耕地和黄土高原，很多产量中等的黄土型旱耕地。

第八节　成果图件输出

依据评价结果生成的相应的成果图件，见附图。

合江县村级行政区划图（附图 1）、合江县乡镇区划图（附图 2）、合江县土地利用现状图（附图 3）、合江县土壤分区图（附图 4）、合江县耕地资源管理单元图（附图 12）、合江县土壤 pH 值分级图（附图 13）、合江县土壤速效钾分级图（附图 14）、合江县土壤碱解氮分级图（附图 15）、合江县土壤全氮分级图（16）、合江县土壤有效磷分级图（附图 17）、合江县土壤有机质分级图（附图 18）等。

第三章 合江县荔枝、真龙柚适宜性评价技术方案

第一节 材料与方法

一、基础数据的收集

（一）资料的收集与整理

1. 收集

（1）图件部分。①土地利用现状图，比例尺为 1 : 10 000。②行政区划图，比例尺为 1 : 50 000，到村级。③土壤图，比例尺为 1 : 50 000，第二次土壤普查成果资料。④地形图，比例尺为 1 : 50 000。

（2）数据表。①土壤类型代码表。建立一套完整的土壤类型代码表，并与土壤分类系统表、土壤图图例、典型剖面理化性状统计表、农化样数据表等资料一致。②荔枝适宜性调查点基本情况及土壤样品化验结果数据表。③真龙柚适宜性调查点基本情况及土壤样品化验结果数据表。

（3）其他资料。①水资源状况资料（地表水和地下水）。②县级气象、水利等部门的基础资料。

2. 整理

基础资料收集完成后，对图件部分资料进行扫描数字化，对数据表及其他基础资料，根据计量单位统一、来源可靠、无显著异常、无明显不符合实际的和特殊的数值等原则对有关数据进行严格的核实、筛选，以确保资料的真实可靠性。同时将现有的数据资料根据性质、来源，统一编码、分类；对不全、不可靠的资料进行记录，以便外业补充调查时予以核实补充。

（二）野外数据的采集

1. 野外调查

根据布点要有广泛的代表性、兼顾均匀性的原则，在室内预定采样点的位置，用 GPS 导航，到实地选取地块。若图上标明的位置在当地不具典型时，再实地另选有典型性的地块，并在图上标明准确位置，重新用 GPS 确定经纬度。取样点确定后，与取土点农户的主要管理者和当地技术人员座谈，按照采样点农户调查表格内容，详细调查填写农户的家庭人口、耕地面积、种植制度、产量与收益状况，上一年度肥料、农药的使用数量、品种及次数，灌溉情况，生产管理情况，投入与产出情况等，以及土壤性状，包括质地、耕层厚度，

土壤的立地条件，农田设施等内容。

2. 土壤样品的采集

土壤采样采用GPS定位采样，在合江县范围内采样3 910个，其采样点分布图见附图11，具体采样方法为：利用GPS确定样点，在样点附近采用“S”法均匀采取0～20cm深的土壤，采集10个点，将其进行混合后，用四分法留取1kg作为样品。

(三) 土壤样品分析

采用常规方法：将风干后的样品平铺在制样板上，用木棍或塑料棒碾压，并将植物残体、石块等侵入体和新生体剔除干净，细小已断的植物须根，可采用静电吸附的方法清除。压碎的土样要全部通过2mm孔径筛。未过筛的土粒必须重新碾压过筛，直至全部样品通过2mm孔径筛为止。过2mm孔径筛的土样可供pH值、盐分、交换性能及有效养分项目的测定。

将通过2mm孔径筛的土样用四分法取出一部分继续碾磨，使之全部通过0.25mm孔径筛，供有机质、全氮等项目的测定。

二、研究方法

(一) 地统计学克里格插值法

地统计学是以区域化变量理论为核心和理论基础，以矿质的空间结构和变异函数为基本工具的数学地质方法。该方法利用区域化变量的原始数据和变异函数的结构特点，对未采样点的区域化变量的取值进行线性无偏最优估计。与普通的插值方法不同的是，它最大限度的利用了空间取样所提供的各种信息。在估计未知样点数值时，不仅考虑了待估样点的数据；而且还考虑了邻近样点的数据，不仅考虑了待估样点与邻近已知样点的空间位置，而且还考虑了各邻近样点彼此之间的位置关系。

它建立在区域化变量、随机函数、内蕴假设和平稳性假设等概念的基础上，区域化变量理论最初被应用于矿产钻探领域，该理论提供了一个描述区域特性的方法，那就是空间连续性，这是任何其他数学函数所难以做到的。许多土壤性状的变异明显地符合区域性变量理论，现在已经证明，这种区域化变量理论是研究土壤肥力空间变异特性及绘制土壤肥力空间变异图的有效方法。大量研究表明，地统计学方法中半方差函数理论和Kriging分析在研究土壤特性空间变异中取得了相当大的成功，并得到了广泛的应用。

(二) 属性数据库的建立

1. 属性数据库的内容

(1) 野外调查资料。按野外调查点获取，主要包括海拔、坡度、坡向、地下水、排涝能力、地形地貌、土壤母质、水文、土层厚度、土壤坡面构型、土壤质地、耕地利用现状、灌排条件、作物长势产量、管理措施水平等。

(2) 室内化验分析资料。包括碱解氮、速效钾、有效磷、有机质及pH值等。

(3) 其他资料。第二次土壤普查报告、合江农业志，气候、土壤类型分布等资料。

2. 数据库设计

属性数据库的建立与录入可独立于空间数据库，可以在ACCESS、DBASE、FOXBASE或FOXPRO下建立，也可以直接以Excel表格形式保存。本研究采用Excel表格录入养分数据，然后存为DBASE格式存入属性数据库中。调查表格则采用ACCESS建立数据库。

（三）空间数据库的建立

1. 空间数据库的内容

空间数据库的内容包括合江县土地利用现状图（比例尺为1：10 000）、土壤图、行政区划图（村级）、地形图等，比例尺均为1：50 000。

2. 图件数字化

本研究图件数字化采用R2U软件，数字化后以shape格式导出，在ArcView 3.2中对图形进行编辑、改错，建立拓扑关系。

3. 坐标及投影转换

地理数据库内所有地理数据必须建立在相同的坐标系基础上。地理数据的重要来源是地图。把地球真实位置投影转换到平面坐标系上才能通过地图来表达地理位置信息，地图的投影已经有公认的标准，所以地理信息需要用投影坐标来表达。而地图是统一应用大地定位参照系即经纬网来显示它所表达的地理位置信息的，投影坐标值必须通过测量和转换计算才能得到。

（四）指标体系的建立方法

特尔菲咨询法是由美国兰德公司（RAND Corporation）于20世纪50年代初创立的。它是预测模型中最著名和应用最广泛的定性模型。主要以问卷形式对一组选定的专家进行咨询，经过几轮征询使专家的意见趋于一致而获得预测成果。其特点在于能客观地综合多数专家经验与主观判断的技巧，且其结果是建立在统计分析的基础上的，具有一定的稳定性。实践证明它是一种有效的方法。具体流程如图3－1。

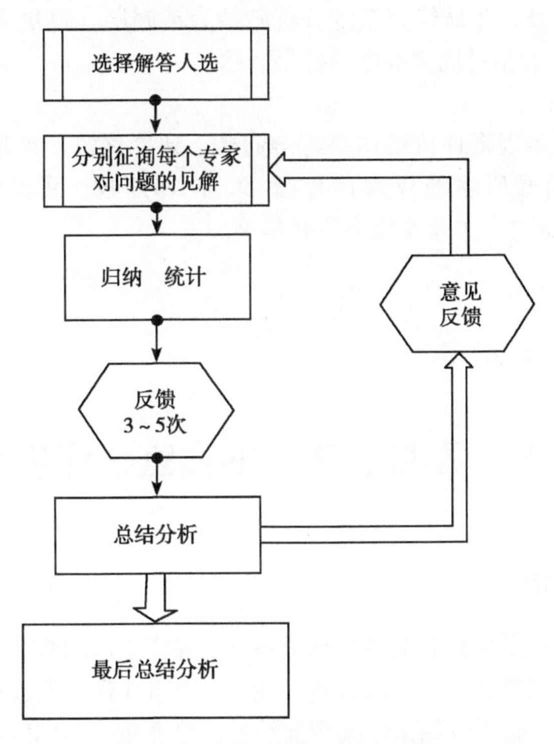

图3－1　特尔菲咨询法流程图

指标选取时遵循以下原则。

一是选取的指标对荔枝、真龙柚适宜性有较大影响。

二是选取的指标在评价区域内的变异较大，便于划分荔枝、真龙柚适宜性的等级。

三是选取的指标在实践序列上具有相对的稳定性。

四是选取的指标与评价区域的大小有密切的关系。

(五) 单因素评价方法

1. *计算单因素评价评语——模糊评价法*

耕地是在自然因素和人为因素共同作用下形成的一种复杂的自然综合体，它受时间、空间因子的制约。在现阶段，这些制约因子的作用还难以用精确的数字来表达。同时，荔枝适、真龙柚宜性各等级之间也无截然界限，这类界限具有模糊性，因此，可以用模糊评价法来计算单因素评价评语。

应用模糊子集、隶属函数与隶属度的概念，可以将农业系统中大量模糊性的定性概念转化为定量的表示。对不同类型的模糊子集，可以建立不同类型的隶属函数关系。

2. *计算单因素权重——层次分析法*

层次分析法的基本原理是把复杂问题中的各个因素按照相互之间的隶属关系排成从高到低的若干层次，根据对一定客观现实的判断就同一层次相对重要性相互比较的结果，决定该层次各元素重要性先后次序。

用层次分析法做系统分析，首先要把问题层次化，根据问题的性质和要达到的总目标，将问题分解为不同的组成因素，并按照因素间的相互关联将各因素按不同层次聚合，形成一个多层次的分析结构模型，并最终把系统分析归结为最底层（供决策的方案、措施等）相对于最高层（总目标）的相对优劣次序的排序问题。

3. *多因素评价方法*

多因子综合评价将单因素评价的结果综合起来，评价荔枝、真龙柚适宜程度的综合指数，各因子的权重由前面所述的权重计算得出。计算荔枝、真龙柚适宜程度综合指数（CAI，Cole Adapted Index），主要有以下三种模型。

（1）加法模型。

（2）乘法模型。

（3）乘法与加法结合的模型。

第二节　荔枝、真龙柚适宜性评价方案

一、评价单元的确定

评价单元是由对土地质量具有关键影响的各土地要素组成的基本空间单位，同一评价单元的内部质量均一，不同单元之间，既有差异性，又有可比性。荔枝适宜性评价就是要通过对每个评价单元的评价，把评价结果落实到实地并编绘荔枝、真龙柚适宜性等级图。

目前，对土地评价单元的划分尚无统一方法。在本研究中，评价单元的划分采用土壤图、土地利用现状图及村级行政区划图叠置划分的方法，即“土地利用现状类型—土壤类

型—行政区划”的格式，位于同一个村的相同土壤单元及土地利用现状类型的地块组成一个评价单元。其中，土壤类型划分到土种，土地利用现状类型划分到二级利用类型。同一评价单元内的土壤类型相同，利用方式相同，交通、水利、经营管理方式等基本一致，用这种方法既克服了土地利用类型在性质上的不均一性，又克服了土壤类型在地域边界上的不一致性，同时，考虑了行政边界因素，使评价单元的行政隶属关系明确，便于将评价结果落实到实地。

本研究通过将土地利用现状图、土壤图及村级行政区划图进行叠置分析，划分的荔枝适宜性评价单元为23 081个，荔枝评价单元图如附图20所示，划分真龙柚适宜性评价单元为25 348个，真龙柚评价单元图如附图21所示。

二、评价因子的选取

特定的土地用途或土地利用方式，对土壤性状和条件有着多方面的要求，选择其中最主要的几项作为评价的项目，称为评价因子。从土壤性状和条件能否满足这些要求的角度来看，这些评价因子亦称限制因子。针对各种土地用途，正确选择评价因子是科学地揭示耕地适宜性差异的前提。选取评价因子主要有3个原则。

一是选择的因子对荔枝、真龙柚适宜性有比较大的影响。

二是选取的因子应在评价区域内的变异较大，便于划分土地等级。

三是选取评价因子时，以稳定性高的因子为主，而对一些对农业生产影响大的不稳定因子也予以考虑。

因子筛选与权重确定是评价过程中的关键，尤其土壤因素的选择。土壤是十分复杂的灰色系统，不可能将其所包含的全部信息提出来，由于影响耕地质量的因子间普遍存在着相关性，甚至信息彼此重叠，故进行耕地质量评价时没有必要将所有因子都考虑进去。为了排除人为主观性对选择评价因子的影响，使筛选的主导评价因子能较全面客观地反映评价区域耕地质量的现实状况，遵循稳定性、主导性、综合性、差异性、定量性和现实性原则。

本研究参照土壤学知识，并咨询有关专家，根据全国共用的耕地质量评价指标体系，针对合江县的耕地资源特点，采用特尔斐法选取了海拔、有效土层厚度、坡向、pH值、有机质、质地、有效磷、速效钾和坡度9个对荔枝、真龙柚适宜性影响比较大、区域内的变异明显、在时间序列上具有相对稳定性、与农业生产有密切关系的因素为合江县荔枝适宜性评价的指标，建立评价指标体系。

三、评价因子值的获取

在确定好评价单元并建立好评价指标体系后，需要将选定的评价因子的值添加到评价单元的属性表中，这就涉及到评价因子值的获取问题。在GIS中有栅格与矢量两种数据结构，相应地，荔枝适宜性评价可以基于这两种数据结构进行，数据结构不同，其评价单元中的评价因子值的提取方式也不同，从而形成不同的评价模式。本研究采用栅格矢量混合数据评价模式，这种模式的优点是它的评价单元采用了矢量模式的划分方法，继承了矢量模式最大的优点即空间分辨率高、评价结果容易落实的特点，同时也避免了栅格评价模式过程中所产生的斑点噪声，充分利用ArcGIS的空间分析功能，不需要对数据进行格式的转换，大大减少了工作量，并且这种模式的数据量、运算复杂度介于矢量模式和栅格模式之间，运算时间比栅格模式要低。尤其是它在评价因子属性值提取方面所采用的取均值的方法获得了土壤工作者们的认可和推崇。

（一）海拔、坡度和坡向因子值的获取

坡度和坡向因子值，首先是将数字化的合江县地形图生成的数字高程模型（DEM）（附图9），然后利用 ArcGIS 9.3 软件获取。首先在生成的 DEM 的基础上，利用 ArcGIS 9.3 中的空间分析（Spatial Analyst）模块下的表面分析（Surface Analysis）菜单下 Slope 命令和 Aspect 命令分别生成栅格坡度数据图和栅格坡向图，如附图 6、附图 7 所示，再利用确定的评价单元通过空间分析（Spatial Analyst）模块下的区域统计（Zonal Statistics）功能来提取每个评价单元范围内的坡度平均值和坡向平均值，并将该值赋给相应的评价单元，这样就实现了坡度和坡向因子值的提取。同样利用生成的 DEM 可以使用该功能来提取每个评价单元范围内的海拔高度的平均值，并将该值赋给相应的评价单元，实现了海拔因子值的提取。

（二）pH 值、有机质、有效磷、速效钾因子值的获取

对于 pH 值与有机质、有效磷、速效钾等土壤养分因子值的获取，可以通过野外采集的土壤样品的化验分析数据用地统计的方法进行 kriging 空间插值来获得。首先，将采样点调查及分析数据按照经纬度在 ArcGIS 9.0 中进行布点，然后，利用其中的地统计分析（Geostatistical Analyst）模块选择最优的插值模型进行 kriging 空间插值，得到各因子的空间分布图。如附图 13、附图 14、附图 17、附图 18 所示，并将其输出为 GRID 文件。最后，同样使用确定的评价单元图通过空间分析（Spatial Analyst）模块下的区域统计（Zonal Statistics）功能来提取每个评价单元范围内的 pH 值、有机质、速效钾及有效磷等因子的平均值，并将该值赋给相应的评价单元，最终就实现了这些因子值的提取。

（三）质地和有效土层厚度因子值的获取

对于质地和有效土层厚度相对定性的评价因子，由于没有相应的专题图，因此其值不能通过 GIS 中的空间分析功能直接进行提取，而是通过土壤采样点的调查数据得到。其原因是本研究的土壤调查样点分布较为均匀，且密度较大，在采集土壤时，对各样点的质地和有效土层厚度等因子也进行了详细的调查，而这些因子在空间上一定范围内存在相对的一致性，也就是说在一定的采样密度下，每个采样点附近的评价单元的这些因子的值可以用该样点的值代替，即以点代面来实现评价单元中对质地和有效土层厚度因子值的提取。

四、评价指标权重的确定

计算因子权重可以有多种方法，如主成分分析、多元回归分析、逐步回归分析、灰色关联分析、层次分析（AHP）等。由于层次分析法是利用专业知识两两比较各因素之间的重要性，并将其数量化构造判断矩阵，再用线性代数方法求其特征值，得出权重值，该方法充分结合专家经验和经典数学各自的优势使权重的确定具有相对的客观性、公正性、科学性。因此，根据荔枝、真龙柚适宜性评价指标体系，本研究按照层次分析法来确定各评价指标的权重。

层次分析法（AHP）AHP 为 Analytic Hierarchy Process 的缩写。其思想基础是把复杂的问题分解成各个组成因素，又将这些因素按支配关系形成递阶层次结构。通过两两比较的方式确定层次中诸因素的相对重要性。然后综合决策者的判断，确定决策方案相对重要性的总排序。同时又将定量与定性分析相结合，将人的主观判断用数量形式表达和处理，因而大大提高了决策的有效性、客观性和科学性。它是定量与定性相结合、系统化、层次化的分析和解决问题的一种方法。层次分析法确定参评因素的权重步骤如下。

（1）建立层次结构。将所选取的 9 个评价因素根据各自的属性和特点，排列为 3 个层次，其中荔枝、真龙柚适宜性为目标层（A 层），立地条件、土壤理化性状、土壤养分和坡面结构这些相对共性因素为准则层（B 层），再把影响准则层的 9 个单项因素作为指标层（C 层），其结构关系如图 3－2、图 3－3 所示。

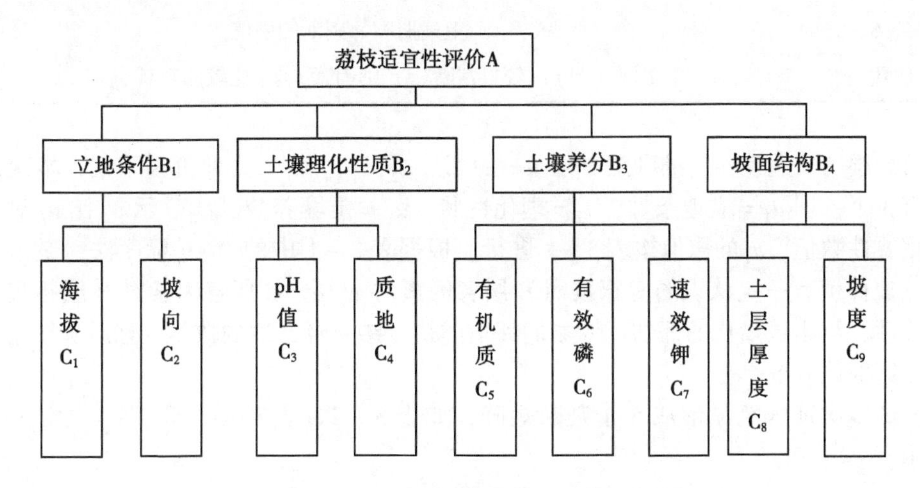

图 3－2　荔枝适宜性因素层次结构图

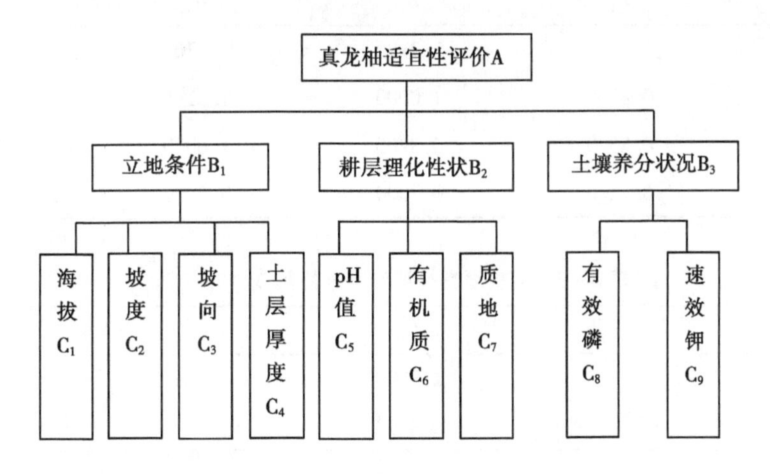

图 3－3　真龙柚适宜性因素层次结构图

（2）构造判断矩阵。层次分析法的信息基础主要是人们对于某一层次中个因素相对重要性给出的判断，这些判断通过引入合适的标度用数值表示出来，写成判断矩阵。判断矩阵表示针对上一层次某因素，本层次与之有关因素之间相对重要性的比较。判断矩阵标度及含义，见表3－1。

表3－1　判断矩阵标度的含义

标度	含义
1	表示两个因素相比，具有同样重要性
3	表示两个因素相比，一个因素比另一个因素稍微重要
5	表示两个因素相比，一个因素比另一个因素明显重要
7	表示两个因素相比，一个因素比另一个因素强烈重要
9	表示两个因素相比，一个因素比另一个因素极端重要
2，4，6，8	上述两相邻判断的中值
倒数	因素 i 与 j 比较得判断 u_{ij}，则因素 j 与 i 比较的判断 $u_{ji}=1/b_{ij}$

设目标层A＝适宜性，准则层B层 $u=\{u_1, u_2, \cdots, u_j\}$ 为评价因子集，本次调查评价因素有3个，即 u_1＝立地条件，u_2＝理化性状，u_3＝土壤养分。U_{ij}表示 u_i 比 u_j 对上一层的相对重要性数值，u_{ij}的取值按表3－1进行。根据表3－1中的1～9标度法，邀请了对荔枝、真龙柚种植有一定认识的专家按照B层各因素对A层、C层各因素对B层相应因素的相对重要性，给出数量化的评估。专家们评估的初步结果经合适的数学处理后反馈给各位专家，请专家确认。

荔枝经多次征求意见形成5个判断矩阵，如表3－2、表3－3、表3－4、表3－5、表3－6所示。

表3－2　荔枝适宜性评价判断矩阵1（A－B）

A	B_1	B_2	B_3	B_4
B_1	1.0000	1.2195	1.1765	1.3889
B_2	0.8200	1.0000	1.2195	1.4286
B_3	0.8500	0.8200	1.0000	1.2500
B_4	0.7200	0.7000	0.8000	1.0000

表3－3　荔枝适宜性评价判断矩阵2（B_1－C）

B_1	C_1	C_2
C_1	1.0000	1.2500
C_2	0.8000	1.0000

表3－4　荔枝适宜性评价判断矩阵3（B_2－C）

C_3	1.0000	1.4663
C_4	0.6820	1.0000

表 3-5　荔枝适宜性评价判断矩阵 4（B_3-C）

B_3	C_5	C_6	C_7
C_5	1.0000	1.8868	2.0000
C_6	0.5300	1.0000	1.2500
C_7	0.5000	0.8000	1.0000

表 3-6　荔枝适宜性评价判断矩阵 5（B_4-C）

B_4	C_8	C_9
C_8	1.0000	0.8333
C_9	1.2000	1.0000

真龙柚经多次征求意见形成 4 个判断矩阵，如表 3-7、表 3-8、表 3-9、表 3-10 所示。

表 3-7　真龙柚适应性评价判断矩阵 1（A-B）

A	B_1	B_2	B_3
B_1	1.0000	1.8416	2.9412
B_2	0.5430	1.0000	2.1413
B_3	0.3400	0.4670	1.0000

表 3-8　真龙柚适应性评价判断矩阵 2（B_1-C）

B_1	C_1	C_2	C_3	C_4
C_1	1.0000	1.3699	1.3774	1.6393
C_2	0.7300	1.0000	1.2821	1.4286
C_3	0.7260	0.7800	1.0000	1.3158
C_4	0.6100	0.7000	0.7600	1.0000

表 3-9　真龙柚适应性评价判断矩阵 3（B_2-C）

C_5	C_6	C_7
1.0000	1.8797	1.9608
0.5320	1.0000	1.3333
0.5100	0.7500	1.0000

表 3-10　真龙柚适应性评价判断矩阵 4（B_3-C）

B_3	C_8	C_9
C_8	1.0000	1.3908
C_9	0.7190	1.0000

（3）计算各判断矩阵的特征向量及其最大特征值。建立比较矩阵以后，就可以求出各个因素的权重。采取几何平均近似法（方根法）计算出各矩阵的最大特征值及其对应的特征向量 W，并用 $CR = CI/RI$ 进行一致性检验。计算方法如下。

（I）分别计算判断矩阵每一行元素的乘积 M_i

$$M_i = \prod_{i=1}^{n} a_{ij} \quad (i = 1,2,3,\cdots,n)$$

（II）分别计算各行 M_i 的几何平均数 W

$$W = \sqrt[n]{M_i} \quad (i = 1,2,3,\cdots,n)$$

（III）对向量 W 作归一化处理

$$W_i = \frac{W}{\sum_{1}^{n} W} \quad (i = 1,2,3,\cdots,n)$$

（IV）计算判断矩阵的最大特征值 λ_{max}

首先用判断矩阵 A 右乘列向量 W_i，将得到的各行（AW_i）的值代入下面的公式即可求得 λ_{max}的值。

$$\lambda_{max} = \frac{1}{n}\sum_{i=1}^{n}\frac{(AW)_i}{W_i}$$

（4）进行判断矩阵的一致性检验。根据两两比较结果构成的判断矩阵，理想时就满足一致性，即对判断矩阵 A（a_{ij}）有成立。

$$a_{ij} = \frac{a_{ik}}{a_{jk}}$$

但是，在实际评价中，评判者的逻辑一致性是不可能完全严谨的。它往往出现“克星循环”错误，即 A > B，B > C 的情况下存在 C > A 的情况和比较错误，即 A = mB，B = nC 时存在 A≠mnC 的情况，所以在计算判断矩阵的权重后，还有必要检验其逻辑一致性程度。

根据矩阵理论，当 n 阶矩阵 A（a_{ij}）具有一致性时，$\lambda_1 = \lambda_{max} = n$，其余的特征根均为0。当矩阵具有满意的一致性时，$\lambda_{max}$稍大于 n，而其余特征根也接近于0，即当判断矩阵不能保证具有完全一致性时，相应的判断矩阵特征根也发生变化，这样就可以用判断矩阵特征根的变化来检查判断的一致性程度。因为对于 n 维矩阵 A（a_{ij}），当 $a_{ij} = 1$（$i = 1, 2, \cdots, n$）时

$$\sum_{i=1}^{n}\lambda_i = n$$

当具有满意一致性时，

$$\lambda_{max} - n = -\sum_{i=2}^{n}\lambda_i$$

因此，在层次分析法中引入判断矩阵最大特征根外的其余特征根的负平均值来作为度量判断矩阵偏离一致性的指标，检查决策者判断思维的一致性。

$$CI = \frac{\lambda_{max} - n}{n - 1}$$

CI 值越大表示一致性越差；CI 值越小，表示一致性越好；当 $CI = 0$，表示判断矩阵具有完全一致性。为了排除随机因素对一致性的影响，需要将值与平均随机一致性指标进行比

较。对于1～9维的判断矩阵如表3－11所示。

表3－11　1～9维的判断矩阵 *RI* 值

维数	1	2	3	4	5	6	7	8	9
RI 值	0	0	0.58	0.9	1.12	1.24	1.32	1.41	1.45

CI 与 RI 的比值记为 CR，

$$CR = CI/RI$$

一般认为 $CR<0.10$ 时，判断矩阵具有满意的一致性。

本研究根据各位专家打分形成的判断矩阵，利用上述方法计算出各个判断矩阵的特征向量并进行一致性检验，结果如下。

①荔枝：

判断矩阵1（A－B）

$\lambda_{max}=4.01$　$CI=0.00$　$CR=0.00<0.1$

判断矩阵2（B_1-C）

$\lambda_{max}=2.00$　$CI=0.00$　$CR=0.00<0.1$

判断矩阵3（B_2-C）

$\lambda_{max}=2.00$　$CI=0.00$　$CR=0.00<0.1$

判断矩阵4（B_3-C）

$\lambda_{max}=3.00$　$CI=0.00$　$CR=0.00<0.1$

判断矩阵5（B_4-C）

$\lambda_{max}=2.00$　$CI=0.00$　$CR=0.00<0.1$

②真龙柚：

判断矩阵1（A－B）

$\lambda_{max}=3.00$　$CI=0.00$　$CR=0.00<0.1$

判断矩阵2（B_1-C）

$\lambda_{max}=4.00$　$CI=0.00$　$CR=0.00<0.1$

判断矩阵3（B_2-C）

$\lambda_{max}=3.00$　$CI=0.00$　$CR=0.00<0.1$

判断矩阵4（B_3-C）

$\lambda_{max}=2.00$　$CI=0.00$　$CR=0.00<0.1$

由此可见，本研究中各判断矩阵均具有满意的一致性，可以对各个评价因子进行层次总排序。

（5）进行层次总排序。计算同一层次所有因素对于最高层（总目标）相对重要性的排序权值，称为层次总排序。这一过程是最高层次到最低层次逐层进行的。若上一层次A包含 m 个因素 A_1，A_2，…，A_m，下一层次 B 包含 n 个因素 B_1，B_2，…，B_n，它们对于因素 A_j 的层次单排序权值分别为 b_{1j}，b_{2j}，…，b_{nj}（当 B_k 与 A_j 无联系，$b_{kj}=0$），此时B层总排序权值如表3－12所示。

表 3-12 层次总排序权值

层次 A		A_1	A_2	…	A_m	B 层总排序值
		a_1	a_2	…	a_m	
层次 B	B_1	b_{11}	b_{12}	…	b_{1m}	$\sum_{j=1}^{m} a_j b_{1j}$
	B_2	b_{21}	b_{22}	…	b_{2m}	$\sum_{j=1}^{m} a_j b_{2j}$
	…	…	…	…	…	…
	B_n	b_{n1}	b_{n2}	…	b_{nm}	$\sum_{j=1}^{m} a_j b_{nj}$

由于 $\sum_{j=1}^{m} a_j b_{1j} + \sum_{j=1}^{m} a_j b_{2j} + \cdots + \sum_{j=1}^{m} a_j b_{nj} = \sum_{j=1}^{m} a_j (b_{1j} + b_{2j} + \cdots + b_{nj}) = \sum_{j=1}^{m} a_j = 1$，B 层总排序权值已满足“归一化”条件。如果 B 层某些因素对于 A_j 单排序的一致性指标为 CI_j，相应的平均随机一致性指标为 RI_j，则 B 层总排序随机一致性比率为

$$CR = \frac{\sum_{j=1}^{m} a_j CI_j}{\sum_{i=1}^{m} a_j RI_j}$$

当 $CR < 0.10$ 时，认为层次总排序结果具有满意的一致性。

根据上述方法，要对本研究中的各个评价因子进行最终的层次总排序，首先计算各评价因子的层次总排序权值（组合权重），其结果见表 3-13、表 3-14。

对于荔枝组合权重的计算结果也需要进行一致性检验，由于 $CI = 0.00$、$RI = 0.24$，$CR = CI/RI = 0.00 < 0.10$，因此，认为层次总排序结果具有满意的一致性。同时，由于层次总排序结果即为评价因子的组合权重的排序，所以计算得到的表 3-13 的组合权重即为荔枝适宜性评价因子的权重。

对表 3-13 中各评价因子权重进行排序，从中可以看出，各评价因子对荔枝适宜性的影响程度综合排序如下：速效钾（C_7）< 有效磷（C_6）< 有效土层厚度（C_8）< 坡度（C_9）< 质地（C_4）< 有机质（C_5）< 坡向（C_2）< pH 值（C_3）< 海拔（C_1）。

表 3-13 荔枝各个因素的组合权重计算结果

A	B_1	B_2	B_3	B_4	组合权重
	0.2939	0.2705	0.2388	0.1969	
C_1	0.5556				0.1633
C_2	0.4444				0.1306
C_3		0.5945			0.1608
C_4		0.4055			0.1097
C_5			0.4917		0.1174
C_6			0.2755		0.0658

（续表）

A	B_1	B_2	B_3	B_4	组合权重
	0.2939	0.2705	0.2388	0.1969	
C_7			0.2329		0.0556
C_8				0.4545	0.0895
C_9				0.5455	0.1074

对于真龙柚组合权重的计算结果也需要进行一致性检验，由于 $CI = 0.00$、$RI = 0.64$，$CR = CI/RI = 0.00 < 0.10$，因此，认为层次总排序结果具有满意的一致性。同时，由于层次总排序结果即为评价因子的组合权重的排序，所以计算得到的表 3－14 的组合权重即为真龙柚适宜性评价因子的权重。对表 3－14 中各评价因子权重进行排序，从中可以看出，各评价因子对真龙柚适宜性的影响程度综合排序如下：速效钾（C_9）＜有机质（C_6）＜质地（C_7）＜有效磷（C_8）＜有效土层厚度（C_4）＜坡向（C_3）＜坡度（C_2）＜pH 值(C_5)＜海拔（C_1）。

表 3－14 真龙柚各个因素的组合权重计算结果

A	B_1	B_2	B_3	组合权重
	0.4855	0.3502	0.1643	
C_1	0.3134			0.1521
C_2	0.2735			0.1328
C_3	0.228			0.1107
C_4	0.1851			0.0899
C_5		0.4006		0.1403
C_6		0.3216		0.1126
C_7		0.2778		0.0973
C_8			0.5817	0.0956
C_9			0.4183	0.0687

五、模糊适应性综合评价模型的建立

荔枝、真龙柚适宜性评价模型是一个灰色系统，系统内部各要素之间与其适宜性之间关系十分复杂，且评价中也存在着许多不严格、模糊性的概念，因此可以采用模糊评价方法来进行荔枝、真龙柚适宜性程度的确定。

（一）单因素评价指标评语的计算

在建立了评价指标体系后，由于单因素间的数据量纲不同，不能直接用来衡量该因素对荔枝、真龙柚适宜性的影响程度，因此，必须对参评的指标进行标准化的处理。根据模糊数学理论，将选定的评价指标与耕地生产能力的关系分为戒上型、戒下型、峰型、直线型和概念型 5 种类型的隶属函数。

本文选用的指标其性状是定性的、综合的，与荔枝、真龙柚适宜性之间是一种非线性的关系。可采用特尔斐法直接打分给出隶属度，得到概念型的隶属函数。必须说明的是，某些评价因子在一定条件下，其对荔枝、真龙柚土地的适宜度为零，这表明在该条件下，荔枝、真龙柚不能种植，而且人工很难改变这种条件。例如海拔是荔枝、真龙柚生长的重要限制因子，合江县海拔400m以上的区域都将被认为荔枝不适宜栽培区，海拔550m以上的区域都将被认为真龙柚不适宜栽培区。

对于这类定性的、综合性的指标采用特尔斐法直接打分给出隶属度，得到概念型的隶属函数，如表3－15、表3－16、表3－17、表3－18、表3－19。

表3－15　荔枝、真龙柚质地隶属度及其描述

质地	松砂土	紧砂土	砂壤土	轻壤土	中壤土	重壤土	中黏土	重黏土	轻黏土
隶属度	0.422	0.556	0.750	0.900	1.00	0.914	0.733	0.617	0.500

表3－16　荔枝坡向隶属度及其描述

坡向	东	东北	东南	北	南	西	西北	西南
隶属度	0.635	0.470	0.845	0.215	0.910	0.835	0.480	0.875

表3－17　荔枝其他指标隶属度及其描述

隶属度	指标						
	海拔（m）	坡度（度）	有机质（g/kg）	有效磷（mg/kg）	速效钾（mg/kg）	土层厚度（m）	pH值
1	200～230	<3	>20	>10	>100	>90	5.5～6.5
0.8	230～270	3～8		8～10	80～100	60～90	6.5～7.0
0.6	270～320	8～15	16～20		60～80	35～60	5.0～5.5
0.4	320～370		14～16	5～8	45.7～60		7.0～7.5
0.2	370～400	15～25	9.5～14	2.7～5		15～35	>7.5或<5.0
0	>400	>25	<9.5	<2.7	<45.7	<15	

表3－18　真龙柚坡向隶属度及其描述

坡向	东	东北	东南	北	南	西	西北	西南
隶属度	0.635	0.910	0.975	0.615	0.760	0.855	0.680	0.515

表3－19　真龙柚其他指标隶属度及其描述

隶属度	指标						
	海拔（m）	坡度（°）	有机质（g/kg）	有效磷（mg/kg）	速效钾（mg/kg）	土层厚度（m）	pH值
1	200～280	<3	>20	>10	>100	>90	6.5～7.3
0.8	280～370	3～8		8～10	80～100	60～90	7.3～8.0
0.6	370～450	8～15	14～20		60～80	30～60	5.5～6.5

（续表）

隶属度	指标						
	海拔（m）	坡度（°）	有机质（g/kg）	有效磷（mg/kg）	速效钾（mg/kg）	土层厚度（m）	pH 值
0.4	450～550		9.5～14	5～8	45.7～60		
0.2		15～25		2.7～5		15～30	>8.0 或 <5.5
0	>550	>25	<9.5	<2.7	<45.7	<15	

（二）适宜性模糊综合评价

利用累加模型计算荔枝、真龙柚适宜性综合指数（*CAI*），即对应于每个单元的综合评语。

$$CAI = \sum F_i \times C_i \qquad (i = 1, 2, 3, \cdots, n)$$

式中，*CAI*（Cole Adapt Index）代表荔枝、真龙柚适宜性指数；F_i 为第 i 个因素的评价评语；C_i 为第 i 个因素的组合权重。计将参评因子的隶属度值进行加权组合得到每个评价单元的综合评价分值，以其大小表示荔枝、真龙柚适宜性程度。

（三）荔枝、真龙柚适宜性等级划分

本研究在县域管理信息系统中，通过进行层次分析和建立隶属函数来确定荔枝适宜性，各等级的单元数和分级指数较为合理，便于在生产过程中进行实践性的操作。

根据荔枝23 081个评价单元的适宜性得分情况，将荔枝的适宜程度划分为适宜、高度适宜、勉强适宜和不适宜四种，见表3－20。

表3－20　合江县荔枝适宜性评价标准

荔枝适应性	评价得分
高度适宜	≥0.74
适宜	0.534～0.74
勉强适宜	0.25～0.534
不适宜	<0.25

根据真龙柚25 348个评价单元的适宜性得分情况，将真龙柚的适宜程度划分为适宜、高度适宜、勉强适宜和不适宜四种，见表3－21。

表3－21　合江县真龙柚适宜性评价标准

真龙柚适应性	评价得分
高度适宜	≥0.75
适宜	0.5～0.75
勉强适宜	0.25～0.5
不适宜	<0.25

最后，运用 ArcMAP 9.3 进行荔枝、真龙柚适宜性评价结果专题图的绘制，如附图 22、

附图23，使评价结果能够更加直观，且有效的指导农业生产实践。

（四）荔枝、真龙柚适宜性程度面积统计

利用ArcGIS软件，计算评价结果图各评价单元的面积，然后又对其属性表进行操作，统计出各等级耕地的面积及图幅总面积，结果见表3－22、表3－23。

表3－22　合江县荔枝适宜性评价结果面积统计

海拔范围	适宜性	面积（万亩）	占参评面积百分数（%）
<400m	高度适宜	8.48	16.9
	适宜	32.66	64.9
	勉强适宜	9.18	18.2

表3－23　合江县真龙柚适宜性评价结果面积统计

海拔范围	适宜性	面积（万亩）	占参评面积百分数（%）
<550m	高度适宜	9.72	17.9
	适宜	43.98	81.0
	勉强适宜	0.60	1.1

基于海拔对荔枝、真龙柚栽培的严格限制作用，将400m以上的区域均视为荔枝不适宜区，400m以下区域的适宜性均在勉强适宜至高度适宜范围之内；将550m以上的区域均视为真龙柚不适宜区，550m以下区域的适宜性均在勉强适宜至高度适宜范围之内。

第四章　耕地土壤立地条件与农田基础设施

第一节　耕地土壤类型及面积

此次耕地地力评价，主要是针对合江县的耕地（水田和旱地）进行的。合江县耕地总面积为56.86万亩，其中，水稻土所占面积最大，为46.86万亩，占总耕地面积的82.41%；其次为紫色土，面积为9.37万亩，占总耕地面积的16.48%；而黄壤、新积土等分布面积较小，分别为0.33万亩、0.30万亩，分别占总耕地面积比例0.58%、0.54%。详见表4－1和表4－2、表4－3、表4－4。

表4－1　合江县耕地土壤类型及其面积统计

省土类名称	省土属名称	面积（亩）	比例（%）
水稻土	钙质紫泥田	53 184.27	9.35
	黄泥田	8 508.19	1.50
	矿毒田	7 776.34	1.37
	潜育潮田	128.15	0.02
	潜育钙质紫泥田	6 833.96	1.20
	潜育黄泥田	8 902.54	1.57
	潜育紫泥田	6 525.92	1.15
	渗育灰棕潮田	977.48	0.17
	渗育紫潮田	1 355.38	0.24
	渗育紫泥田	212 047.19	37.29
	酸紫泥田	18 725.07	3.29
	淹育钙质紫泥田	25 827.16	4.54
	淹育紫泥田	4 828.28	0.85
	潴育钙质紫泥田	11 273.42	1.98
	潴育黄泥田	2 370.78	0.42
	潴育酸性紫泥田	99 320.85	17.47
紫色土	红棕紫色土	22 933.67	4.03
	灰棕紫泥土	31 833.98	5.60
	酸紫泥土	4 828.57	0.85
	棕紫泥土	34 110.01	6.00

（续表）

省土类名称	省土属名称	面积（亩）	比例（%）
新积土	紫潮泥土	576.51	0.10
	冲积灰棕沙土	1 052.00	0.19
	钙质灰棕潮沙泥土	1 335.39	0.23
	新积钙质紫沙土	84.63	0.01
黄壤	老冲积黄泥土	3 276.48	0.58
总计		568 616.25	100.00

表 4－2　各乡镇不同土种耕地面积统计（1）

省土种	总计（亩）	白鹿镇	白米乡	白沙镇	参宝乡	车辋镇	大桥镇	二里乡
大泥田	81 481.5	7 790.98	2 253.09	—	3 060.7	3 921.95	465.45	3 783.61
钙质灰棕潮砂泥土	2 974.2	—	249.55	24.96	—	—	1 975.46	—
钙质鸭屎紫泥田	6 197.85	—	—	—	—	—	—	—
钙质紫沙田	24 707.25	74.67	—	171.86	—	8.7	—	287.01
红紫泥田	8 395.95	2 428	2 342.04	421.42	—	—	—	—
酸紫砂泥土	3 200.25	—	—	—	—	477.88	—	—
红紫砂田	4 704.45	—	—	—	—	1 624.07	—	187.4
酸紫砂土	1 499.7	—	—	—	—	160.33	—	53.26
红棕石骨土	22 899	1 124.7	—	925.09	1 109.82	187.47	611.48	988.26
红棕紫黄泥土	496.95	—	—	—	—	—	—	98.23
红棕紫泥土	5 187.3	90.93	—	—	108.08	—	49	570.49
酸紫黄土	672.15	—	—	—	—	93.87	—	53.56
厚层酸紫砂泥土	404.85	21.47	70.29	57.76	—	—	—	111.43
黄紫酸沙泥田	60 894	3 314.31	7 233.72	5 803.46	1 886.21	—	5 478.95	1 039.44
灰砂泥田	57 132.6	6 184.88	9 101.43	694.68	452.23	—	6 762.56	1 824.43
灰棕潮泥砂田	480.45	—	480.45	—	—	—	—	—
灰棕潮砂田	463.8	—	402.78	—	—	—	—	—
灰棕黄紫泥土	2 576.1	378.89	238.47	113.48	—	—	93.71	448.16
灰棕石骨土	23 282.25	1 108.91	3 347.68	1 119.87	2 356.87	—	1 566.26	537.64
灰棕紫泥土	908.55	—	—	—	—	—	10.18	244.55
灰棕紫砂泥土	4 908.15	454.93	—	424.44	169.71	—	30.7	114.19
灰棕紫砂土	7 782.45	307.59	943.35	59.01	418.78	—	760.84	268.9
夹黄紫泥田	10 536.6	83.26	—	916.77	317.68	365.95	785.19	1 052.72
夹砂泥田	63 279.3	—	751.5	470.08	95.48	902.19	519.97	6 022.12
假白鳝紫泥田	4 445.4	48.61	1 125.53	166.68	141.38	—	—	—
紧口砂田	28 883.55	1709.83	2 606.84	961.5	3 689	—	2 001.66	267.06

（续表）

省土种	总计（亩）	白鹿镇	白米乡	白沙镇	参宝乡	车辋镇	大桥镇	二里乡
烂黄泥田	8 657.7	—	—	—	—	1 015.73	—	1 015.7
厚层卵石黄泥土	2 909.7	—	—	—	—	—	—	—
卵石黄泥土	294.9	—	—	39.4	—	—	—	—
沙黄泥田	8 156.25	—	—	575.24	—	343.97	—	536.88
死黄泥田	110.25	—	55.21	—	—	—	—	—
酸性砂泥田	7 570.8	—	—	—	—	584.69	—	798.15
铁杆子黄泥田	2 068.35	—	832.65	—	—	—	904.6	—
硝田	7 605.9	395.45	—	419.07	1 188.22	—	341.38	1 886.89
小土黄泥田	1 099.35	—	—	—	—	—	34.98	—
鸭屎泥田	126.15	—	126.15	—	—	—	—	—
鸭屎紫砂泥田	6 089.25	1 456.19	1 185.17	—	—	—	592.44	—
中层酸紫砂泥土	250.95	102.43	74.1	—	—	—	—	—
紫潮砂泥土	701.25	—	—	—	—	—	—	—
紫色潮砂田	1 182.45	—	—	—	—	47.64	—	—
棕紫黄泥土	1 170.6	—	—	101.39	—	131.27	—	44.36
棕紫夹砂泥田	33 959.55	283.97	—	40.49	1 389.66	751.49	1 999.88	4 137.23
棕紫泥田	16 554.75	—	—	105.16	176.18	912.14	—	2 535.5
棕紫泥土	4 329.75	—	—	—	—	94.25	—	57.25
棕紫砂泥土	10 520.85	—	—	—	—	67.11	—	733.18
棕紫砂土	133.2	—	—	—	—	—	—	—
棕紫石骨土	26 729.7	—	—	83.19	—	5 274.3	5.31	1 382.4
总计	56 8616.25	27 360	33 420	13 695	16 560	16 965	24 990	31 080

表 4－3　各乡镇不同土种耕地面积统计（2）　　单位：亩

省土种	焦滩乡	九支镇	密溪乡	南滩乡	榕山镇	榕右乡	石龙乡	实录乡	望龙镇	五通镇
大泥田	76.5	4 047.87	463.83	2 497.93	653.55	2 268.27	2 821.83	3 686.57	720.6	3 423.19
钙质灰棕潮砂泥土	—	—	—	—	546.35	—	—	80.05	97.83	—
钙质鸭屎紫泥田	—	—	2 164.4	18.2	218.17	719.4	—	758.99	—	—
钙质紫沙田	—	191.2	2 169.45	3 522.05	1 939	6 516.92	76.27	624.6	—	—
红紫泥田	—	—	—	—	—	—	—	—	1 553.22	—
酸紫砂泥土	—	1 306.77	—	207.83	—	—	—	—	—	709.95
红紫砂田	—	—	—	53.03	—	35.78	—	—	—	48.77
酸紫砂土	—	64.02	—	87.34	77.06	60.37	—	—	—	73.98
红棕石骨土	—	1 490.52	872.62	337.56	2 950.24	166.54	—	871.41	652.04	554.92
红棕紫黄泥土	—	154.02	—	—	—	—	—	26.52	—	34.3
红棕紫泥土	—	233.08	226.99	106.4	1 744.15	—	—	—	—	395.97

（续表）

省土种	焦滩乡	九支镇	密溪乡	南滩乡	榕山镇	榕右乡	石龙乡	实录乡	望龙镇	五通镇
酸紫黄土	—	9.63	—	—	—	—	—	—	—	179.84
厚层酸紫砂泥土	—	—	—	—	—	—	—	—	143.9	—
黄紫酸沙泥田	5 456.71	1 311.4	—	149.88	5 537.48	—	—	—	8 703.6	1 110.81
灰砂泥田	1 193.11	535.34	78.63	8.32	1 166.04	—	—	490.05	3 913.53	1 814.73
灰棕潮泥砂田	—	—	—	—	—	—	—	—	—	—
灰棕潮砂田	—	—	—	—	—	—	—	—	—	—
灰棕黄紫泥土	—	—	69.33	75.03	80.44	—	—	—	154.64	356.62
灰棕石骨土	1 370.04	548.1	—	201.19	1 803.47	—	—	303.59	1 924.91	1 965.8
灰棕紫泥土	—	64.86	—	—	—	—	—	—	—	81.43
灰棕紫砂泥土	125.17	799.71	—	347.79	23.66	—	—	—	—	799.38
灰棕紫砂土	701.22	117.2	—	103.63	134.85	—	171.61	—	1 261.39	98.09
夹黄紫泥田	—	561.09	115.45	—	288.3	411.68	—	181.57	1 119.11	123.62
夹砂泥田	—	5 121.57	2 560.98	2 156.72	1 368.82	495.21	5 298.42	4 872.51	425.1	1 564.51
假白鳝紫泥田	320.41	—	—	—	—	—	—	—	448.37	984.16
紧口砂田	2 626.42	—	—	—	1 538.32	—	—	1 491.61	3 661.24	—
烂黄泥田	—	581.8	—	227.55	—	—	—	—	—	3 550.54
厚层卵石黄泥土	—	—	—	98.77	—	—	10.54	—	—	—
卵石黄泥土	89	—	—	—	—	—	—	—	145.81	—
沙黄泥田	—	—	1 466.08	559.37	334.6	620.09	—	682.84	—	—
死黄泥田	—	—	—	—	55.04	—	—	—	—	—
酸性砂泥田	—	1 941.39	—	—	61.17	456.27	—	—	—	1 564.68
铁杆子黄泥田	—	—	—	—	—	—	—	—	—	—
硝田	—	182.54	349.58	241.73	108.49	—	—	215.54	159.37	—
小土黄泥田	296.42	—	—	—	353.18	—	—	—	—	—
鸭屎泥田	—	—	—	—	—	—	—	—	—	—
鸭屎紫砂泥田	—	197.1	—	—	1 316.77	—	—	—	—	54.36
中层酸紫砂泥土	—	—	—	—	—	—	—	—	—	—
紫潮砂泥土	—	—	415.36	—	—	—	—	231.84	—	—
紫色潮砂田	—	523.6	—	—	—	—	—	123.81	—	—
棕紫黄泥土	—	—	—	37.78	—	32.4	—	36.77	—	—
棕紫夹砂泥田	—	2 071.46	1 297.62	405.22	5 702.93	249.56	—	1 850.69	—	429.06
棕紫泥田	—	766.62	273.55	478.62	619.35	371.86	—	175.71	10.34	504.14
棕紫泥土	—	4.57	—	114.37	—	194.52	61.68	603.28	—	122.2
棕紫砂泥土	—	181.34	—	850.32	394.09	466.2	994.97	113.89	—	17.86
棕紫砂土	—	—	—	—	—	68.17	—	—	—	—
棕紫石骨土	—	1 083.2	2 071.13	943.37	204.48	696.76	2 264.68	2 453.16	—	692.09
总计	12 255	24 090	14 595	13 830	29 220	13 830	11 700	19 875	25 095	21 255

表 4-4　各乡镇不同土种耕地面积统计（3）　单位：亩

省土种	凤鸣镇	佛荫镇	福宝镇	甘雨镇	合江镇	虎头乡	尧坝镇	自怀镇	先市镇	先滩镇
大泥田	1 830.54	2 555.37	5 684.94	4 042.3	4 399.14	6 874.11	3 598.12	1 182.35	5 315.1	4 063.61
钙质灰棕潮砂泥土	—	—	—	—	—	—	—	—	—	—
钙质鸭屎紫泥田	46.47	131.48	485.78	—	968.13	—	61.2	23.82	41.86	559.95
钙质紫沙田	333.46	—	2615.36	931.08	816.69	2 667.36	473.23	88.76	35.16	1 164.42
红紫泥田	—	1 454.54	—	—	—	—	48.13	—	148.6	—
酸紫砂泥土	—	—	—	—	29.05	—	—	—	—	468.77
红紫砂田	1 865.08	—	81.08	—	—	—	55.7	15.3	—	738.24
酸紫砂土	—	36.14	598.41	133.05	—	—	—	—	—	155.74
红棕石骨土	2 395.65	1 281.89	1 001.97	1130.77	1 606.48	402.36	927.34	—	1 309.87	—
红棕紫黄泥土	—	—	—	—	183.88	—	—	—	—	—
红棕紫泥土	—	123.87	179.81	904.87	268.58	118.94	57.07	—	9.07	—
酸紫黄土	—	6.67	69.55	—	—	—	—	12.91	246.12	—
厚层酸紫砂泥土	—	—	—	—	—	—	—	—	—	—
黄紫酸沙泥田	267.43	1 670.83	—	588.38	5 179.92	2 292.29	1 541.19	—	2 327.99	—
灰砂泥田	1 989.37	5 428.78	—	1 203.59	2 806.99	1 755.81	1 300.73	—	8 427.37	—
灰棕潮泥砂田	—	—	—	—	—	—	—	—	—	—
灰棕潮砂田	—	—	—	—	61.02	—	—	—	—	—
灰棕黄紫泥土	386.72	3.98	—	—	27.38	57.48	31.49	—	60.28	—
灰棕石骨土	527.65	1 418.52	—	367.14	1 299.79	756.89	124.9	—	633.03	—
灰棕紫泥土	13.32	14.5	—	53.04	—	28.51	157.06	—	241.1	—
灰棕紫砂泥土	678.84	142.71	—	166.69	124.77	115.11	51.16	—	339.19	—
灰棕紫砂土	93.77	29.01	153.42	1 196.92	578.83	126.61	—	—	257.43	—
夹黄紫泥田	484.51	598.66	—	56.57	1 817.68	—	1 059.64	—	197.15	—
夹砂泥田	2 826.51	298.04	8 836.7	751.02	1 870.06	735.28	2 124.65	3 303.79	379.93	9 528.12
假白鳝紫泥田	73.65	928.87	—	20.16	—	—	15.68	—	171.9	—
紧口砂田	358.01	544.15	—	2 469.43	2 196.26	927.03	—	—	1 835.19	—
烂黄泥田	346.2	—	248.05	237.17	—	—	1 213.45	—	—	221.51
厚层卵石黄泥土	—	—	1 359.58	62.24	—	—	—	763.3	—	615.27
卵石黄泥土	—	—	—	—	—	20.69	—	—	—	—
沙黄泥田	460.51	434.2	417.63	165.8	522.16	392.09	21.59	24.35	422.48	176.37
死黄泥田	—	—	—	—	—	—	—	—	—	—
酸性砂泥田	319.72	—	622.45	41.96	—	—	734.12	114.37	—	331.83
铁杆子黄泥田	—	—	—	—	36.19	294.91	—	—	—	—
硝田	140.23	1 359.33	—	238	—	239.58	—	—	140.5	—
小土黄泥田	—	—	—	—	405.73	9.04	—	—	—	—

（续表）

省土种	凤鸣镇	佛荫镇	福宝镇	甘雨镇	合江镇	虎头乡	尧坝镇	自怀镇	先市镇	先滩镇
鸭屎泥田	—	—	—	—	—	—	—	—	—	—
鸭屎紫砂泥田	98.9	642.41	—	41.45	340.25	—	164.21	—	—	—
中层酸紫砂泥土	—	—	—	—	74.42	—	—	—	—	—
紫潮砂泥土	—	—	—	—	54.05	—	—	—	—	—
紫色潮砂田	—	—	—	—	487.4	—	—	—	—	—
棕紫黄泥土	58.95	—	548.32	41.45	—	59.93	—	77.98	—	—
棕紫夹砂泥田	569.68	1 303.53	704.38	512.41	1 767.43	690.37	5 083.41	—	2 719.08	—
棕紫泥田	1 576.15	775.99	402.78	1 689.29	2 020.54	1 390.86	867.93	—	902.04	—
棕紫泥土	235.94	—	1 033.16	—	—	34.18	549.14	651.39	—	573.82
棕紫砂泥土	407.53	—	1 739.86	86.18	444.54	136.73	973.42	1 765.14	—	1 148.49
棕紫砂土	—	—	45.26	—	—	19.77	—	—	—	—
棕紫石骨土	3 800.21	236.52	126.51	854.04	827.64	734.05	965.44	72.79	119.57	1 838.86
总计	22 185	21 420	26 955	17 985	31 215	20 880	22 200	8 096.25	26 280	21 585

第二节　耕地立地条件状况

一、分乡镇耕地土壤坡度统计

合江县位于四川盆地南部，地幅似“肺叶形”，属盆边山区县之一，兼备丘陵及少数河谷景观。本县地处四川盆地与贵州高原的过渡带，地势由西北向东南逐渐升高。耕地土壤坡度比较适中，全县小于2°面积为15 419.4亩，2°～6°面积为254 302.8亩，6°～15°面积为230 948.85亩，15°～25°面积为57 026.85亩，而25°以上的耕面积为10 918.65亩。小于2°、2°～6°、6°～15°、15°～25°、大于25°坡度范围的耕地分别占总耕地面积的2.72%、44.73%、40.62%、10.03%和1.9%。坡度较大的耕地主要分布在福宝镇、自怀镇和五通镇，具体面积统计如表4－5所示。

二、分乡镇耕地土壤有效土层厚度统计

表4－6列出了各乡镇耕地土壤有效土层厚度分布面积及比例。全县土壤有效土层厚度主要集中在40～60cm，且在不同的土层厚度级别中均有分布。车辋镇、凤鸣镇、实录乡、榕山镇等乡镇的耕地土壤有效土层厚度主要在40cm以下；而先市镇、福宝镇和合江镇等乡镇的耕地土壤有效土层厚度主要为40～60cm；虎头乡和佛荫镇的耕地土壤有效土层厚度主要为60～80cm；有效土层厚度80～100cm分布最多的乡镇主要有白米乡、大桥镇和望龙镇等。

三、分乡镇耕地土壤成土母质统计

如表4－7所示，各乡镇耕地土壤成土母质以蓬莱镇组、沙溪庙组、遂宁组和夹关组为

表 4－5 分乡镇耕地土壤坡度统计

面积（亩），比例（%）

乡镇名称	≤2°		2°～6°		6°～15°		15°～25°		≥25°		总计
	面积	比例	面积	比例	面积	比例	面积	比例	面积	比例	
白鹿镇	455.10	2.95	16 047.10	6.31	10 429.40	4.52	421.95	0.74	6.45	0.06	27 360.00
白米乡	1 937.55	12.57	24 355.80	9.58	6 891.60	2.98	235.05	0.41	—	—	33 420.00
白沙镇	1 983.30	12.86	7 609.62	2.99	3 229.85	1.40	865.33	1.52	6.9	0.06	13 695.00
参宝乡	162.00	1.05	11 848.63	4.66	4 454.42	1.93	94.95	0.17	—	—	16 560.00
车辋镇	122.55	0.79	4 120.45	1.62	9 769.55	4.23	2 527.50	4.43	424.95	3.89	16 965.00
大桥镇	3 462.35	22.45	17 017.07	6.69	4 176.83	1.81	313.5	0.55	20.25	0.19	24 990.00
二里乡	142.05	0.92	15 705.40	6.18	11 117.32	4.81	3 253.18	5.70	862.05	7.90	31 080.00
凤鸣镇	139.20	0.90	4 238.81	1.67	13 207.30	5.72	3 953.69	6.93	646.00	5.92	22 185.00
佛荫镇	1 300.80	8.44	13 624.70	5.36	5 977.30	2.59	486.6	0.85	30.60	0.28	21 420.00
福宝镇	—	—	4 257.45	1.67	14 349.38	6.21	6 194.47	10.86	2 153.70	19.72	26 955.00
甘雨镇	72.30	0.47	6 340.55	2.49	7 280.52	3.15	3 298.63	5.78	993.00	9.09	17 985.00
合江镇	213.45	1.38	17 358.80	6.83	11 908.25	5.16	1 573.00	2.76	161.50	1.48	31 215.00
虎头乡	307.80	2.00	11 083.55	4.36	8 309.58	3.60	1 105.72	1.94	73.35	0.67	20 880.00
焦滩乡	664.80	4.31	9 802.20	3.85	1 731.9	0.75	56.10	0.10	—	—	12 255.00
九支镇	441.30	2.86	6 033.00	2.37	12 672.21	5.49	4 349.65	7.63	593.85	5.44	24 090.00
密溪乡	104.70	0.68	5 687.75	2.24	8 018.35	3.47	772.50	1.35	11.70	0.11	14 595.00
南滩乡	47.70	0.31	2 676.44	1.05	8 712.52	3.77	2 213.49	3.88	179.85	1.65	13 830.00
榕山镇	2 247.30	14.57	12 012.95	4.72	12 378.68	5.36	2 336.62	4.10	244.45	2.24	29 220.00
榕右乡	99.60	0.65	2 738.10	1.08	7 214.38	3.12	3 000.62	5.26	777.30	7.12	13 830.00
石龙乡	—	—	684.45	0.27	8 234.55	3.57	2 615.55	4.59	165.45	1.52	11 700.00
实录乡	81.00	0.53	5 363.52	2.11	12 133.05	5.25	2 131.38	3.74	166.05	1.52	19 875.00
望龙镇	369.75	2.40	19 187.55	7.55	5 424.30	2.35	113.40	0.20	—	—	25 095.00
五通镇	178.65	1.16	42 06.05	1.65	13 130.78	5.69	3 060.62	5.37	678.90	6.22	21 255.00
先市镇	344.70	2.24	20 278.90	7.97	5 332.25	2.31	312.60	0.55	11.55	0.11	26 280.00
先滩镇	—	—	351.55	0.14	14921.75	6.46	5 291.40	9.28	1 020.30	9.34	21 585.00
尧坝镇	541.15	3.51	11 667.15	4.59	7 306.25	3.16	1765.2	3.10	920.25	8.43	22 200.00
自怀镇	—	—	5.25	—	2 636.60	1.14	4 684.15	8.21	770.25	7.05	8 096.25
总计	15 419.10	100.00	254 302.80	100.00	230 948.85	100.00	57 026.85	100.00	10 918.65	100.00	568 616.25

表 4 – 6　分乡镇耕地土壤有效土层厚度统计

面积（亩），比例（%）

乡镇名称	≤40cm		40 ~ 60cm		60 ~ 80cm		80 ~ 100cm		总计
	面积	比例	面积	比例	面积	比例	面积	比例	
白鹿镇	2 028. 38	2. 45	10 186. 61	4. 08	9 496. 51	6. 16	5 648. 51	6. 89	27 360. 00
白米乡	2 940. 98	3. 55	11 449. 80	4. 59	7 011. 96	4. 55	1 2017. 26	14. 65	33 420. 00
白沙镇	2 811. 49	3. 39	3 460. 96	1. 39	1 913. 70	1. 24	5 508. 85	6. 72	13 695. 00
参宝乡	3 661. 24	4. 42	5 996. 68	2. 40	5 145. 04	3. 34	1 757. 05	2. 14	16 560. 00
车辋镇	5 356. 51	6. 46	2 852. 64	1. 14	8 444. 53	5. 48	311. 33	0. 38	16 965. 00
大桥镇	2 598. 56	3. 14	11 473. 64	4. 60	4 132. 43	2. 68	6 785. 37	8. 27	24 990. 00
二里乡	3 633. 61	4. 38	14 602. 87	5. 85	11 181. 68	7. 25	1 661. 85	2. 03	31 080. 00
凤鸣镇	7 582. 32	9. 15	8 936. 41	3. 58	5 126. 20	3. 32	540. 06	0. 66	22 185. 00
佛荫镇	4 161. 20	5. 02	4 691. 70	1. 88	7 949. 87	5. 16	4 617. 23	5. 63	21 420. 00
福宝镇	1 051. 29	1. 27	16 252. 09	6. 51	6 392. 38	4. 15	3 259. 24	3. 97	26 955. 00
甘雨镇	3 372. 40	4. 07	6 710. 41	2. 69	7 159. 48	4. 64	742. 70	0. 91	17 985. 00
合江镇	2 721. 21	3. 28	15 003. 65	6. 01	9 275. 72	6. 02	4 214. 43	5. 14	31 215. 00
虎头乡	1 715. 34	2. 07	7 689. 21	3. 08	9 317. 19	6. 04	2 158. 26	2. 63	20 880. 00
焦滩乡	1 697. 64	2. 05	5 002. 13	2. 00	1 053. 07	0. 68	4 502. 17	5. 49	12 255. 00
九支镇	4 315. 68	5. 21	12 169. 71	4. 88	6 005. 19	3. 89	1 599. 42	1. 95	24 090. 00
密溪乡	3 006. 27	3. 63	9 242. 48	3. 70	1 796. 25	1. 16	550. 00	0. 67	14 595. 00
南滩乡	1 961. 67	2. 37	7 382. 44	2. 96	3 091. 77	2. 01	1 394. 11	1. 70	13 830. 00
榕山镇	6 409. 80	7. 74	12 697. 39	5. 09	3 249. 30	2. 11	6 863. 51	8. 37	29 220. 00
榕右乡	998. 44	1. 20	9 098. 87	3. 65	3 433. 84	2. 23	298. 84	0. 36	13 830. 00
石龙乡	2 351. 70	2. 84	6 368. 25	2. 55	2 905. 05	1. 88	75. 00	0. 09	11 700. 00
实录乡	4 454. 86	5. 38	10 357. 35	4. 15	4 506. 22	2. 92	556. 57	0. 68	19 875. 00
望龙镇	3 675. 03	4. 43	7 807. 44	3. 13	5 238. 91	3. 40	8 373. 63	10. 21	25 095. 01
五通镇	3 315. 06	4. 00	8 141. 79	3. 26	8 521. 01	5. 53	1 277. 14	1. 56	21 255. 00
先市镇	2 053. 24	2. 48	14 514. 30	5. 82	7 215. 62	4. 68	2 496. 84	3. 04	26 280. 00
先滩镇	3 205. 50	3. 87	11 433. 55	4. 58	5 711. 85	3. 70	1 234. 10	1. 50	21 585. 00
尧坝镇	1 638. 01	1. 98	11 968. 04	4. 80	7 052. 70	4. 57	1 541. 25	1. 88	22 200. 00
自怀镇	149. 30	0. 18	4 056. 35	1. 63	1 864. 60	1. 21	2 026. 00	2. 47	8 096. 25
总计	82 866. 75	100. 00	249 546. 75	100. 00	154 192. 05	100. 00	82 010. 70	100. 00	568 616. 25

主。白鹿镇、望龙镇、白米乡等成土母质主要是沙溪庙组，九支镇、五通镇则是夹关组的主要分布区。遂宁组在全县成明显的带状分布，榕山镇、先市镇和尧坝镇分布相对较多。蓬莱镇组主要分布在实录乡、先滩镇、车辋镇和福宝镇。老冲积和新冲积在全县范围内所占面积较少，大桥镇、合江镇和白米乡等有分布。

四、分乡镇耕地土壤地形部位统计

合江县耕地土壤主要分布在丘陵低谷地、丘陵中上部、丘陵山地坡中部；中低山中下部分布相对较少；丘陵山地坡下部等地形部位分布最少。如表4－8所示，福宝镇、榕右乡、石龙乡、五通镇、先滩镇、尧坝镇和自怀镇等乡镇的耕地土壤只在丘陵低谷地、丘陵坡地中上部、丘陵山地坡中部和中低山中下部等地形部位有分布。就各个地形部位的分布情况而言，河流阶地主要分布在白米乡、大桥镇；丘陵低洼处小山冲主要分布在参宝乡、二里乡和佛荫镇；丘陵山地坡下部主要分布在白鹿镇、白米乡、望龙镇；丘陵低谷地、丘陵山地坡中部和丘陵坡地中上部在各乡镇均有分布；丘陵低谷地主要分布在二里乡和先市镇；丘陵山地坡中部主要分布在五通镇、白米乡和焦滩乡；丘陵坡地中上部则主要分布在白米乡、榕山镇和望龙镇。

五、分土种耕地土壤坡度统计

各土种的坡度分布情况如表4－9所示，大多数土种都分布在2°～15°，大泥田、黄紫酸沙泥田、灰砂泥田、夹砂泥田等土种绝大多数都分布在2°～15°；黄紫酸沙泥田、灰砂泥田、大泥田、鸭屎紫砂泥田、灰棕石骨土主要分布在2°以下；夹砂泥田、棕紫石骨土、大泥田、钙质紫沙田和红棕石骨土主要分布在15°～25°；钙质紫沙田、夹砂泥田、棕紫砂泥土、棕紫石骨土主要分布在25°以上。

六、分土种土壤有效土层厚度统计

各土种有效土层厚度的统计如表4－10所示，红紫砂田、红棕石骨土、红棕紫泥土、灰棕石骨土、紫潮砂泥土、紫色潮砂田和棕紫石骨土的土层厚度主要都在40cm以下；钙质灰棕潮砂泥土、钙质鸭屎紫泥田、钙质紫沙田、酸紫砂泥土、红棕紫黄泥土、厚层酸紫砂泥土、灰砂泥田、灰棕黄紫泥土、灰棕紫砂泥土、夹砂泥田、紧口砂田、卵石黄泥土、沙黄泥田、棕紫黄泥土、棕紫夹砂泥田、棕紫砂泥土、棕紫砂土的有效土层厚度也都主要为40～60cm；酸性砂泥田、棕紫泥田、夹黄紫泥田、大泥田、灰棕紫砂土等土种的有效土层厚在60～80cm；黄紫酸沙泥田、厚层卵石黄泥土、小土黄泥田、棕紫泥土等土种有部分有效土层厚度在80～100cm。

七、分土种耕地土壤成土母质统计

各土种的成土母质具体见表4－11。钙质灰棕潮砂泥土、灰棕潮泥砂田、灰棕潮砂田、鸭屎泥田、紫潮砂泥土、紫色潮砂田是由新冲积发育而成的；钙质鸭屎紫泥田、钙质紫沙田、红紫泥田、酸紫砂泥土、红紫砂田、灰棕紫砂土等是由是沙溪庙组发育而来；酸紫砂土、红棕紫黄泥土、假白鳝紫泥田、鸭屎紫砂泥田、棕紫黄泥土、棕紫泥土、棕紫泥田、棕紫石骨土等是由蓬莱镇组发育而来；夹黄紫泥田是由夹关组泥页岩及沙溪庙组泥岩发育而

表 4-7　分乡镇耕地土壤成土母质统计

面积（亩），比例（%）

乡镇名称	夹关组		老冲积		蓬莱镇组		沙溪庙组		遂宁组		新冲积		总计
	面积	比例	面积	比例	面积	比例	面积	比例	面积	比例	面积	比例	
白鹿镇	—	—	—	—	115.96	0.07	22 864.38	9.87	4 379.66	3.73	—	—	27 360.00
白米乡	—	—	1 365.44	27.94	—	—	27 823.07	12.00	2 703.63	2.30	1 527.86	18.51	33 420.00
白沙镇	—	—	51.15	1.05	1 072.61	0.63	9 810.37	4.23	2 740.18	2.33	20.69	0.25	13 695.00
参宝乡	—	—	—	—	—	—	11 690.19	5.04	4 869.81	4.15	—	—	16 560.00
车辋镇	4 385.97	12.19	—	—	11 773.90	6.92	229.44	0.10	528.67	0.45	47.02	0.57	16 965.00
大桥镇	—	—	923.09	18.89	5.40	—	15 004.51	6.47	5 950.27	5.07	3 106.73	37.64	24 990.00
二里乡	4 176.18	11.60	102.15	2.09	11 057.73	6.49	7 155.26	3.09	8 588.68	7.31	—	—	31 080.00
凤鸣镇	2 373.31	6.59	—	—	8 352.08	4.91	6 421.26	2.77	5 038.35	4.29	—	—	22 185.00
佛荫镇	—	—	—	—	1 211.02	0.71	14 478.33	6.25	5 730.65	4.88	—	—	21 420.00
福宝镇	1 701.76	4.73	48.90	1.00	19 859.15	11.66	256.77	0.11	5 088.42	4.33	—	—	26 955.00
甘雨镇	1 808.22	5.02	—	—	2 935.08	1.72	7 883.55	3.40	5 358.15	4.56	—	—	17 985.00
合江镇	—	—	404.38	8.28	6 822.16	4.01	15 228.89	6.57	7 983.15	6.80	776.42	9.41	31 215.00
虎头乡	—	—	287.48	5.88	5 863.87	3.44	8 403.49	3.63	6 325.16	5.39	—	—	20 880.00
焦滩乡	—	—	397.19	8.13	—	—	11 651.68	5.03	206.13	0.18	—	—	12 255.00
九支镇	6 739.44	18.72	—	—	7 157.30	4.20	4 099.45	1.77	4 945.44	4.21	1 148.37	13.91	24 090.00
密溪乡	—	—	104.89	2.15	11 583.37	6.80	60.65	0.03	2 301.71	1.96	544.38	6.60	14 595.00
南滩乡	456.96	1.27	—	—	7 314.34	4.30	2 553.31	1.10	3 505.39	2.98	—	—	13 830.00
榕山镇	608.90	1.69	608.93	12.46	6 338.44	3.72	12 503.21	5.39	8 660.13	7.37	500.39	6.06	29 220.00
榕右乡	1 906.68	5.30	7.05	0.14	10 124.31	5.95	818.10	0.35	973.86	0.83	—	—	13 830.00
石龙乡	10.95	0.03	114.75	2.35	11 574.30	6.80	—	—	—	—	—	—	11 700.00
实录乡	—	—	—	—	11 697.72	6.87	3 306.55	1.43	4 385.82	3.73	484.91	5.87	19 875.00
望龙镇	—	—	247.66	5.07	—	—	21 870.41	9.44	2 879.32	2.45	97.61	1.18	25 095.00
五通镇	5 525.95	15.35	—	—	4 424.00	2.60	7 534.14	3.25	3 770.91	3.21	—	—	21 255.00
先市镇	608.15	1.69	—	—	883.10	0.52	14 571.53	6.29	10 217.22	8.70	—	—	26 280.00
先滩镇	2 478.80	6.89	182.40	3.73	18 923.80	11.11	—	—	—	—	—	—	21 585.00
尧坝镇	1 851.87	5.15	—	—	4 471.29	2.63	5 550.66	2.39	10 326.18	8.79	—	—	22 200.00
自怀镇	1 360.40	3.78	40.80	0.83	6 695.05	3.93	—	—	—	—	—	—	8 096.25
总计	35 993.54	100.00	4 886.26	100.00	170 255.99	100.00	231 769.19	100.00	117 456.89	100.00	8 254.38	100.00	568 616.25

表 4－8　分乡镇耕地土壤地形部位统计

面积（亩），比例（%）

乡镇名称	河流阶地		丘陵低谷地		丘陵低洼处小山冲		丘陵坡地中上部		丘陵山地坡下部		丘陵山地坡中部		中低山中下部		总计
	面积	比例	面积	比例	面积	比例	面积	比例	面积	比例	面积	比例	面积	比例	
白鹿镇	—	—	17 543.21	5.70	386.85	5.09	7 443.30	5.14	121.20	18.48	1 865.44	3.44	—	—	27 360.00
白米乡	2 078.10	21.87	13 583.76	4.41	—	—	12 022.79	8.30	119.25	18.18	5 616.10	10.35	—	—	33 420.00
白沙镇	61.50	0.65	2 369.10	0.77	400.50	5.27	9 244.52	6.39	55.20	8.42	1 258.65	2.32	305.53	0.69	13 695.00
参宝乡	—	—	6 349.20	2.06	1 214.10	15.96	6 063.35	4.19	—	—	2 933.35	5.41	—	—	16 560.00
车辋镇	48.45	0.51	11 027.05	3.58	—	—	1 881.40	1.30	—	—	849.90	1.57	3 158.20	7.17	16 965.00
大桥镇	3 056.70	32.17	8 675.70	2.82	346.95	4.56	10 327.52	7.13	—	—	2 577.73	4.75	5.40	0.01	24 990.00
二里乡	—	—	19 588.45	6.36	1 844.10	24.25	5 067.30	3.50	108.90	16.61	2 305.95	4.25	2 165.30	4.92	31 080.00
凤鸣镇	—	—	12 659.51	4.11	151.65	1.99	3 421.70	2.36	—	—	2 047.05	3.77	3 905.09	8.87	22 185.00
佛荫镇	—	—	8 739.22	2.84	1 743.15	22.92	7 722.66	5.33	—	—	2 799.54	5.16	415.43	0.94	21 420.00
福宝镇	—	—	17 708.37	5.75	—	—	2 988.15	2.06	—	—	1 175.31	2.17	5 083.17	11.54	26 955.00
甘雨镇	—	—	9 983.15	3.24	283.35	3.73	5 253.15	3.63	—	—	1 747.52	3.22	717.83	1.63	17 985.00
合江镇	764.10	8.04	18 458.70	6.00	—	—	9 548.90	6.60	89.55	13.66	1 884.09	3.47	469.66	1.07	31 215.00
虎头乡	317.70	3.34	15 195.55	4.94	234.45	3.08	3 634.18	2.51	—	—	951.40	1.75	546.72	1.24	20 880.00
焦滩乡	457.80	4.82	2 882.45	0.94	—	—	5 749.22	3.97	—	—	3 165.53	5.84	—	—	12 255.00
九支镇	712.80	7.50	13 279.95	4.31	227.55	2.99	6 225.90	4.30	—	—	2 427.70	4.48	1 216.10	2.76	24 090.00
密溪乡	453.45	4.77	9 026.35	2.93	166.35	2.19	1 128.90	0.78	—	—	2 255.68	4.16	1 564.27	3.55	14 595.00
南滩乡	—	—	8 736.70	2.84	209.25	2.75	2 363.24	1.63	—	—	669.45	1.23	1 851.36	4.20	13 830.00
榕山镇	916.35	9.64	13 349.53	4.34	96.30	1.27	12 208.45	8.43	—	—	2 118.07	3.91	531.30	1.21	29 220.00
榕右乡	—	—	10 717.53	3.48	—	—	696.20	0.48	—	—	818.85	1.51	1 597.42	3.63	13 830.00
石龙乡	—	—	8 233.95	2.68	—	—	—	—	—	—	13.05	0.02	3 453.00	7.84	11 700.00
实录乡	401.70	4.23	11 608.22	3.77	13.95	0.18	2 830.45	1.96	—	—	1 079.65	1.99	3 941.03	8.95	19 875.00
望龙镇	232.50	2.45	5 372.14	1.75	136.35	1.79	16 141.16	11.15	161.70	24.66	3 051.15	5.63	—	—	25 095.00
五通镇	—	—	9 781.05	3.18	—	—	3 502.26	2.42	—	—	6 832.74	12.60	1 138.95	2.59	21 255.00
先市镇	—	—	18 447.40	5.99	151.05	1.99	5 955.00	4.11	—	—	1 598.00	2.95	128.55	0.29	26 280.00
先滩镇	—	—	16 440.25	5.34	—	—	636.00	0.44	—	—	641.40	1.18	3 867.35	8.78	21 585.00
尧坝镇	—	—	15 755.25	5.12	—	—	2 705.26	1.87	—	—	1 555.50	2.87	2 183.99	4.96	22 200.00
自怀镇	—	—	2 291.70	0.74	—	—	5.25	—	—	—	—	—	5 799.30	13.17	8 096.25
总计	9 501.15	100.00	307 803.45	100.00	7 605.90	100.00	144 766.22	100.00	655.80	100.00	54 238.80	100.00	44 044.94	100.00	568 616.25

表 4－9　分土种耕地土壤坡度统计

面积（亩），比例（%）

省级土种名	≤2°		2°～6°		6°～15°		15°～25°		≥25°		总计
	面积	比例	面积	比例	面积	比例	面积	比例	面积	比例	
大泥田	1 210.95	7.85	31 307.40	12.31	41 284.80	17.88	6 941.10	12.17	737.25	6.75	81 481.50
钙质灰棕潮砂泥土	568.05	3.68	1 493.55	0.59	692.85	0.30	199.50	0.35	20.25	0.19	2 974.20
钙质鸭屎紫泥田	23.55	0.15	1 979.40	0.78	3 618.00	1.57	497.10	0.87	79.80	0.73	6197.85
钙质紫沙田	24.60	0.16	4 520.25	1.78	13 849.95	6.00	4 675.80	8.20	1 636.65	14.99	24 707.25
红紫泥田	1 016.70	6.59	7 000.95	2.75	255.60	0.11	115.80	0.20	6.90	0.06	8 395.95
酸紫砂泥土	—	—	129.00	0.05	1 478.85	0.64	1 382.10	2.42	210.30	1.93	3 200.25
红紫砂田	—	—	186.30	0.07	2 461.80	1.07	1 710.45	3.00	345.90	3.17	4 704.45
酸紫砂土	5.10	0.03	106.35	0.04	594.15	0.26	518.85	0.91	275.25	2.52	1 499.70
红棕石骨土	240.45	1.56	7 551.15	2.97	11 159.70	4.83	3 684.30	6.46	263.40	2.41	22 899.00
红棕紫黄泥土	—	—	236.85	0.09	260.10	0.11	—	—	—	—	496.95
红棕紫泥土	12.15	0.08	1 380.60	0.54	2 790.00	1.21	879.6	1.54	124.95	1.14	5187.30
酸紫黄土	5.7	0.04	287.10	0.11	281.55	0.12	84.60	0.15	13.20	0.12	672.15
厚层酸紫砂泥土	—	—	294.75	0.12	43.50	0.02	66.60	0.12	—	—	404.85
黄紫酸沙泥田	5 325.90	34.54	45 127.35	17.75	10 008.15	4.33	432.6	0.76	—	—	60 894.00
灰砂泥田	1 449.90	9.40	39 228.60	15.43	15 865.80	6.87	563.55	0.99	24.75	0.23	57 132.60
灰棕潮泥砂田	—	—	360.90	0.14	119.55	0.05	—	—	—	—	480.45
灰棕潮砂田	—	—	463.80	0.18	—	—	—	—	—	—	463.80
灰棕黄紫泥土	97.20	0.63	1 171.65	0.46	1 162.80	0.50	144.45	0.25	—	—	2 576.10
灰棕石骨土	1 367.55	8.87	13 973.25	5.49	7 220.55	3.13	703.5	1.23	17.40	0.16	23 282.25
灰棕紫泥土	—	—	529.50	0.21	364.8	0.16	14.25	0.02	—	—	908.55
灰棕紫砂泥土	59.10	0.38	1 838.25	0.72	2 833.8	1.23	177.00	0.31	—	—	4 908.15
灰棕紫砂土	125.10	0.81	4 087.80	1.61	3 231	1.40	206.85	0.36	131.70	1.21	7 782.45
夹黄紫泥田	150.15	0.97	7 260.90	2.86	2 951.85	1.28	160.05	0.28	13.65	0.13	10 536.60

（续表）

省级土种名	≤2°		2°~6°		6°~15°		15°~25°		≥25°		总计
	面积	比例	面积	比例	面积	比例	面积	比例	面积	比例	
夹砂泥田	279.60	1.81	9 663.75	3.80	40 299.75	17.45	11 217.00	19.67	1 819.20	16.66	63 279.30
假白鳝紫泥田	216.45	1.40	3 063.60	1.20	1 112.55	0.48	52.80	0.09	—	—	4 445.40
紧口砂田	499.05	3.24	21 424.65	8.42	6 836.70	2.96	123.15	0.22	—	—	28 883.55
烂黄泥田	6.15	0.04	158.40	0.06	4 755.90	2.06	3 010.20	5.28	727.05	6.66	8 657.70
厚层卵石黄泥土	—	—	35.70	0.01	626.25	0.27	1 297.20	2.27	950.55	8.71	2 909.70
卵石黄泥土	21.30	0.14	132.60	0.05	141.00	0.06	—	—	—	—	294.90
沙黄泥田	4.95	0.03	2 386.50	0.94	4 712.25	2.04	942.90	1.65	109.65	1.00	8 156.25
死黄泥田	20.55	0.13	59.10	0.02	30.60	0.01	—	—	—	—	110.25
酸性砂泥田	—	—	398.55	0.16	4 934.85	2.14	2 009.55	3.52	227.85	2.09	7 570.80
铁杆子黄泥田	14.25	0.09	1 820.25	0.72	233.85	0.10		—	—	—	2 068.35
硝田	132.75	0.86	4 639.50	1.82	2 508.45	1.09	310.80	0.55	14.40	0.13	7 605.90
小土黄泥田	43.35	0.28	830.25	0.33	225.75	0.10	—	—	—	—	1 099.35
鸭屎泥田	—	—	126.15	0.05	—	—	—	—	—	—	126.15
鸭屎紫砂泥田	1 352.55	8.77	3 813.75	1.50	859.95	0.37	63.00	0.11	—	—	6 089.25
中层酸紫砂泥土	80.85	0.52	170.10	0.07	—	—	—	—	—	—	250.95
紫潮砂泥土	—	—	176.85	0.07	465.15	0.20	59.25	0.10	—	—	701.25
紫色潮砂田	95.10	0.62	538.80	0.21	548.55	0.24	—	—	—	—	1 182.45
棕紫黄泥土	5.55	0.04	225.45	0.09	530.10	0.23	327.90	0.57	81.60	0.75	1 170.60
棕紫夹砂泥田	651.90	4.23	20 939.25	8.23	10 666.2	4.62	1 547.55	2.71	154.65	1.42	33 959.55
棕紫泥田	220.35	1.43	7 981.20	3.14	7 596.00	3.29	634.05	1.11	123.15	1.13	16 554.75
棕紫泥土	5.10	0.03	753.00	0.30	1 768.05	0.77	1 373.55	2.41	430.05	3.94	4 329.75
棕紫砂泥土	9.30	0.06	686.10	0.27	4 735.35	2.05	3 862.95	6.77	1 227.15	11.24	10 520.85
棕紫砂土	—	—	64.05	0.03	69.15	0.03	—	—	—	—	133.20
棕紫石骨土	77.85	0.50	3 699.60	1.45	14 763.30	6.39	7 036.95	12.34	1 152.00	10.55	26 729.70
总计	15 419.10	100.00	254 302.80	100.00	230 948.85	100.00	57 026.85	100.00	10 918.65	100.00	568 616.25

表 4-10　分土种土壤有效土层厚度统计

面积（亩），比例（%）

土种名称	≤40cm		40～60cm		60～80cm		80～100cm		总计
	面积	比例	面积	比例	面积	比例	面积	比例	
大泥田	—	—	—	—	81 481.50	52.84	—	—	81 481.50
钙质灰棕潮砂泥土	—	—	1 362.15	0.55	—	—	1 612.05	1.97	2 974.20
钙质鸭屎紫泥田	—	—	6 197.85	2.48	—	—	—	—	6 197.85
钙质紫沙田	—	—	24 707.25	9.90	—	—	—	—	24 707.25
红紫泥田	—	—	—	—	—	—	8 395.95	10.24	8 395.95
酸紫砂泥土	—	—	3 200.25	1.28	—	—	—	—	3 200.25
红紫砂田	4 704.45	5.68	—	—	—	—	—	—	4 704.45
酸紫砂土	—	—	—	—	—	—	1 499.70	1.83	1 499.70
红棕石骨土	22 299.00	26.91	—	—	—	—	—	—	22 299.00
红棕紫黄泥土	—	—	496.95	0.20	—	—	—	—	496.95
红棕紫泥土	5 187.30	6.26	—	—	—	—	—	—	5 187.30
酸紫黄土	—	—	—	—	275.70	0.18	396.45	0.48	672.15
厚层酸紫砂泥土	—	—	404.85	0.16	—	—	—	—	404.85
黄紫酸沙泥田	—	—	—	—	—	—	60 988.80	74.37	60 988.80
灰砂泥田	—	—	57 732.60	23.13	—	—	—	—	57 732.60
灰棕潮泥砂田	—	—	—	—	480.45	0.31	—	—	480.45
灰棕潮砂田	—	—	—	—	—	—	463.80	0.57	463.80
灰棕黄紫泥土	—	—	2 576.10	1.03	—	—	—	—	2 576.10
灰棕石骨土	22 682.25	27.37	—	—	—	—	—	—	22 682.25
灰棕紫泥土	—	—	—	—	908.55	0.59	—	—	908.55
灰棕紫砂泥土	—	—	4 908.15	1.97	—	—	—	—	4 908.15
灰棕紫砂土	—	—	—	—	7 782.45	5.05	—	—	7 782.45
夹黄紫泥田	—	—	—	—	10 020.30	6.50	—	—	10 020.30

（续表）

土种名称	≤40cm		40～60cm		60～80cm		80～100cm		总计
	面积	比例	面积	比例	面积	比例	面积	比例	
夹砂泥田	—	—	63 800.55	25.57	—	—	78.75	0.10	63 879.30
假白鳝紫泥田	—	—	—	—	4 445.40	2.88	—	—	4 445.40
紧口砂田	—	—	29 483.55	11.81	—	—	—	—	29 483.55
烂黄泥田	—	—	—	—	8 657.70	5.61	—	—	8 657.70
厚层卵石黄泥土	—	—	—	—	—	—	2 909.70	3.55	2 909.70
卵石黄泥土	—	—	294.90	0.12	—	—	—	—	294.90
沙黄泥田	—	—	8 156.25	3.27	—	—	—	—	8 156.25
死黄泥田	—	—	—	—	—	—	110.25	0.13	110.25
酸性砂泥田	—	—	—	—	7 570.80	4.91	—	—	7 570.80
铁杆子黄泥田	—	—	—	—	2 068.35	1.34	—	—	2 068.35
硝田	—	—	—	—	7 605.90	4.93	—	—	7 605.90
小土黄泥田	—	—	—	—	—	—	1 099.35	1.34	1 099.35
鸭屎泥田	—	—	—	—	—	—	126.15	0.15	126.15
鸭屎紫砂泥田	—	—	—	—	6 089.25	3.95	—	—	6 089.25
中层酸紫砂泥土	—	—	—	—	250.95	0.16	—	—	250.95
紫潮砂泥土	701.25	0.85	—	—	—	—	—	—	701.25
紫色潮砂田	1 182.45	1.43	—	—	—	—	—	—	1 182.45
棕紫黄泥土	—	—	1 170.60	0.47	—	—	—	—	1 170.60
棕紫夹砂泥田	—	—	34 400.70	13.79	—	—	—	—	34 400.70
棕紫泥田	—	—	—	—	16 554.75	10.74	—	—	16 554.75
棕紫泥土	—	—	—	—	—	—	4 329.75	5.28	4 329.75
棕紫砂泥土	—	—	10 520.85	4.22	—	—	—	—	10 520.85
棕紫砂土	—	—	133.20	0.05	—	—	—	—	133.20
棕紫石骨土	26 110.05	31.51	—	—	—	—	—	—	26 110.05
总计	82 866.75	100.00	249 546.75	100.00	154 192.05	100.00	82 010.70	100.00	568 616.25

表 4－11　分土种耕地土壤成土母质统计

面积（亩），比例（%）

省级土种名	夹关组		老冲积		蓬莱镇组		沙溪庙组		遂宁组		新冲积		总计
	面积	比例	面积	比例	面积	比例	面积	比例	面积	比例	面积	比例	
大泥田	—	—	3 020.71	61.82	408.76	0.24	77 584.03	33.47	0.00	—	—	—	81 481.50
钙质灰棕潮砂泥土	—	—	—	—	—	—	—	—	—	—	2 974.20	—	2 974.20
钙质鸭屎紫泥田	—	—	—	—	—	—	6 197.85	2.67	—	—	—	36.03	6 197.85
钙质紫沙田	—	—	—	—	—	—	24 707.25	10.66	—	—	—	—	24 707.25
红紫泥田	9 395.95	26.10	—	—	—	—	—	—	—	—	—	—	8 395.95
酸紫砂泥土	4 200.25	11.67	—	—	—	—	—	—	—	—	—	—	3 200.25
红紫砂田	4 704.45	13.07	—	—	—	—	—	—	—	—	—	—	4 704.45
酸紫砂土	—	—	—	—	1 499.70	0.88	—	—	—	—	—	—	1 499.70
红棕石骨土	—	—	—	—	—	—	—	—	22 899.00	19.50	—	—	22 899.00
红棕紫黄泥土	—	—	—	—	496.95	0.29	—	—	—	—	—	—	496.95
红棕紫泥土	—	—	—	—	—	—	—	—	5 187.30	4.42	—	—	5187.30
酸紫黄土	—	—	—	—	—	—	672.15	0.29	—	—	—	—	672.15
厚层酸紫砂泥土	—	—	—	—	—	—	404.85	0.17	—	—	—	—	404.85
黄紫酸沙泥田	—	—	—	—	—	—	10 001.41	4.32	50 883.59	43.32	—	—	60 894.00
灰砂泥田	—	—	117.60	2.41	—	—	57 015.00	24.60	—	—	—	—	57 132.60
灰棕潮泥砂田	—	—	—	—	—	—	—	—	—	—	980.45	—	480.45
灰棕潮砂田	—	—	—	—	—	—	—	—	—	—	679.65	11.88	463.80
灰棕黄紫泥土	—	—	—	—	—	—	2 576.10	1.11	—	—	—	8.23	2 576.10
灰棕石骨土	—	—	6.15	0.13	—	—	23 276.10	10.04	—	—	—	—	23 282.25
灰棕紫泥土	—	—	—	—	—	—	908.55	0.39	—	—	—	—	908.55
灰棕紫砂泥土	—	—	—	—	—	—	3 878.70	1.67	1 029.45	0.88	—	—	4 908.15
灰棕紫砂土	—	—	—	—	—	—	7 782.45	3.36	—	—	—	—	7 782.45
夹黄紫泥田	10 470.15	29.09	—	—	—	—	66.45	0.03	—	—	—	—	10 536.60

（续表）

省级土种名	夹关组		老冲积		蓬莱镇组		沙溪庙组		遂宁组		新冲积		总计
	面积	比例	面积	比例	面积	比例	面积	比例	面积	比例	面积	比例	
夹砂泥田	—	—	712.30	14.58	56 483.12	33.18	78.75	0.03	—	—	—	—	63 279.30
假白鳝紫泥田	—	—	—	—	4 445.40	2.61	—	—	—	—	—	—	4 445.40
紧口砂田	—	—	—	—	—	—	96.15	0.04	28 787.40	24.51	—	—	28 883.55
烂黄泥田	—	—	—	—	—	—	8 657.70	3.74	—	—	—	—	8 657.70
厚层卵石黄泥土	3 888.1	10.80	21.60	0.44	—	—	—	—	—	—	—	—	2 909.70
卵石黄泥土	—	—	294.90	6.04	—	—	—	—	—	—	—	—	294.90
沙黄泥田	—	—	526.70	10.78	7 629.55	4.48	—	—	—	—	—	—	8 156.25
死黄泥田	—	—	—	—	—	—	—	—	—	—	610.25	—	110.25
酸性砂泥田	—	—	—	—	—	—	—	—	7 570.80	6.45	—	7.39	7 570.80
铁杆子黄泥田	3 334.64	9.26	—	—	—	—	—	—	—	—	—	—	2 068.35
硝田	—	—	—	—	—	—	7 605.90	3.28	—	—	—	—	7 605.90
小土黄泥田	—	—	—	—	—	—	—	—	1 099.35	0.94	—	—	1 099.35
鸭屎泥田	—	—	—	—	—	—	—	—	—	—	626.15	—	126.15
鸭屎紫砂泥田	—	—	—	—	6 089.25	3.58	—	—	—	—	—	7.59	6 089.25
中层酸紫砂泥土	—	—	—	—	—	—	250.95	0.11	—	—	—	—	250.95
紫潮砂泥土	—	—	—	—	—	—	—	—	—	—	1 201.25	—	701.25
紫色潮砂田	—	—	—	—	—	—	—	—	—	—	1 182.45	14.55	1 182.45
棕紫黄泥土	—	—	—	—	1 170.6	0.69	—	—	—	—	—	14.33	1 170.6
棕紫夹砂泥田	—	—	—	—	33 959.55	19.95	—	—	—	—	—	—	33 959.55
棕紫泥田	—	—	—	—	16 545.90	9.72	8.85	—	—	—	—	—	16 554.75
棕紫泥土	—	—	—	—	4 329.75	2.54	—	—	—	—	—	—	4 329.75
棕紫砂泥土	—	—	186.30	3.81	10 334.55	6.07	—	—	—	—	—	—	10 520.85
棕紫砂土	—	—	—	—	133.2	0.08	—	—	—	—	—	—	133.20
棕紫石骨土	—	—	—	—	26 729.70	15.70	—	—	—	—	—	—	26 729.70
总计	35 993.54	100.00	4 886.26	100.00	170 255.98	100.00	231 769.19	100	117 456.89	100.00	8 254.40	—	568 616.25

来，厚层卵石黄泥土是由夹关组及老冲积组发育而来；卵石黄泥土、沙黄泥田，是由老冲积发育而来；红棕石骨土、红棕紫泥土、黄紫酸沙泥田、紧口砂田、酸性砂泥田、小土黄泥田是由遂宁组发育而来；而大泥田、灰棕紫砂泥土、夹砂泥田、棕紫砂泥土等是由两种或两种以上的成土母质发育而来。

八、分土种耕地土壤地形部位统计

合江县各土种分布的地形部位如表4－12所示，中低山中下部、丘陵山地坡中部、丘陵坡地中上部、丘陵低谷地、河流阶地分布的土种最多。钙质灰棕潮砂泥土、灰棕潮泥砂田、灰棕潮砂田、卵石黄泥土、死黄泥田、铁杆子黄泥田、小土黄泥田、鸭屎泥田、紫潮砂泥土、紫色潮砂田等土种主要分布在河流阶地；大泥田、钙质紫沙田、红紫泥田、红紫砂田、灰砂泥田、夹砂泥田、沙黄泥田、酸性砂泥田、棕紫夹砂泥田、棕紫泥田等土种主要分布在丘陵低谷地；酸紫砂泥土、酸紫砂土、红棕石骨土、红棕紫黄泥土、红棕紫泥土、黄紫酸沙泥田、紧口砂田、鸭屎紫砂泥田等主要分布在丘陵坡地中上部；钙质鸭屎紫泥田、钙质鸭屎紫泥田、灰棕石骨土、灰棕紫泥土、灰棕紫砂泥土、灰棕紫砂土和烂黄泥田等主要分布在丘陵山地坡中部；厚层卵石黄泥土、棕紫黄泥土、棕紫泥土、棕紫砂泥土、棕紫石骨土、棕紫砂土等主要分布在中低山中下部；厚层酸紫砂泥土和中层酸紫砂泥土只分布在丘陵山地坡下部；而硝田只分布在丘陵低洼处小山冲。

第三节　农田基础设施状况

合江县现有各类水利工程3 466处，总蓄引提水能力5 461万 m^3，有效灌溉面积18.7万亩。其中，小型水库53座，山坪塘3 127口，石河堰128道，提灌站150座，水轮泵8处。渠系配套267.96km，其中，干渠256.69km，支渠11.27km；防渗渠141.79km。全县拥有机电提灌机械3 856台（套）23 810 kW。乡村机耕道245条716.9km，其中，硬化93条237.2km。这些农田水利设施的建成，对于增强全县农业抗灾减灾能力，促进农业产业结构调整，推动农村经济的健康发展发挥了重要作用。

2006年新建乡村道路227km、硬化10.7km；新建农村码头6个；新建和整治山坪塘、石河堰51处；治理水土流失面积10km^2。

合江县在实施2008年农业综合开发农机基础设施项目建设过程中，加快建设步伐，进展顺利。全县共新建提灌站3座，改造1座，共投入资金70多万元；新建机耕道1.7km，整治6.9km，共投入资金78万余元。

表 4－12　分土种耕地土壤地形部位统计

面积（亩），比例（%）

省级土种名	河流阶地		丘陵低谷地		丘陵低洼处小山冲		丘陵坡地中上部		丘陵山地坡下部		丘陵山地坡中部		中低山中下部		总计
	面积	比例	面积	比例	面积	比例	面积	比例	面积	比例	面积	比例	面积	比例	
大泥田	—	—	81 481.50	26.63	—	—	—	—	—	—	—	—	—	—	81 481.50
钙质灰棕潮砂泥土	2 974.20	31.30	—	—	—	—	—	—	—	—	—	—	—	—	2 974.20
钙质鸭屎紫泥田	—	—	—	—	—	—	—	—	—	—	6 197.85	11.41	—	—	6 197.85
钙质紫沙田	—	—	24 707.25	8.08	—	—	—	—	—	—	—	—	—	—	24 707.25
红紫泥田	—	—	8 395.95	2.74	—	—	—	—	—	—	—	—	—	—	8 395.95
酸紫砂泥土	—	—	—	—	—	—	3 200.25	2.21	—	—	—	—	—	—	3 200.25
红紫砂田	—	—	4 704.45	1.54	—	—	—	—	—	—	—	—	—	—	4 704.45
酸紫砂土	—	—	—	—	—	—	1 499.70	1.04	—	—	—	—	—	—	1 499.70
红棕石骨土	—	—	—	—	—	—	22 899.00	15.81	—	—	—	—	—	—	22 899.00
红棕紫黄泥土	—	—	—	—	—	—	496.95	0.34	—	—	—	—	—	—	496.95
红棕紫泥土	—	—	—	—	—	—	5 187.30	3.58	—	—	—	—	—	—	5 187.30
酸紫黄土	—	—	—	—	—	—	672.15	0.46	—	—	—	—	—	—	672.15
厚层酸紫砂泥土	—	—	—	—	—	—	—	—	404.85	61.73	—	—	—	—	404.85
黄紫酸沙泥田	—	—	—	—	—	—	60 894.00	42.05	—	—	—	—	—	—	60 894.00
灰砂泥田	—	—	57 132.60	18.67	—	—	—	—	—	—	—	—	—	—	57 132.60
灰棕潮泥砂田	480.45	5.06	—	—	—	—	—	—	—	—	—	—	—	—	480.45
灰棕潮砂田	463.80	4.88	—	—	—	—	—	—	—	—	—	—	—	—	463.80
灰棕黄紫泥土	—	—	—	—	—	—	—	—	—	—	2 576.10	4.74	—	—	2 576.10
灰棕石骨土	—	—	—	—	—	—	—	—	—	—	23 282.25	42.87	—	—	23 282.25
灰棕紫泥土	—	—	—	—	—	—	—	—	—	—	908.55	1.67	—	—	908.55
灰棕紫砂泥土	—	—	—	—	—	—	—	—	—	—	4 908.15	9.04	—	—	4 908.15
灰棕紫砂土	—	—	—	—	—	—	—	—	—	—	7782.45	14.33	—	—	7 782.45

（续表）

省级土种名	河流阶地		丘陵低谷地		丘陵低洼处小山冲		丘陵坡地中上部		丘陵山地坡下部		丘陵山地坡中部		中低山中下部		总计
	面积	比例	面积	比例	面积	比例	面积	比例	面积	比例	面积	比例	面积	比例	
夹黄紫泥田	—	—	—	—	—	—	10 536.60	7.28	—	—	—	—	—	—	10 536.60
夹砂泥田	—	—	63 279.30	20.68	—	—	—	—	—	—	—	—	—	—	63 279.30
假白鳝紫泥田	—	—	—	—	—	—	4 445.40	3.07	—	—	—	—	—	—	4 445.40
紧口砂田	—	—	—	—	—	—	28 883.55	19.95	—	—	—	—	—	—	28 883.55
烂黄泥田	—	—	—	—	—	—	—	—	—	—	8 657.70	15.94	—	—	8 657.70
厚层卵石黄泥土	—	—	—	—	—	—	—	—	—	—	—	—	2 909.70	6.35	2 909.70
卵石黄泥土	294.90	3.10	—	—	—	—	—	—	—	—	—	—	—	—	294.90
沙黄泥田	—	—	8 156.25	2.67	—	—	—	—	—	—	—	—	—	—	8 156.25
死黄泥田	110.25	1.16	—	—	—	—	—	—	—	—	—	—	—	—	110.25
酸性砂泥田	—	—	7 570.80	2.47	—	—	—	—	—	—	—	—	—	—	7 570.80
铁杆子黄泥田	2 068.35	21.77	—	—	—	—	—	—	—	—	—	—	—	—	2 068.35
硝田	—	—	—	—	7 605.90	1.00	—	—	—	—	—	—	—	—	7 605.90
小土黄泥田	1 099.35	11.57	—	—	—	—	—	—	—	—	—	—	—	—	1 099.35
鸭屎泥田	126.15	1.33	—	—	—	—	—	—	—	—	—	—	—	—	126.15
鸭屎紫砂泥田	—	—	—	—	—	—	6 089.25	4.21	—	—	—	—	—	—	6 089.25
中层酸紫砂泥土	—	—	—	—	—	—	—	—	250.95	38.27	—	—	—	—	250.95
紫潮砂泥土	701.25	7.38	—	—	—	—	—	—	—	—	—	—	—	—	701.25
紫色潮砂田	1 182.45	12.45	—	—	—	—	—	—	—	—	—	—	—	—	1 182.45
棕紫黄泥土	—	—	—	—	—	—	—	—	—	—	—	—	1 170.60	2.56	1 170.60
棕紫夹砂泥田	—	—	33 959.55	11.10	—	—	—	—	—	—	—	—	—	—	33 959.55
棕紫泥田	—	—	16 554.75	5.41	—	—	—	—	—	—	—	—	—	—	16 554.75
棕紫泥土	—	—	—	—	—	—	—	—	—	—	—	—	4 329.75	9.45	4 329.75
棕紫砂泥土	—	—	—	—	—	—	—	—	—	—	—	—	10 520.85	22.97	10 520.85
棕紫砂土	—	—	—	—	—	—	—	—	—	—	—	—	133.20	0.29	133.20
棕紫石骨土	—	—	—	—	—	—	—	—	—	—	—	—	26 729.70	58.37	26 729.70
总计	9 501.15	100.00	305 942.40	100.00	7 605.90	100.00	144 804.15	100.00	655.80	100.00	54 313.05	100.00	45 793.80	100.00	568 616.25

第五章　耕地土壤属性

第一节　基本情况

第二次土壤普查中，对耕地的生产力分级的原则主要考虑了水、热、土资源的分布情况、对农、林、牧、副业的生产情况、当前的生产水平和生产潜力、抵御自然灾害的能力和限制因素等，而此次耕地地力评价主要考虑的是耕地的生产潜力，即土壤本身的立地条件、管理状况及肥力性状。根据各评价单元的耕地地力综合指数，利用等距分级法将合江县的农耕地地力划分为十个等级。根据合江县实际数据评价出的只有一、二、三和四等地。依据中华人民共和国农业部1997年颁布的“全国耕地类型区、耕地地力等级划分”农业行业标准NY/T 309—1996，将合江县的一等级地归为全国等级的四等地，将合江县的二等级地划为全国等级的五等地，三等级地和四等级地都划为全国等级的六等地。在此次地力评价中，一等地的土壤属性普遍高于二等地、三等地和四等地，其中，一等地有机质含量为10.9～22.6g/kg，有效磷含量为2.7～19.6mg/kg，速效钾含量为50～172mg/kg；二等地的土壤有机质为10～26.5g/kg，有效磷含量为2.8～21.8mg/kg，速效钾含量为45～208mg/kg；三等和四等地的土壤有机质为9.2～25.7g/kg，有效磷含量为2.9～19.2mg/kg，速效钾含量为40～190mg/kg。从第二次土壤普查至今也有近30年了，土壤的属性当然也会有所变化，下面将此次耕地地力评价的土壤属性与二次土壤普查进行比较。

第二节　土壤属性与第二次土壤普查比较

一、质地

从表5－1可知，从二次土壤普查至今，中壤土和重壤土的比重增加最多，分别增加了4.68%和11.70%，而轻黏土和轻壤土的比例却分别减少了9.06%和8.87%，紧砂土和中黏土比例适中，变化比例不大。

表5－1　二普与地力评价土壤质地比较

质地	二普（%）	地力评价（%）	相比（增＋，减－）
轻黏土	10.69	1.63	－9.06
轻壤土	19.47	10.60	－8.87

（续表）

质地	二普（%）	地力评价（%）	相比（增+，减-）
紧砂土	0.09	0.22	0.13
中壤土	38.21	42.89	4.68
重壤土	31.54	43.24	11.70
中黏土	—	1.42	1.42

二、有机质

从表5-2可知，二次土壤普查时，有机质含量在30g/kg以上的都没有分布，在此次地力评价中也没有分布，有机质含量10~20g/kg和20~30g/kg的分别减少了6.85%和2.35%，有机质含量6~10g/kg的增加了9.36%。总体来看，全县的有机质含量偏低，较二普数据，有机质有下降趋势。

表5-2　二普与地力评价土壤有机质比较

分级	有机质（g/kg）	二普（%）	地力评价（%）	相比（增+，减-）
1	>40	—	—	—
2	30~40	—	—	—
3	20~30	2.63	0.28	-2.35
4	10~20	91.81	84.80	-6.85
5	6~10	5.47	14.83	9.36
6	≤6	0.09	—	—

三、pH值

从表5-3可知，合江县耕地土壤pH值≤5.5的面积比例从二次土壤普查至今增加了37.42%，而pH值在5.5~6.5、6.5~7.5和7.5~8.5的面积分别减少了8.26%、10.48%和18.68%。上述情况表现出合江县耕地中微酸性土壤增加较多，而中性和微碱性土壤相对来说有所减少。总体来看，全县土壤偏酸性，与二普数据相比，土壤偏酸性有所加强。

表5-3　二普与地力评价土壤pH值比较

分级	pH值	二普（%）	地力评价（%）	相比（增+，减-）
2	≤5.5	6.01	43.43	37.42
3	5.5~6.5	39.02	30.76	-8.26
4	6.5~7.5	28.66	18.18	-10.48
5	7.5~8.5	20.29	1.61	-18.68
6	>8.5	6.02	—	—

四、全氮

由表5－4可知，二次土壤普查时，全氮含量在1.5g/kg以上都没有分布，而此次地力评价中，该等级土壤面积占了耕地土壤的0.07%，全氮含量0.75～1.0g/kg的减少了36.49%，全氮含量0.5～0.75g/kg的减少了18.19%。全氮含量1.0～1.5g/kg的增加了54.53%。总体来看，全县土壤全氮含量中等，与二普数据相比，全氮含量有所增加。

表5－4　二普与地力评价土壤全氮比较

分级	全氮（g/kg）	二普（%）	地力评价（%）	相比（增+，减－）
1	>2.0	—	—	—
2	1.5～2.0	—	0.07	—
3	1.0～1.5	24.02	78.55	54.53
4	0.75～1.0	57.17	20.68	－36.49
5	0.5～0.75	18.69	0.64	－18.19
6	≤0.5	0.12	0.13	0.01

五、碱解氮

由表5－5可知，合江县耕地土壤碱解氮含量在各个范围的面积在二普时均有分布，与此次地力评价中土壤碱解氮含量相比，变化较小。碱解氮含量在大于150mg/kg和90～120mg/kg的分别减少了0.67%和5.64%，土壤碱解氮含量为120～150mg/kg、60～90mg/kg、30～60mg/kg和小于30mg/kg的则分别增加了0.07%、1.76%、0.01%和4.48%。总体看来，合江县碱解氮含量中等，与二普数据相比，含量有所减少。

表5－5　二普与地力评价土壤碱解氮比较

分级	碱解氮（mg/kg）	二普（%）	地力评价（%）	相比（增+，减－）
1	>150	1.16	0.49	－0.67
2	120～150	5.64	5.71	0.07
3	90～120	34.48	28.84	－5.64
4	60～90	42.83	44.59	1.76
5	30～60	15.86	15.87	0.01
6	≤30	0.03	4.51	4.48

六、有效磷

从表5－6可以看出，从二普至今，含量多为5～10mg/kg的，相对来说，增加了20.88%；而3～5mg/kg的则减少了较多，达24.79%。总体来看，合江县土壤有效磷含量偏低，与二普数据相比，有效磷含量有所增加。

表 5-6 二普与地力评价土壤有效磷比较

分级	有效磷（mg/kg）	二普（%）	地力评价（%）	相比（增+，减-）
1	>40	—	0.12	—
2	20~40	0.02	0.01	-0.01
3	10~20	2.61	6.55	3.94
4	5~10	56.91	76.79	20.88
5	3~5	36.95	12.16	-24.79
6	≤3	3.51	3.53	-0.02

七、速效钾

从表 5-7 可以看出，从二次土壤普查至今，合江县耕地土壤速效钾含量变化不是很大，仅含量 30~50mg/kg 的面积比例减少了 3.27%，但是仍然有 47.10% 的耕地土壤含量在 100mg/kg 以上，有 50% 以上的土壤含钾量低于 100mg/kg。总体看来，合江县速效钾含量偏低，与二普数据相比，变化不大。

表 5-7 二普与地力评价土壤速效钾比较

分级	速效钾（mg/kg）	二普（%）	地力评价（%）	相比（增+，减-）
1	>200	—	0.01	—
2	150~200	—	1.87	—
3	100~150	42.04	43.05	1.01
4	50~100	52.22	52.66	0.44
5	30~50	3.51	0.24	-3.27
6	≤30	2.23	—	1.82

八、微量元素描述

根据合江县 2008 年和 2009 年 130 个土壤样点化验数据对有效硼、有效铁、有效锰、有效钼、有效锌和有效铜 6 个微量元素进行了统计描述如下。

有效硼最大值 0.53mg/kg，最小值 0.03mg/kg，频率分布直方图见图 5-1（a），有效硼含量总体稍缺；有效铁最大值 402.3mg/kg，最小值 3.69mg/kg，频率分布直方图见图 5-1（b），有效铁含量处于中等水平；有效锰最大值 161.22mg/kg，最小值 3.6mg/kg，频率分布直方图见图 5-1（c），处于含量较丰富水平；有效钼最大值 0.52mg/kg，最小值 0.02mg/kg，频率分布直方图见图 5-1（d），总体来讲，有效钼含量稍缺；有效锌最大值 9.09mg/kg，最小值 0.15mg/kg，频率分布直方图见图 5-1（e），含量较丰富；有效铜最大值 4.47mg/kg，最小值 0.13mg/kg，频率分布直方图见图 5-1（f），总体来讲，有效铜含量丰富。

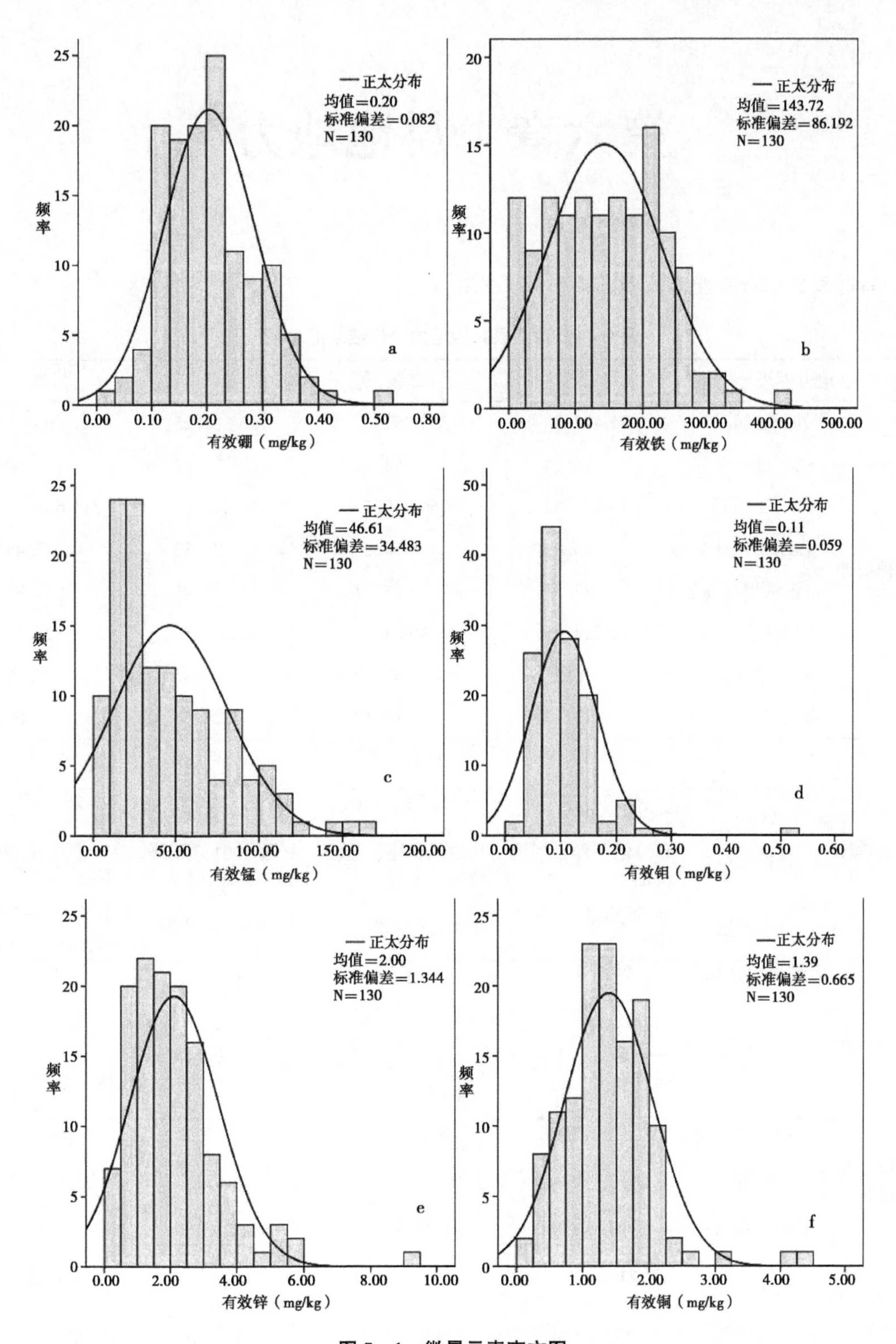

— 正太分布
均值=0.20
标准偏差=0.082
N=130
频率
有效硼（mg/kg）
a
— 正太分布
均值=143.72
标准偏差=86.192
N=130
有效铁（mg/kg）
b
— 正太分布
均值=46.61
标准偏差=34.483
N=130
有效锰（mg/kg）
c
— 正太分布
均值=0.11
标准偏差=0.059
N=130
有效钼（mg/kg）
d
— 正太分布
均值=2.00
标准偏差=1.344
N=130
有效锌（mg/kg）
e
— 正太分布
均值=1.39
标准偏差=0.665
N=130
有效铜（mg/kg）
f

图 5－1 微量元素直方图

第六章　耕地地力

合江县耕地地力评价结果见表 6－1，附图 19。

表 6－1　合江县耕地地力评价结果汇总表

县地力等级		一级	二级	三级	四级
面积统计	面积（亩）	84 402.3	309 967.2	156 386.25	17 860.5
	占耕地（%）	14.84	54.53	27.14	3.48
	水田（亩）	74 173.35	266 285.6	116 477	11 648.1
	占水田（%）	15.83	56.83	24.86	2.49
	占该级地（%）	87.88	85.87	75.46	58.91
	旱地（亩）	10 228.95	43 804.65	37 873.5	8 125.2
	占旱地（%）	10.23	43.79	37.86	8.12
	占该级地（%）	12.12	14.13	24.54	41.09
立地条件	坡度（°）	5 ±3	8.9 ±5.9	11 ±7	15 ±8
	有效土层厚（cm）	65.2 ±13.6	63.5 ±15.4	51.2 ±25	26 ±22
	地形部位	丘陵低谷地、河流阶地	丘陵低谷地、丘陵坡地中上部	中低山中、下部、丘陵坡地中上部	中低山中、下部
	成土母质	沙溪庙组、蓬莱镇组	蓬莱镇组、遂宁组	遂宁组、老冲积	夹关组、遂宁组、蓬莱镇组
土壤管理	灌溉保证率	73.3 ±17	57 ±22	46 ±21	44.4 ±20
	种植制度	一年一熟（稻）、一年两熟（稻—稻）	一年一熟（稻）、一年两熟（玉—苕）、一年两熟（稻—稻）	一年一熟（稻）、一年两熟（玉—苕）	一年一熟（稻）、一年一熟（玉米）
耕层理化性状	pH 值	5.3 ~7.0	5.0 ~7.5	4.7 ~7.8	4.6 ~7.9
	质地	重壤土、中壤土	重壤土、中壤土	轻壤土、重壤土、轻黏土	轻壤土
	有机质（g/kg）	23.0 ±3	18.7 ±2.9	16.6 ±2.3	15 ±2.3
耕层养分状况	有效磷（mg/kg）	21.0 ~6.3	19.5 ~3.5	16.5 ~2.7	12.5 ~2.7
	速效钾（mg/kg）	172 ~100	120 ~94	100 ~40	87 ~40

（续表）

县地力等级	一级	二级	三级	四级
主要分布乡镇	大桥镇、佛荫镇、参宝乡、白米乡、望龙镇	望龙镇、白鹿镇、先市镇、九支镇	五通镇、石龙乡、车辋镇	车辋镇、石龙乡、先滩镇
代表省级土属	红棕紫色水稻土、灰棕紫色水稻土、棕紫色水稻土	灰棕紫色水稻土、棕紫色水稻土	灰棕紫色水稻土、棕紫色水稻土、红棕紫泥土	棕紫泥土、红棕紫泥土
代表省级土种	棕紫夹砂泥田、灰砂泥田、钙质紫砂田、钙质灰棕潮砂泥土	大泥田、灰砂泥田、夹沙泥田、灰棕紫泥土、棕紫泥土	红棕紫泥土、红红棕石骨土、酸性砂泥田	红棕石骨土、棕紫石骨土、棕紫泥砂土、厚层卵石黄泥土
代表县级土种	夹沙泥田、沙田、油沙田	大泥田、黄泥田、夹沙泥田、沙田	大泥田、石骨子土、斑鸠沙土	红石骨子土、石骨子土
平均产量水平（kg/亩）	667.9	576	469.5	400.9
划分标准（kg/亩）	600～700	500～600	400～500	400～500
全国耕地等级	四等地	五等地	六等地	六等地

备注：海拔、pH值、有效磷、速效钾指标指主要幅度；地形部位、成土母质、灌溉能力、质地、分布乡镇、代表土属、种植制度均为面积最大的主要代表；土层厚度、有机质、坡度、灌溉保证率均为平均值±标准差

第一节　耕地地力等级划分基本情况及分布特点

一、地力等级划分基本情况

合江县二等地的面积最大，为309 967.2亩，占合江县总耕地面积的54.53%，其次三等地，面积为156 386.25亩，占耕地总面积的27.14%，一等地面积为84 402.3亩，占耕地面积的14.84%，如表6－2所示合江县耕地地力等级划分基本情况。

二、不同地力等级分乡镇面积统计

合江县二等地分布最广，各乡镇基本上也是一等地、二等地分布最多。按区域分，见表6－3。大桥镇、佛荫镇、望龙镇和白米乡等的一等地分布较多；其次二等地在全县分布比较均匀，其中，分布较多的有先市镇、白米乡、白鹿镇和合江镇等；先滩镇、二里乡、福宝镇的三等地分布面积最大。总体来看，各个等级的耕地在全县分布比较分散，二等地、三等地和四等地均不存在相对集中区域。

表 6-2 合江县耕地地力等级划分基本情况

县地力等级		一等	二等	三等	四等
面积统计	面积（亩）	84 402.3	309 967.2	156 386.25	17 860.5
	占耕地（%）	14.84	54.53	27.14	3.48
	水田（亩）	74 173.35	266 285.6	116 477	11 648.1
	占水田（%）	15.83	56.83	24.86	2.49
	占该级地（%）	87.88	85.87	75.46	58.91
	旱地（亩）	10 228.95	43 804.65	37 873.5	8 125.2
	占旱地（%）	10.23	43.79	37.86	8.12
	占该级地（%）	12.12	14.13	24.54	41.09
地力综合指数		0.8~0.9	0.7~0.8	0.6~0.7	0.5~0.6
平均产量水平（kg/亩）		667.9	576	469.5	400.9
划分标准（kg/亩）		600~700	500~600	400~500	400~500
全国耕地等级		四等地	五等地	六等地	六等地

表 6-3 不同地力等级分乡镇面积统计　　面积（亩），比例（%）

乡镇名称	一等地		二等地		三等地		四等地		总计
	面积	比例	面积	比例	面积	比例	面积	比例	
白鹿镇	655.95	0.78	20 513.86	6.62	5 627.09	3.60	563.10	3.15	27 360.00
白米乡	11 089.35	13.14	17 269.80	5.57	5 060.85	3.24	—	—	33 420.00
白沙镇	2 088.30	2.47	9 336.67	3.01	2 270.03	1.45	—	—	13 695.00
参宝乡	5 395.35	6.39	8 179.83	2.64	2 984.82	1.91	—	—	16 560.00
车辋镇	37.65	0.04	10 267.35	3.31	6 074.85	3.88	585.15	3.28	16 965.00
大桥镇	7 939.20	9.41	14 024.92	4.52	2 792.03	1.79	233.85	1.31	24 990.00
二里乡	4 935.30	5.85	15 318.92	4.94	9 385.48	6.00	1 440.3	8.06	31 080.00
凤鸣镇	3 598.35	4.26	12 022.96	3.88	6 055.49	3.87	508.2	2.85	22 185.00
佛荫镇	6 854.40	8.12	11 342.32	3.66	3 223.28	2.06	—	—	21 420.00
福宝镇	576.90	0.68	15 768.43	5.09	9 218.42	5.89	1 391.25	7.79	26 955.00
甘雨镇	1 379.55	1.63	10 688.57	3.45	4 976.98	3.18	939.9	5.26	17 985.00
合江镇	4 894.65	5.80	19 916.69	6.43	6 050.71	3.87	352.95	1.98	31 215.00
虎头乡	3 731.70	4.42	11 155.73	3.60	5 576.92	3.57	415.65	2.33	20 880.00
焦滩乡	2 481.35	2.94	8 162.87	2.63	1 610.78	1.03	—	—	12 255.00
九支镇	789.75	0.94	15 152.40	4.89	7 036.80	4.50	1 111.05	6.22	24 090.00
密溪乡	3 763.45	4.46	8 182.33	2.64	2 527.27	1.62	121.95	0.68	14 595.00
南滩乡	78.00	0.09	8 790.89	2.84	4 458.46	2.85	502.65	2.81	13 830.00
榕山镇	5 180.55	6.14	17 679.43	5.70	5 777.12	3.69	582.9	3.26	29 220.00
榕右乡	143.25	0.17	8 709.38	2.81	4 515.82	2.89	461.55	2.58	13 830.00
石龙乡	—	—	—	—	9 241.80	5.91	2 458.2	13.76	11 700.00

（续表）

乡镇名称	一等地		二等地		三等地		四等地		总计
	面积	比例	面积	比例	面积	比例	面积	比例	
实录乡	4 562.70	5.41	10 351.97	3.34	4 664.83	2.98	295.50	1.65	19 875.00
望龙镇	5 694.00	6.75	15 705.49	5.07	3 695.51	2.36	—	—	25 095.00
五通镇	1 185.90	1.41	11 865.42	3.83	6 800.43	4.35	1 403.25	7.86	21 255.00
先市镇	3 606.30	4.27	16 435.15	5.30	5 223.65	3.34	1 014.90	5.68	26 280.00
先滩镇	—	—	—	—	19 612.80	12.54	1 972.20	11.04	21 585.00
尧坝镇	3 740.40	4.43	13 125.80	4.23	4 173.40	2.67	1 160.40	6.50	22 200.00
自怀镇	—	—	—	—	7 750.65	4.96	345.60	1.93	8 096.25
总计	84 402.30	100.00	309 967.20	100.0	156 386.25	100.00	17 860.50	100.00	568 616.25

三、不同地力等级分土种面积统计

各土种在不同地力等级上的分布如表6－4所示。一等地中主要分布有棕紫夹砂泥田、大泥田、灰砂泥田、灰棕潮砂泥田，二等地中分布较多的有大泥田、灰砂泥田、夹沙泥田、黄紫酸沙泥田等土种，三等和四等地分布较多的土种主要有红棕石骨土、棕紫石骨土等土种。

表6－4 不同地力等级分土种面积统计 面积（亩），比例（%）

省级土种名	一等地		二等地		三等地		四等地		总计
	面积	比例	面积	比例	面积	比例	面积	比例	
大泥田	12 210.60	14.44	49 354.95	16.03	19 915.95	12.74	—	—	81 481.50
钙质灰棕潮砂泥土	2 612.70	3.09	361.50	0.12	—	—	—	—	2 974.20
钙质鸭屎紫泥田	1 714.80	2.03	3 751.20	1.22	731.85	0.47	—	—	6 197.85
钙质紫沙田	4 411.95	5.22	18 394.95	5.97	1 900.35	1.22	—	—	24 707.25
红紫泥田	—	—	2 643.90	0.86	—	—	—	—	2 643.90
红紫砂泥土	—	—	2 765.55	0.90	434.70	0.28	—	—	3 200.25
红紫砂田	—	—	2 844.60	0.92	1 859.85	1.19	—	—	4 704.45
红紫砂土	—	—	778.65	0.25	721.05	0.46	—	—	1 499.70
红棕石骨土	—	—	—	—	15 936.60	10.19	6 962.40	35.34	22 899.00
红棕紫黄泥土	—	—	427.50	0.14	69.45	0.04	—	—	496.95
红棕紫泥土	—	—	441.30	0.14	4 731.30	3.03	14.70	0.07	5 187.30
厚层红紫砂泥土	—	—	455.25	0.15	216.90	0.14	—	—	672.15
厚层酸紫砂泥土	208.35	0.25	196.50	0.06	—	—	—	—	404.85
黄紫酸沙泥田	8.25	0.01	42 179.70	13.70	18 706.05	11.96	—	—	60 894.00
灰砂泥田	30 911.25	36.55	26 072.85	8.47	148.50	0.09	—	—	57 132.60

（续表）

省级土种名	一等地		二等地		三等地		四等地		总计
	面积	比例	面积	比例	面积	比例	面积	比例	
灰棕潮泥砂田	9 728.70	11.50	0.00	—	0.00	—	—	—	9 728.70
灰棕潮砂田	391.20	0.46	72.60	0.02	—	—	—	—	463.80
灰棕黄紫泥土	276.30	0.33	2 209.65	0.72	90.15	0.06	—	—	2 576.10
灰棕石骨土	—	—	11 988.00	3.89	11 150.10	7.13	144.15	0.73	23 282.25
灰棕性潮泥砂田	1 723.05	2.04	—	—	—	—	—	—	1 723.05
灰棕紫泥土	71.85	0.08	810.15	0.26	26.55	0.02	—	—	908.55
灰棕紫砂泥土	682.20	0.81	3 550.80	1.15	675.15	0.43	—	—	4 908.15
灰棕紫砂土	1 764.45	2.09	5 824.50	1.89	193.50	0.12	—	—	7 782.45
夹黄紫泥田	60.90	0.07	4 066.50	1.32	6 409.20	4.10	—	—	10 536.60
夹砂泥田	2 845.80	3.37	33 984.45	11.04	26 449.05	16.91	—	—	63 279.30
假白鳝紫泥田	—	—	3 014.40	0.98	1 431.00	0.92	—	—	4 445.40
紧口砂田	—	—	22 554.90	7.32	6 328.65	4.05	—	—	28 883.55
烂黄泥田	59.55	0.07	6 751.65	2.19	1 846.50	1.18	—	—	8 657.70
厚层卵石黄泥土	—	—	29.70	0.01	1 184.40	0.76	1 695.60	8.61	2 909.70
卵石黄泥土	—	—	294.90	0.10	—	—	—	—	294.90
沙黄泥田	177.90	0.21	6 545.85	2.13	1 432.50	0.92	—	—	8 156.25
死黄泥田	—	—	110.25	0.04	—	—	—	—	110.25
酸紫砂泥田	—	—	6 077.10	1.97	1 493.70	0.96	—	—	7 570.80
铁杆子黄泥田	—	—	2 068.35	0.67	—	—	—	—	2 068.35
硝田	—	—	2 373.60	0.77	13.05	0.01	—	—	2 386.65
小土黄泥田	301.35	0.36	798.00	0.26	—	—	—	—	1 099.35
鸭屎潮田	—	—	126.15	0.04	—	—	—	—	126.15
鸭屎紫砂泥田	—	—	4 108.05	1.33	1 981.20	1.27	—	—	6 089.25
中层酸紫砂泥土	—	—	926.25	0.30	—	—	—	—	250.95
紫潮砂泥土	487.50	0.58	213.75	0.07	—	—	—	—	701.25
紫潮砂田	242.25	0.29	940.20	0.31	—	—	—	—	1 182.45
棕紫黄泥土	—	—	926.25	0.30	244.35	0.16	—	—	1 170.60
棕紫夹砂泥田	13 311.75	15.74	20 623.50	6.70	24.30	0.02	—	—	33 959.55
棕紫泥田	—	—	10 822.50	3.51	5 732.25	3.67	—	—	16 554.75
棕紫泥土	—	—	2 680.95	0.87	1 648.80	1.05	—	—	4 329.75
棕紫砂泥土	—	—	3 655.20	1.19	6 369.60	4.07	496.05	2.52	10 520.85
棕紫砂土	—	—	94.35	0.03	38.85	0.02	—	—	133.20
棕紫石骨土	—	—	90.90	0.03	16 250.85	10.39	10 387.95	52.73	26 729.70
总计	84 402.30	100.00	309 967.20	100.00	156 386.25	100.00	17 860.50	100.00	568 616.25

第二节　各等级地各评价指标的分布特点

一、一等地评价指标分布特点

（一）一等地种植制度分布状况

一年一熟和一年两熟在整个合江县都分布最广，一年三熟在合江县种植比例少。一等地的种植制度在各乡镇的分布如表6-5所示。一年三熟主要分布在参宝乡、佛荫镇、焦滩乡等乡镇；大桥镇、二里乡、凤鸣镇、密溪乡、榕山镇、实录乡等乡镇的种植制度主要为一年一熟；白米乡、合江镇和望龙镇等乡镇的种植制度主要为一年两熟。

表6-5　一等地种植制度分布状况　　面积（亩），比例（%）

乡镇名称	一年一熟		一年两熟		一年三熟		总计
	改后	比例	改后	比例	面积	比例	
白鹿镇	645.75	1.54	10.20	0.03	—	—	655.95
白米乡	118.95	0.28	10 970.40	27.62	—	—	11 089.35
白沙镇	1 725.90	4.13	332.40	0.84	30.00	1.05	2 088.30
参宝乡	3 456.15	8.26	240.60	0.61	1 698.60	59.24	5 395.35
车辋镇	37.65	0.09	—	—	—	—	37.65
大桥镇	6 731.75	16.10	1 207.45	3.04	—	—	7 939.20
二里乡	3 389.55	8.11	1 545.75	3.89	—	—	4 935.30
凤鸣镇	3 466.95	8.29	131.40	0.33	—	—	3 598.35
佛荫镇	3 442.80	8.23	2 634.45	6.63	777.15	27.11	6 854.40
福宝镇	542.85	1.30	34.05	0.09	—	—	576.90
甘雨镇	597.45	1.43	782.10	1.97	—	—	1 379.55
合江镇	1 244.25	2.98	3 650.40	9.19	—	—	4 894.65
虎头乡	1 901.40	4.55	1 830.30	4.61	—	—	3 731.70
焦滩乡	295.05	0.71	1 951.10	4.91	235.20	8.20	2 481.35
九支镇	649.05	1.55	71.25	0.18	69.45	2.42	789.75
密溪乡	3 240.10	7.75	498.15	1.25	25.20	0.88	3 763.45
南滩乡	25.65	0.06	52.35	0.13	—	—	78.00
榕山镇	3 526.05	8.43	1 654.50	4.17	—	—	5 180.55
榕右乡	—	—	143.25	0.36	—	—	143.25
实录乡	3 703.65	8.86	859.05	2.16	—	—	4 562.70
望龙镇	—	—	5 694.00	14.34	—	—	5 694.00
五通镇	766.50	1.83	419.40	1.06	—	—	1 185.90
先市镇	1 091.05	2.61	2 515.25	6.33	—	—	3 606.30
尧坝镇	1 220.90	2.92	2 488.00	6.26	31.50	1.10	3 740.40
总计	41 819.40	100.00	39 715.80	100.00	2 867.10	100.00	84 402.30

（二）一等地坡度分布状况

一等地的坡度大都在2°～15°，具体各乡镇一等地的坡度分布状况如表6－6所示。一等地分布在2°以下的乡镇主要有白米乡、大桥镇、佛荫镇等；坡度在2°～15°的乡镇主要有白米乡、大桥镇、佛荫镇、凤鸣镇、榕山镇和望龙镇；坡度在15°～25°的乡镇主要有白沙镇、佛荫镇和实录乡等。

（三）一等地有效土层厚度分布状况

一等地中，有效土层厚度在40cm以下和80～100cm的耕地分布很少，大多都在40～80cm，具体各乡镇一等地分布的土壤有效土层厚度见表6－7。车辋镇、合江镇、实录乡、密溪乡的有效土层厚度有分布在40cm以下的；白米乡、白沙镇、大桥镇、甘雨镇、合江镇、佛荫镇、望龙镇、先市镇、榕山镇和尧坝镇的有效土层厚度分布在80～100cm；有效土层厚度在40～60cm的乡镇主要有白米乡、大桥镇、合江镇和榕山镇等；有效土层厚度在60～80cm的乡镇主要有参宝乡、二里乡、佛荫镇、虎头乡和白米乡等。

（四）一等地成土母质分布状况

一等地中，蓬莱镇组、沙溪庙组、遂宁组、新冲积所占面积较大，夹关组和老冲积的分布面积则相对小得多。新冲积主要分布在大桥镇、白米乡；遂宁组在参宝乡、二里乡和榕山镇分布较为集中；沙溪庙组则在佛荫镇、白米乡、望龙镇和大桥镇有大量分布；蓬莱镇组主要分布在实录乡和密溪乡。各母质在各乡镇的具体分布状况见表6－8。

（五）一等地地形部位分布状况

一等地主要集中分布于丘陵低谷地，其面积达69 509.4亩，其次分布面积较多的是丘陵低洼处小山中，面积达5 219.25亩。中低山中下部只分布在二里乡；丘陵山地坡下部只分布在白沙镇、白米乡和望龙镇，所占比例分别为20.48%、29.16%和50.36%；丘陵低谷地除了车辋镇外在其余各乡镇均有分布，其中，以白米乡所占面积最多，达到13.63%；河流阶地只分布在白米乡、白沙镇、大桥镇、车辋镇、合江镇、密溪乡、榕山镇、实录乡和望龙镇；丘陵低洼处小山冲只分布在白沙镇、参宝乡、大桥镇、二里乡、佛荫镇、凤鸣镇、虎头乡、九支镇、密溪乡和望龙镇；丘陵山地坡中部主要分布在望龙镇、合江镇和密溪乡等乡镇。具体各乡镇一等地的地形部位分布如表6－9所示。

（六）一等地有机质含量及分布状况

如表6－10所示，合江县一等地有机质含量主要集中于10～20mg/kg，有机质含量在20～30mg/kg的主要分布在佛荫镇、大桥镇、尧坝镇和虎头乡，所占的比例分别为10.9%、12.31%、11.18%和10.53%。有机质含量在10～20mg/kg的主要分布在白米乡、榕山镇和望龙镇，所占的比例分别为19.54%、9.82%和10.44%。

（七）一等地灌溉保证率及分布状况

合江县一等地灌溉保证率在40%～60%和60%～80%的覆盖面积最大，分布最广。只有二里乡、佛荫镇、合江镇、九支镇、先市镇和尧坝镇的灌溉保证率在40%以下；灌溉保证率在40%～60%的主要乡镇有白米乡、大桥镇、二里乡和实录乡；灌溉保证率在60%～80%的乡镇主要有白米乡、大桥镇、合江镇和望龙镇；灌溉保证率在80%～100%的乡镇主要有白米乡、参宝乡、佛荫镇和榕山镇。具体一等地灌溉保证率在各乡镇的分布状况见表6－11。

表 6-6 一等地坡度分布状况

面积（亩），比例（%）

乡镇名称	≤2°		2°~6°		6°~15°		15°~25°		>25°		总计
	面积	比例	面积	比例	面积	比例	面积	比例	面积	比例	
白鹿镇	—	—	413.25	0.72	242.70	1.06	—	—	—	—	655.95
白米乡	905.10	25.54	8 282.25	14.39	1 867.65	8.19	34.35	7.07	—	—	11 089.35
白沙镇	12.00	0.34	1 645.05	2.86	346.05	1.52	78.30	16.13	6.90	100.00	2 088.30
参宝乡	22.05	0.62	4 163.55	7.23	1 200.15	5.26	9.60	1.98	—	—	5 395.35
车辋镇	—	—	37.65	0.07	—	—	—	—	—	—	37.65
大桥镇	1 110.20	31.33	5 346.10	9.29	1 444.20	6.33	38.70	7.97	—	—	7 939.20
二里乡	26.85	0.76	3 956.40	6.87	952.05	4.17	—	—	—	—	4 935.30
凤鸣镇	14.10	0.40	1 415.55	2.46	2 149.20	9.42	19.50	4.02	—	—	3 598.35
佛荫镇	949.95	26.81	4 033.00	7.01	1 722.20	7.55	149.25	30.74	—	—	6 854.40
福宝镇	—	—	198.60	0.35	378.30	1.66	—	—	—	—	576.90
甘雨镇	7.65	0.22	903.30	1.57	468.60	2.05	—	—	—	—	1 379.55
合江镇	4.80	0.14	3 049.70	5.30	1 813.75	7.95	26.40	5.44	—	—	4 894.65
虎头乡	12.75	0.36	2 816.25	4.89	902.70	3.96	—	—	—	—	3 731.70
焦滩乡	15.90	0.45	2 224.85	3.87	240.60	1.05	—	—	—	—	2 481.35
九支镇	15.15	0.43	541.05	0.94	233.55	1.02	—	—	—	—	789.75
密溪乡	11.40	0.32	1 873.00	3.25	1 864.20	8.17	14.85	3.06	—	—	3 763.45
南滩乡	—	—	66.60	0.12	11.40	0.05	—	—	—	—	78.00
榕山镇	94.20	2.66	3 309.60	5.75	1 776.75	7.79	—	—	—	—	5 180.55
榕右乡	—	—	23.25	0.04	120.00	0.53	—	—	—	—	143.25
实录乡	—	—	1 456.80	2.53	2 991.30	13.11	114.60	23.60	—	—	4 562.70
望龙镇	178.05	5.02	4 565.10	7.93	950.85	4.17	—	—	—	—	5 694.00
五通镇	—	—	259.65	0.45	926.25	4.06	—	—	—	—	1 185.90
先市镇	42.60	1.20	3 494.40	6.07	69.30	0.30	—	—	—	—	3 606.30
尧坝镇	121.00	3.41	3 479.15	6.05	140.25	0.61	—	—	—	—	3 740.40
总计	3 543.75	100.00	57 554.10	100.00	22 812.00	100.00	485.55	100.00	6.90	100.00	84 402.30

表6-7　一等地有效土层厚度分布状况

面积（亩），比例（%）

乡镇名称	≤40cm		40~60cm		60~80cm		80~100cm		总计
	面积	比例	面积	比例	面积	比例	面积	比例	
白鹿镇	—	—	455.70	0.82	200.25	1.01	—	—	655.95
白米乡	—	—	6 399.30	11.54	1 923.75	9.67	2 766.30	33.21	11 089.35
白沙镇	—	—	1 278.75	2.31	406.80	2.04	402.75	4.84	2 088.30
参宝乡	—	—	2 537.25	4.58	2 858.10	14.36	—	—	5 395.35
车辋镇	37.65	5.16	—	—	—	—	—	—	37.65
大桥镇	—	—	6 274.50	11.32	726.60	3.65	938.10	11.26	7 939.20
二里乡	—	—	2 752.05	4.96	2 183.25	10.97	—	—	4 935.30
凤鸣镇	—	—	2 846.70	5.13	751.65	3.78	—	—	3 598.35
佛荫镇	—	—	2 140.55	3.86	2 848.60	14.31	1 865.25	22.39	6 854.40
福宝镇	—	—	576.90	1.04	—	—	—	—	576.90
甘雨镇	—	—	510.90	0.92	841.05	4.23	27.60	0.33	1 379.55
合江镇	124.50	17.06	4 543.80	8.20	217.35	1.09	9.00	0.11	4 894.65
虎头乡	—	—	1 883.70	3.40	1 848.00	9.29	—	—	3 731.70
焦滩乡	—	—	2 149.10	3.88	332.25	1.67	—	—	2 481.35
九支镇	—	—	646.65	1.17	143.10	0.72	—	—	789.75
密溪乡	239.70	32.85	3 481.45	6.28	42.30	0.21	—	—	3 763.45
南滩乡	—	—	—	—	78.00	0.39	—	—	78.00
榕山镇	—	—	4 262.40	7.69	84.30	0.42	833.85	10.01	5 180.55
榕右乡	—	—	143.25	0.26	—	—	—	—	143.25
实录乡	327.90	44.93	3 152.55	5.69	1 082.25	5.44	—	—	4 562.70
望龙镇	—	—	3 587.40	6.47	818.70	4.11	1 287.9	15.46	5 694.00
五通镇	—	—	880.20	1.59	305.70	1.54	—	—	1 185.90
先市镇	—	—	2 320.25	4.19	1 140.40	5.73	145.65	1.75	3 606.30
尧坝镇	—	—	2 617.40	4.72	1 070.50	5.38	52.50	0.63	3 740.40
总计	729.75	100.00	55 440.75	100.00	19 902.90	100.00	8 328.90	100.00	84 402.30

表 6-8 一等地成土母质分布状况

面积（亩），比例（%）

乡镇名称	夹关组		老冲积		蓬莱镇组		沙溪庙组		遂宁组		新冲积		总计
	面积	比例	面积	比例	面积	比例	面积	比例	面积	比例	面积	比例	
白鹿镇	—	—	—	—	—	—	514.49	1.13	141.46	0.61	—	—	655.95
白米乡	—	—	377.93	34.87	—	—	9 476.51	20.89	—	—	1 234.91	26.47	11 089.35
白沙镇	—	—	—	—	432.07	4.45	947.35	2.09	688.19	2.98	20.69	0.44	2 088.30
参宝乡	—	—	—	—	—	—	2 706.76	5.97	2 688.59	11.66	—	—	5 395.35
车辋镇	—	—	—	—	—	—	—	—	—	—	37.65	0.81	37.65
大桥镇	—	—	73.66	6.80	—	—	4 520.78	9.97	1 803.63	7.82	1 541.13	33.03	7 939.20
二里乡	—	—	—	—	903.31	9.31	1 254.82	2.77	2 777.17	12.04	—	—	4 935.30
凤鸣镇	498.16	93.03	—	—	158.90	1.64	2 354.48	5.19	586.81	2.54	—	—	3 598.35
佛荫镇	—	—	—	—	337.85	3.48	5 313.83	11.72	1 202.72	5.22	—	—	6 854.40
福宝镇	—	—	—	—	237.25	2.45	—	—	339.65	1.47	—	—	576.90
甘雨镇	10.02	1.87	—	—	44.12	0.45	1 062.91	2.34	262.50	1.14	—	—	1 379.55
合江镇	—	—	7.81	0.72	1 164.04	12.00	1 767.38	3.90	1 809.53	7.85	145.89	3.13	4 894.65
虎头乡	—	—	—	—	967.34	9.97	1 459.02	3.22	1 305.34	5.66	—	—	3 731.70
焦滩乡	—	—	—	—	—	—	2 481.35	5.47	—	—	—	—	2 481.35
九支镇	22.25	4.15	—	—	49.92	0.51	307.16	0.68	68.93	0.30	341.49	7.32	789.75
密溪乡	—	—	104.89	9.68	2 779.69	28.65	—	—	608.31	2.64	270.56	5.80	3 763.45
南滩乡	—	—	—	—	—	—	78.00	0.17	—	—	—	—	78.00
榕山镇	—	—	519.52	47.93	109.58	1.13	1 559.87	3.44	2 491.19	10.80	500.39	10.73	5 180.55
榕右乡	—	—	—	—	104.11	1.07	—	—	39.14	0.17	—	—	143.25
实录乡	—	—	—	—	2 408.00	24.82	—	—	1 679.42	7.28	475.28	10.19	4 562.70
望龙镇	—	—	—	—	—	—	5 409.90	11.93	186.49	0.81	97.61	2.09	5 694.00
五通镇	5.08	0.95	—	—	5.08	0.05	638.39	1.41	537.35	2.33	—	—	1 185.90
先市镇	—	—	—	—	—	—	1 950.16	4.30	1 656.14	7.18	—	—	3 606.30
尧坝镇	—	—	—	—	—	—	1 551.54	3.42	2 188.86	9.49	—	—	3 740.40
总计	535.51	100.00	1 083.81	100.00	9 701.26	100.00	45 354.70	100.00	23 061.42	100.00	4 665.60	100.00	84 402.30

表 6－9　一等地地形部位分布面积统计

面积（亩），比例（%）

乡镇名称	河流阶地		丘陵低谷地		丘陵低洼处小山冲		丘陵坡地中上部		丘陵山地坡下部		丘陵山地坡中部		中低山中下部		总计
	面积	比例	面积	比例	面积	比例	面积	比例	面积	比例	面积	比例	面积	比例	
白鹿镇	—	—	655.95	0.94	—	—	—	—	—	—	—	—	—	—	655.95
白米乡	1 240.50	26.11	9 474.15	13.63	—	—	—	—	78.60	29.16	296.10	6.48	—	—	11 089.35
白沙镇	23.85	0.50	1 470.45	2.12	370.95	7.11	—	—	55.20	20.48	167.85	3.67	—	—	2 088.30
参宝乡	—	—	3 810.60	5.48	1 192.50	22.85	—	—	—	—	392.25	8.58	—	—	5 395.35
车辋镇	37.65	0.79	—	—	—	—	—	—	—	—	—	—	—	—	37.65
大桥镇	1 757.40	36.98	5 754.30	8.28	121.50	2.33	—	—	—	—	306.00	6.70	—	—	7 939.20
二里乡	—	—	3 488.70	5.02	1 415.40	27.12	—	—	—	—	17.25	0.38	13.95	100.00	4 935.30
凤鸣镇	—	—	3 188.10	4.59	91.95	1.76	—	—	—	—	318.30	6.97	—	—	3 598.35
佛荫镇	—	—	4 864.65	7.00	1 614.45	30.93	—	—	—	—	375.30	8.21	—	—	6 854.40
福宝镇	—	—	576.90	0.83	—	—	—	—	—	—	—	—	—	—	576.90
甘雨镇	—	—	1 368.00	1.97	—	—	—	—	—	—	11.55	0.25	—	—	1 379.55
合江镇	133.50	2.81	4 148.85	5.97	—	—	—	—	—	—	612.30	13.40	—	—	4 894.65
虎头乡	—	—	3 516.30	5.06	215.40	4.13	—	—	—	—	—	—	—	—	3 731.70
焦滩乡	—	—	2 149.10	3.09	—	—	—	—	—	—	332.25	7.27	—	—	2 481.35
九支镇	—	—	717.30	1.03	18.45	0.35	—	—	—	—	54.00	1.18	—	—	789.75
密溪乡	239.70	5.04	2 470.30	3.55	42.30	0.81	—	—	—	—	1 011.15	22.13	—	—	3 763.45
南滩乡	—	—	78.00	0.11	—	—	—	—	—	—	—	—	—	—	78.00
榕山镇	833.85	17.55	4 336.50	6.24	—	—	—	—	—	—	10.20	0.22	—	—	5 180.55
榕右乡	—	—	143.25	0.21	—	—	—	—	—	—	—	—	—	—	143.25
实录乡	401.70	8.45	4 161.00	5.99	—	—	—	—	—	—	—	—	—	—	4 562.70
望龙镇	83.70	1.76	4 656.45	6.70	136.35	2.61	69.15	100.00	135.75	50.36	612.60	13.41	—	—	5 694.00
五通镇	—	—	1 169.10	1.68	—	—	—	—	—	—	16.80	0.37	—	—	1 185.90
先市镇	—	—	3 596.25	5.17	—	—	—	—	—	—	10.05	0.22	—	—	3 606.30
尧坝镇	—	—	3 715.20	5.34	—	—	—	—	—	—	25.20	0.55	—	—	3 740.40
总计	4 751.85	100.00	69 509.40	100.00	5 219.25	100.00	69.15	100.00	269.55	100.00	4 569.15	100.00	13.95	100.00	84 402.30

表 6－10　一等地有机质含量及分布状况

面积（亩），比例（%）

乡镇名称	10～20g/kg		20～30g/kg		总计
	面积	比例	面积	比例	
白鹿镇	655.95	1.24	—	—	655.95
白米乡	10 306.20	19.54	783.15	2.47	11 089.35
白沙镇	808.65	1.53	1 279.65	4.04	2 088.30
参宝乡	2 746.35	5.21	2 649.00	8.37	5 395.35
车辋镇	37.65	0.07	—	—	37.65
大桥镇	4 043.35	7.67	3 895.85	12.31	7 939.20
二里乡	3 892.35	7.38	1 042.95	3.29	4 935.30
凤鸣镇	863.10	1.64	2 735.25	8.64	3 598.35
佛荫镇	3 402.15	6.45	3 452.25	10.90	6 854.40
福宝镇	576.90	1.09	—	—	576.90
甘雨镇	1 379.55	2.62	—	—	1 379.55
合江镇	2 479.45	4.70	2 415.20	7.63	4 894.65
虎头乡	398.25	0.76	3 333.45	10.53	3 731.70
焦滩乡	781.35	1.48	1 700.00	5.37	2 481.35
九支镇	752.10	1.43	37.65	0.12	789.75
密溪乡	3 258.40	6.18	505.05	1.60	3 763.45
南滩乡	78.00	0.15	—	—	78.00
榕山镇	5 180.55	9.82	—	—	5 180.55
榕右乡	93.45	0.18	49.80	0.16	143.25
实录乡	3 754.80	7.12	807.90	2.55	4 562.70
望龙镇	5 504.55	10.44	189.45	0.60	5 694.00
五通镇	1 185.90	2.25	—	—	1 185.90
先市镇	362.40	0.69	3 243.90	10.25	3 606.30
尧坝镇	200.25	0.38	3 540.15	11.18	3 740.40
总计	52 741.65	100.00	31 660.65	100.00	84 402.30

表 6－11　一等地灌溉保证率及分布状况

面积（亩），比例（%）

乡镇名称	≤40%		40% ~60%		60% ~80%		80% ~100%		总计
	面积	比例	面积	比例	面积	比例	面积	比例	
白鹿镇	—	—	25.95	0.14	164.10	0.43	465.90	1.79	655.95
白米乡	—	—	2 740.05	14.39	4 718.85	12.50	3 630.45	13.97	11 089.35
白沙镇	—	—	13.35	0.07	580.80	1.54	1 494.15	5.75	2 088.30
参宝乡	—	—	4.80	0.03	1 963.05	5.20	3 427.50	13.19	5 395.35
车辋镇	—	—	37.65	0.20	—	—	—	—	37.65
大桥镇	—	—	3 047.10	16.00	4 776.30	12.66	115.80	0.45	7 939.20
二里乡	429.75	26.30	2 553.30	13.41	1 615.65	4.28	336.60	1.30	4 935.30
凤鸣镇	—	—	1 579.80	8.30	2 018.55	5.35	—	—	3 598.35
佛荫镇	54.75	3.35	988.05	5.19	2 809.65	7.44	3 001.95	11.55	6 854.40
福宝镇	—	—	252.75	1.33	324.15	0.86	—	—	576.90
甘雨镇	—	—	548.25	2.88	708.90	1.88	122.40	0.47	1 379.55
合江镇	21.90	1.34	560.85	2.94	3 222.50	8.54	1 089.40	4.19	4 894.65
虎头乡	—	—	1 035.30	5.44	982.20	2.60	1 714.20	6.60	3 731.70
焦滩乡	—	—	37.65	0.20	1 743.70	4.62	700.00	2.69	2 481.35
九支镇	458.85	28.08	330.90	1.74	—	—	—	—	789.75
密溪乡	—	—	1 205.25	6.33	2 558.20	6.78	—	—	3 763.45
南滩乡	—	—	72.30	0.38	5.70	0.02	—	—	78.00
榕山镇	—	—	48.15	0.25	327.60	0.87	4 804.80	18.49	5 180.55
榕右乡	—	—	—	—	37.95	0.10	105.30	0.41	143.25
实录乡	—	—	2 004.75	10.53	2 167.20	5.74	390.75	1.50	4 562.70
望龙镇	—	—	717.60	3.77	4 460.70	11.82	515.70	1.98	5 694.00
五通镇	—	—	1 096.95	5.76	88.95	0.24	—	—	1 185.90
先市镇	267.30	16.36	65.10	0.34	1 204.15	3.19	2 069.75	7.97	3 606.30
尧坝镇	401.25	24.56	79.05	0.42	1 260.10	3.34	2 000.00	7.70	3 740.40
总计	1 633.80	100.00	19 044.90	100.00	37 738.95	100.00	25 984.65	100.00	84 402.30

（八）一等地有效磷含量及分布状况

合江县一等地有效磷含量主要集中于5～10mg/kg，其次分布面积较大的是含量为3～5mg/kg，10～20mg/kg以及低于3mg/kg含量的分布很少，各乡镇的具体分布状况如表6－12所示。参宝乡、佛荫镇、虎头乡和实录乡等乡镇有效磷的含量主要集中于3～5mg/kg；白米乡、大桥镇、合江镇和望龙镇等的乡镇有效磷的含量主要集中于5～10mg/kg；白米乡、大桥镇、二里乡、佛荫镇、合江镇、焦滩乡、密溪乡、榕山镇、望龙镇、先市镇、尧坝镇和实录乡的有效磷的含量主要集中于10～20mg/kg。

（九）一等地速效钾含量及分布状况

合江县一等地速效钾含量主要集中于50～150mg/kg，而速效钾含量在30～50mg/kg和150～200mg/kg的分布较少，各乡镇的具体分布状况如表6－13所示。速效钾含量分布在30～50mg/kg的乡镇只有虎头乡；速效钾含量主要集中于150～200mg/kg的乡镇有二里乡、凤鸣镇、尧坝镇和望龙镇；速效钾含量主要集中于50～100mg/kg的乡镇主要有白米乡、参宝乡、大桥镇、虎头乡和佛荫镇；速效钾含量主要集中于100～150mg/kg的乡镇主要有白米乡、大桥镇、二里乡、凤鸣镇和望龙镇。

（十）一等地pH值分布状况

合江县一等地pH值主要集中4.5～5.5，其次分布较多的是pH值为5.5～6.5和6.5～7.5，各乡镇的具体分布状况如表6－14所示。pH值在4.5～5.5的主要分布在白米乡、大桥镇和望龙镇等；pH值在5.5～6.5的主要分布在参宝乡、大桥镇、二里乡、佛荫镇和榕山镇；pH值在6.5～7.5的主要分布参宝乡、二里乡、佛荫镇、实录乡和密溪乡；pH值在7.5～8.5的乡镇有白沙镇、参宝乡、二里乡、密溪乡和实录乡。

（十一）一等地土壤质地分布状况

合江县一等地土壤地质主要分布的是中壤土和重壤土，其次分布最多的是轻壤土，各乡镇的具体分布状况如表6－15所示。土壤质地为紧砂土的只分布在白沙镇、大桥镇和望龙镇；土壤质地为轻黏土的只分布在白米乡、大桥镇、二里乡和榕山镇；土壤质地为轻壤土的主要分布在白米乡和实录乡；土壤质地为中黏土的只分布在实录乡；土壤质地为中壤土的主要分布在白米乡、大桥镇、望龙镇和佛荫镇；土壤质地为重壤土的主要分布在参宝乡、二里乡和榕山镇。

二、二等地评价指标分布特点

（一）二等地种植制度分布状况

二等地的种植制度在各乡镇的分布如表6－16所示。合江县各乡镇二等地的种植制度主要为一年一熟和一年两熟，少数种植制度为一年三熟的主要有参宝乡、佛荫镇、五通镇和焦滩乡的二等地，所占比例分别为34.64%、10.46%、21.76%和7.95%。白米乡和望龙镇的二等地的种植制度主要为一年两熟，所占比例分别为12.35%和12.67%。白鹿镇、福宝镇和榕山镇的二等地的种植制度主要为一年一熟，所占比例分别为8.63%、6.55%和6.71%。

（二）二等地坡度分布状况

全县共有309 967.20亩分布二等地的坡度大都在2°～15°，坡度在2°以下的二等地主要分布在白沙镇、大桥镇、榕山镇等，坡度在2°～6°主要分布在先市镇、大桥镇、白米乡、白鹿镇、望龙镇等乡镇，其中，以望龙镇分布最多。坡度在6°～15°范围的乡镇中，福宝镇

表 6-12　一等地有效磷含量及分布状况

面积（亩），比例（%）

乡镇名称	≤3mg/kg		3～5mg/kg		5～10mg/kg		10～20mg/kg		总计
	面积	比例	面积	比例	面积	比例	面积	比例	
白鹿镇	—	—	401. 10	2. 20	254. 85	0. 41	—	—	655. 95
白米乡	—	—	1 613. 40	8. 84	9 135. 90	14. 61	340. 05	9. 58	11 089. 35
白沙镇	—	—	1 231. 05	6. 75	857. 25	1. 37	—	—	2 088. 30
参宝乡	62. 85	100. 00	4 110. 75	22. 52	1 221. 75	1. 95	—	—	5 395. 35
车辋镇	—	—	—	—	37. 65	0. 06	—	—	37. 65
大桥镇	—	—	699. 15	3. 83	7 071. 30	11. 31	168. 75	4. 75	7 939. 20
二里乡	—	—	496. 35	2. 72	4 103. 70	6. 56	335. 25	9. 45	4 935. 30
凤鸣镇	—	—	637. 05	3. 49	2 961. 30	4. 74	—	—	3 598. 35
佛荫镇	—	—	3 373. 50	18. 48	3 472. 65	5. 55	8. 25	0. 23	6 854. 40
福宝镇	—	—	—	—	576. 90	0. 92	—	—	576. 90
甘雨镇	—	—	273. 90	1. 50	1 105. 65	1. 77	—	—	1 379. 55
合江镇	—	—	249. 30	1. 37	4 552. 50	7. 28	92. 85	2. 62	4 894. 65
虎头乡	—	—	2 154. 90	11. 81	1 576. 80	2. 52	—	—	3 731. 70
焦滩乡	—	—	94. 80	0. 52	2 362. 10	3. 78	24. 45	0. 69	2 481. 35
九支镇	—	—	30. 30	0. 17	759. 45	1. 21	—	—	789. 75
密溪乡	—	—	11. 40	0. 06	3 291. 40	5. 26	460. 65	12. 98	3 763. 45
南滩乡	—	—	25. 65	0. 14	52. 35	0. 08	—	—	78. 00
榕山镇	—	—	973. 05	5. 33	3 630. 75	5. 81	576. 75	16. 25	5 180. 55
榕右乡	—	—	—	—	143. 25	0. 23	—	—	143. 25
实录乡	—	—	1 512. 45	8. 29	2 472. 90	3. 95	577. 35	16. 27	4 562. 70
望龙镇	—	—	100. 35	0. 55	4 993. 35	7. 98	600. 30	16. 91	5 694. 00
五通镇	—	—	17. 85	0. 10	1 168. 05	1. 87	—	—	1 185. 90
先市镇	—	—	225. 60	1. 24	3 282. 00	5. 25	98. 70	2. 78	3 606. 30
尧坝镇	—	—	19. 35	0. 11	3 454. 95	5. 52	266. 10	7. 50	3 740. 40
总计	62. 85	100. 00	18 251. 25	100. 00	62 538. 75	100. 00	3 549. 45	100. 00	84 402. 30

表 6-13 一等地速效钾含量及分布状况

面积（亩），比例（%）

乡镇名称	30~50mg/kg		50~100mg/kg		100~150mg/kg		150~200mg/kg		总计
	面积	比例	面积	比例	面积	比例	面积	比例	
白鹿镇	—	—	541.95	1.23	114.00	0.29	—	—	655.95
白米乡	—	—	4 761.45	10.81	6 327.90	15.83	—	—	11 089.35
白沙镇	—	—	1 885.20	4.28	203.10	0.51	—	—	2 088.30
参宝乡	—	—	5 089.95	11.56	305.40	0.76	—	—	5 395.35
车辋镇	—	—	—	—	37.65	0.09	—	—	37.65
大桥镇	—	—	3 619.95	8.22	4 319.25	10.81	—	—	7 939.20
二里乡	—	—	706.95	1.61	3 916.05	9.80	312.30	81.58	4 935.30
凤鸣镇	—	—	282.75	0.64	3 300.75	8.26	14.85	3.88	3 598.35
佛荫镇	—	—	3 739.80	8.49	3 114.60	7.79	—	—	6 854.40
福宝镇	—	—	346.80	0.79	230.10	0.58	—	—	576.90
甘雨镇	—	—	554.25	1.26	825.30	2.06	—	—	1 379.55
合江镇	—	—	3 296.20	7.49	1 598.45	4.00	—	—	4 894.65
虎头乡	14.55	100.00	3 643.50	8.27	73.65	0.18	—	—	3 731.70
焦滩乡	—	—	2 111.15	4.79	370.20	0.93	—	—	2 481.35
九支镇	—	—	166.50	0.38	623.25	1.56	—	—	789.75
密溪乡	—	—	966.15	2.19	2 797.30	7.00	—	—	3 763.45
南滩乡	—	—	78.00	0.18	—	—	—	—	78.00
榕山镇	—	—	2 315.40	5.26	2 865.15	7.17	—	—	5 180.55
榕右乡	—	—	100.80	0.23	42.45	0.11	—	—	143.25
实录乡	—	—	1 423.50	3.23	3 139.20	7.85	—	—	4 562.70
望龙镇	—	—	839.55	1.91	4 827.00	12.08	27.45	7.17	5 694.00
五通镇	—	—	1 178.55	2.68	7.35	0.02	—	—	1 185.90
先市镇	—	—	3 385.65	7.69	220.65	0.55	—	—	3 606.30
尧坝镇	—	—	3 000.00	6.81	712.20	1.78	28.20	7.37	3 740.40
总计	14.55	100.00	44 034.00	100.00	39 970.95	100.00	382.80	100.00	84 402.30

表 6-14　一等地土壤 pH 值分布状况

面积（亩），比例（%）

乡镇名称	4.5~5.5		5.5~6.5		6.5~7.5		7.5~8.5		总计
	面积	比例	面积	比例	面积	比例	面积	比例	
白鹿镇	125.70	0.32	371.25	1.52	159.00	0.84	—	—	655.95
白米乡	9 140.85	23.05	1 853.25	7.57	95.25	0.50	—	—	11 089.35
白沙镇	88.65	0.22	913.05	3.73	1 009.05	5.31	77.55	6.19	2 088.30
参宝乡	1 101.90	2.78	2 083.95	8.51	1 743.75	9.18	465.75	37.19	5 395.35
车辋镇	—	—	37.65	0.15	—	—	—	—	37.65
大桥镇	4 562.40	11.50	3 376.80	13.79	—	—	—	—	7 939.20
二里乡	471.75	1.19	2 502.30	10.22	1 954.50	10.29	6.75	0.54	4 935.30
凤鸣镇	3 147.00	7.93	451.35	1.84	—	—	—	—	3 598.35
佛荫镇	2 694.75	6.79	1 845.80	7.54	2 313.85	12.18	—	—	6 854.40
福宝镇	—	—	5.70	0.02	571.20	3.01	—	—	576.90
甘雨镇	136.35	0.34	1 080.30	4.41	162.90	0.86	—	—	1 379.55
合江镇	3 253.80	8.20	627.15	2.56	1 013.70	5.34	—	—	4 894.65
虎头乡	3 284.10	8.28	447.60	1.83	—	—	—	—	3 731.70
焦滩乡	2 034.65	5.13	446.70	1.82	—	—	—	—	2 481.35
九支镇	—	—	547.35	2.24	242.40	1.28	—	—	789.75
密溪乡	—	—	411.00	1.68	3 219.10	16.94	133.35	10.65	3 763.45
南滩乡	5.70	0.01	72.30	0.30	—	—	—	—	78.00
榕山镇	576.75	1.45	3 202.20	13.08	1 401.60	7.38	—	—	5 180.55
榕右乡	10.20	0.03	96.60	0.39	36.45	0.19	—	—	143.25
实录乡	271.20	0.68	891.30	3.64	2 831.10	14.90	569.10	45.44	4 562.70
望龙镇	4 234.05	10.68	1 224.00	5.00	235.95	1.24	—	—	5 694.00
五通镇	—	—	792.75	3.24	393.15	2.07	—	—	1 185.90
先市镇	2 226.65	5.61	639.05	2.61	740.60	3.90	—	—	3 606.30
尧坝镇	2 293.55	5.78	570.50	2.33	876.35	4.61	—	—	3 740.40
总计	39 660.00	100.00	24 489.90	100.00	18 999.90	100.00	1 252.50	100.00	84 402.30

表 6－15 各乡镇不同质地一等地面积及比例

面积（亩），比例（%）

乡镇名称	紧砂土		轻黏土		轻壤土		中黏土		中壤土		重壤土		总计
	面积	比例	面积	比例	面积	比例	面积	比例	面积	比例	面积	比例	
白鹿镇	—	—	—	—	—	—	—	—	387.15	0.825	268.80	0.78	655.95
白米乡	—	—	126.15	28.58	896.55	61.24	—	—	8 577.75	18.29	1 488.90	4.32	11 089.35
白沙镇	23.85	2.57	—	—	108.45	7.41	—	—	1 510.50	3.22	445.50	1.29	2 088.30
参宝乡	—	—	—	—	—	—	—	—	874.35	1.86	4 521.00	13.11	5 395.35
车辋镇	—	—	—	—	37.65	2.57	—	—	—	—	—	—	37.65
大桥镇	819.30	88.40	17.10	3.87	32.25	2.20	—	—	5 859.90	12.49	1 210.65	3.51	7 939.20
二里乡	—	—	13.95	3.16	—	—	—	—	498.45	1.06	4 422.90	12.83	4 935.30
凤鸣镇	—	—	—	—	9.30	0.64	—	—	2 308.65	4.92	1 280.40	3.71	3 598.35
佛荫镇	—	—	—	—	5.10	0.35	—	—	4 271.50	9.11	2 577.80	7.48	6 854.40
福宝镇	—	—	—	—	—	—	—	—	216.75	0.46	360.15	1.04	576.90
甘雨镇	—	—	—	—	—	—	—	—	408.60	0.87	970.95	2.82	1 379.55
合江镇	—	—	—	—	116.70	7.97	—	—	3 137.20	6.69	1 640.75	4.76	4 894.65
虎头乡	—	—	—	—	—	—	—	—	1 560.45	3.33	2 171.25	6.30	3 731.70
焦滩乡	—	—	—	—	—	—	—	—	1 449.10	3.09	1 032.25	2.99	2 481.35
九支镇	—	—	—	—	—	—	—	—	663.90	1.42	125.85	0.36	789.75
密溪乡	—	—	—	—	60.00	4.10	—	—	1 664.50	3.55	2 038.95	5.91	3 763.45
南滩乡	—	—	—	—	—	—	—	—	—	—	78.00	0.23	78.00
榕山镇	—	—	284.25	64.39	—	—	—	—	1 571.70	3.35	3 324.60	9.64	5 180.55
榕右乡	—	—	—	—	—	—	—	—	120.00	0.26	23.25	0.07	143.25
实录乡	—	—	—	—	187.95	12.84	177.90	100.00	2 057.70	4.37	2 139.15	6.20	4 562.70
望龙镇	83.70	9.03	—	—	—	—	—	—	4 783.35	10.20	826.95	2.40	5 694.00
五通镇	—	—	—	—	—	—	—	—	860.25	1.83	325.65	0.94	1 185.90
先市镇	—	—	—	—	10.05	0.69	—	—	2 018.40	4.30	1 577.85	4.58	3 606.30
尧坝镇	—	—	—	—	—	—	—	—	2 110.10	4.50	1 630.30	4.73	3 740.40
总计	926.85	100.00	441.45	100.00	1 464.00	100.00	177.90	100.00	46 910.25	100.00	34 481.85	100.00	84 402.30

分布最多，达 8 937.88亩之多。坡度在 15°～25°的乡镇中，以福宝镇和九支镇居多。坡度在25°以上的耕地较少，全县二等地仅有 3 214.5亩。具体各乡镇二等地的坡度分布状况如表6－17 所示。

表6－16　二等地种植制度的分布状况　　面积（亩），比例（%）

乡镇名称	一年一熟		一年两熟		一年三熟		总计
	面积	比例	面积	比例	面积	比例	
白鹿镇	18 873.90	8.63	1 639.96	1.92	—	—	20 513.86
白米乡	6 701.30	3.07	10 568.50	12.35	—	—	17 269.80
白沙镇	7 792.87	3.56	1 462.05	1.71	81.75	1.42	9 336.67
参宝乡	4 620.03	2.11	1 566.00	1.83	1 993.80	34.64	8 179.83
车辋镇	7 523.55	3.44	2 743.80	3.21	—	—	10 267.35
大桥镇	10 194.81	4.66	3 812.86	4.45	17.25	0.30	14 024.92
二里乡	9 981.02	4.57	5 141.70	6.01	196.20	3.41	15 318.92
凤鸣镇	9 620.96	4.40	2 402.00	2.81	—	—	12 022.96
佛荫镇	7 068.12	3.23	3 672.25	4.29	601.95	10.46	11 342.32
福宝镇	14 323.78	6.55	1 444.65	1.69	—	—	15 768.43
甘雨镇	8 212.65	3.76	2 475.92	2.89	—	—	10 688.57
合江镇	14 204.70	6.50	5 404.19	6.31	307.80	5.35	19 916.69
虎头乡	7 442.48	3.40	3 713.25	4.34	—	—	11 155.73
焦滩乡	5 229.52	2.39	2 475.70	2.89	457.65	7.95	8 162.87
九支镇	11 890.95	5.44	2 929.20	3.42	332.25	5.77	15 152.40
密溪乡	7 061.83	3.23	1 078.35	1.26	42.15	0.73	8 182.33
南滩乡	3 597.89	1.65	5 193.00	6.07	—	—	8 790.89
榕山镇	14 673.28	6.71	3 006.15	3.51	—	—	17 679.43
榕右乡	6 865.65	3.14	1 843.73	2.15	—	—	87 09.38
石龙乡	—	—	—	—	—	—	—
实录乡	7 421.45	3.39	2 930.52	3.42	—	—	10 351.97
望龙镇	4 861.49	2.22	10 844.00	12.67	—	—	15 705.49
五通镇	7 749.95	3.54	2 862.67	3.34	1 252.80	21.76	11 865.42
先市镇	12 892.30	5.90	3 517.35	4.11	25.50	0.44	16 435.15
先滩镇	—	—	—	—	—	—	—
尧坝镇	9 817.50	4.49	2 861.15	3.34	447.15	7.77	13 125.80
自怀镇	—	—	—	—	—	—	—
总计	218 622.00	100.00	85 588.95	100.00	5 756.25	100.00	309 967.20

表 6－17　二等地坡度分布状况

面积（亩），比例（%）

乡镇名称	≤2°		2°～6°		6°～15°		15°～25°		≥25°		总计
	面积	比例	面积	比例	面积	比例	面积	比例	面积	比例	
白鹿镇	399.75	3.96	11 408.00	7.88	8 609.36	6.65	96.75	0.43	—	—	20 513.86
白米乡	788.40	7.81	11 633.45	8.04	4 737.85	3.66	110.10	0.49	—	—	17 269.80
白沙镇	1 971.30	19.53	5 451.67	3.77	1 790.85	1.38	122.85	0.55	—	—	9 336.67
参宝乡	135.00	1.34	5 701.23	3.94	2 267.25	1.75	76.35	0.34	—	—	8 179.83
车辋镇	78.15	0.77	1 940.65	1.34	6 274.85	4.84	1 707.60	7.63	266.10	8.28	10 267.35
大桥镇	2 209.50	21.89	9 637.42	6.66	1 946.70	1.50	211.05	0.94	20.25	0.63	14 024.92
二里乡	58.20	0.58	7 677.00	5.30	6 366.02	4.91	995.40	4.45	222.30	6.92	15 318.92
凤鸣镇	103.50	1.03	2 013.36	1.39	7 923.15	6.12	1 788.00	7.99	194.95	6.06	12 022.96
佛荫镇	238.05	2.36	7 998.70	5.53	2 832.87	2.19	247.95	1.11	24.75	0.77	11 342.32
福宝镇	—	—	3 744.45	2.59	8 937.88	6.90	2 452.80	10.96	633.30	19.70	15 768.43
甘雨镇	26.10	0.26	3 942.80	2.72	4 516.02	3.49	1 521.75	6.80	681.90	21.21	10 688.57
合江镇	75.75	0.75	9 914.85	6.85	8 600.49	6.64	1 195.60	5.34	130.00	4.04	19 916.69
虎头乡	149.10	1.48	6 154.75	4.25	4 337.68	3.35	504.45	2.25	9.75	0.30	11 155.73
焦滩乡	560.85	5.56	6 176.80	4.27	1 374.67	1.06	50.55	0.23	—	—	8 162.87
九支镇	335.40	3.32	2 985.60	2.06	8 492.81	6.56	3 114.05	13.91	224.55	6.99	15 152.40
密溪乡	78.45	0.78	3 028.55	2.10	4 673.03	3.61	402.30	1.80	—	—	8 182.33
南滩乡	47.70	0.47	1 532.24	1.06	6 268.05	4.84	892.50	3.99	50.40	1.57	8 790.89
榕山镇	2 020.20	20.01	7 112.85	4.91	7 366.08	5.69	1 026.15	4.59	154.15	4.80	17 679.43
榕右乡	57.30	0.57	1 517.80	1.05	4 812.73	3.72	1 954.20	8.73	367.35	11.43	8 709.38
石龙乡	—	—	—	—	—	—	—	—	—	—	—
实录乡	51.30	0.51	2 697.62	1.86	6 220.95	4.80	1 280.70	5.72	101.40	3.15	10 351.97
望龙镇	177.00	1.75	11 959.35	8.26	3 471.79	2.68	97.35	0.44	—	—	15 705.49
五通镇	14.70	0.15	2 601.00	1.80	7 566.57	5.84	1 549.80	6.93	133.35	4.15	11 865.42
先市镇	144.00	1.43	11 458.00	7.92	4 643.25	3.58	189.90	0.85	—	—	16 435.15
先滩镇	—	—	—	—	—	—	—	—	—	—	—
尧坝镇	375.60	3.72	6 448.35	4.46	5 510.75	4.25	791.10	3.53	—	—	13 125.80
自怀镇	—	—	—	—	—	—	—	—	—	—	—
总计	10 095.30	100.00	144 736.50	100.00	129 541.65	100.00	22 379.25	100.00	3 214.50	100.00	309 967.20

（三）二等地有效土层厚度分布状况

二等地中，有效土层厚度在40cm以下的耕地分布较少，大多都在40～60cm，具体各乡镇二等地分布的土壤有效土层厚度见表6－18。有效土层厚度分布在40cm以下的乡镇主要有白米乡、车辋镇、凤鸣镇、佛荫镇和望龙镇；有效土层厚度分布在40～60cm的乡镇主要有福宝镇、合江镇、九支镇和先市镇等；有效土层厚度分布在60～80cm的乡镇主要有白鹿镇、二里乡、车辋镇和合江镇；有效土层厚度分布在80～100cm的乡镇主要有白米乡、白沙镇、大桥镇、榕山镇和望龙镇。

（四）二等地成土母质分布状况

二等地成土母质分布较多的有夹关组、蓬莱镇组、沙溪庙组和遂宁组，新冲积和老冲积的面积相当，但分布都较少。蓬莱镇组在密溪乡、福宝镇、实录乡和车辋镇等都有大量分布，沙溪庙组在全县范围分布比较分散，除榕右乡、石龙乡、先滩镇和自怀镇外其他的乡镇都有分布，遂宁组分布情况也比较分散，但面积要比沙溪庙组小得多。各乡镇的二等地土壤成土母质的分布具体见表6－19所示。

（五）二等地地形部位分布状况

二等地土壤主要分布在丘陵低谷地、丘陵坡地中上部、丘陵山地坡中部，丘陵山地坡下部地最少，各乡镇二等地具体的地形部位分布见表6－20所示。白米乡、大桥镇和九支镇的二等地的地形部位以河流阶地为主；白鹿镇、二里乡、甘雨镇、大桥镇、九支镇和南滩乡等乡镇的二等地的地形部位以丘陵低谷地小山冲较多；白米乡、白沙镇、大桥镇、焦滩乡、榕山镇和望龙镇的二等地的地形部位以丘陵坡地中上部为主；丘陵山地坡下部只分布在白鹿镇、白米乡、二里乡、合江镇和望龙镇；白米乡的二等地的地形部位以丘陵山地坡中部为主；福宝镇、实录乡和尧坝镇等乡镇的二等地的地形部位以中低山中下部为主。

（六）二等地有机质含量及分布状况

二等地土壤有机质含量主要以10～20g/kg的分布，其次分布较广的是含量为20～30g/kg的，各乡镇二等地土壤有机质含量及分布具体见表6－21所示。6～10g/kg在二等地中仅南滩乡有少量分布，面积为18.45亩。白鹿镇、福宝镇、甘雨镇、焦滩乡、榕山镇、南滩乡、榕山镇、石龙乡、先滩镇和自怀镇不存在有机质含量在20～30g/kg的情况。

（七）二等地灌溉保证率及分布状况

对于各个灌溉保证率等级而言，二等地中以小于40%的居多，其次是40%～60%，再次是60%～80%，具体各个乡镇二等地灌溉保证率的分布见表6－22所示。除白沙镇、焦滩乡、石龙乡、先滩镇、望龙镇和自怀镇外，合江县的其他个乡镇的灌溉保证率均有分布在40%以下的；除参宝乡、石龙乡、先滩镇、自怀镇外，合江县的其他个乡镇的灌溉保证率均有分布在40%～60%的，其中，以大桥镇和实录乡所占的比例最大；除九支镇、石龙乡、先滩镇和自怀镇外，合江县的其他个乡镇的灌溉保证率均有分布在60%～80%的，其中，以凤鸣镇和望龙镇所占的比例最大；灌溉保证率在80%～100%的乡镇主要有参宝乡和榕山镇等。

（八）二等地有效磷含量及分布状况

二等地土壤有效磷含量分布最广的是5～10mg/kg，其面积达220 006.35亩；其次分布较广的是含量为3～5mg/kg的，其面积为72 139.65亩；再次是10～20mg/kg，其面积是16 774.8亩，可见合江县二等地的有效磷含量水平一般。具体各乡镇二等地土壤有效磷含量

表 6－18 二等地各乡镇有效土层厚度分布状况

面积（亩），比例（%）

乡镇名称	≤40cm		40～60cm		60～80cm		80～100cm		总计
	面积	比例	面积	比例	面积	比例	面积	比例	
白鹿镇	57.33	0.35	8 910.91	5.99	8 218.11	8.63	3 327.52	6.72	20 513.86
白米乡	2 024.28	12.24	4 763.60	3.20	5 046.81	5.30	5 435.11	10.97	17 269.80
白沙镇	980.16	5.93	1 977.21	1.33	1 399.10	1.47	4 980.20	10.05	9 336.67
参宝乡	861.51	5.21	3 446.68	2.32	2 265.94	2.38	1 605.70	3.24	8 179.83
车辋镇	2 034.81	12.30	1 846.94	1.24	6 115.38	6.42	270.23	0.55	10 267.35
大桥镇	1 303.06	7.88	5 101.94	3.43	2 565.18	2.69	5 054.74	10.20	14 024.92
二里乡	315.51	1.91	8 154.77	5.49	6 229.88	6.54	618.77	1.25	15 318.92
凤鸣镇	1 782.88	10.78	5 578.96	3.75	4 136.05	4.34	525.06	1.06	12 022.96
佛荫镇	1 691.37	10.23	2 294.15	1.54	4 901.47	5.15	2 455.33	4.96	11 342.32
福宝镇	25.44	0.15	10 864.89	7.31	3 711.73	3.90	1 166.37	2.35	15 768.43
甘雨镇	220.65	1.33	4 831.66	3.25	5 010.25	5.26	626.00	1.26	10 688.57
合江镇	797.36	4.82	9 387.95	6.31	7 579.97	7.96	2 151.42	4.34	19 916.69
虎头乡	211.79	1.28	5 061.41	3.40	5 005.89	5.26	876.64	1.77	11 155.73
焦滩乡	563.31	3.41	2 696.53	1.81	516.92	0.54	4 386.12	8.85	8 162.87
九支镇	569.38	3.44	9 893.96	6.65	4 619.24	4.85	69.82	0.14	15 152.40
密溪乡	245.76	1.49	5 761.03	3.87	1 625.55	1.71	550.00	1.11	8 182.34
南滩乡	137.67	0.83	5 936.39	3.99	2 545.37	2.67	171.45	0.35	8 790.89
榕山镇	734.45	4.44	8 314.99	5.59	2 690.48	2.83	5 939.51	11.99	17 679.43
榕右乡	15.24	0.09	7 521.57	5.06	942.27	0.99	230.29	0.46	8 709.38
石龙乡	—	—	—	—	—	—	—	—	—
实录乡	48.48	0.29	7 169.85	4.82	2 577.07	2.71	556.57	1.12	10 351.97
望龙镇	1 686.33	10.20	3 907.24	2.63	3 163.31	3.32	6 948.62	14.02	15 705.50
五通镇	76.56	0.46	6 425.69	4.32	5 219.76	5.48	143.41	0.29	11 865.42
先市镇	135.54	0.82	1 0527.75	7.08	5 061.17	5.32	710.69	1.43	16 435.15
先滩镇	—	—	—	—	—	—	—	—	—
尧坝镇	20.56	0.12	8 296.44	5.58	4 056.00	4.26	752.80	1.52	13 125.80
自怀镇	—	—	—	—	—	—	—	—	—
总计	16 539.45	100.00	148 672.50	100.00	95 202.90	100.00	49 552.35	100.00	309 967.20

表 6－19　各乡镇二等地土壤成土母质分布状况

面积（亩），比例（%）

乡镇名称	夹关组		老冲积		蓬莱镇组		沙溪庙组		遂宁组		新冲积		总计
	面积	比例	面积	比例	面积	比例	面积	比例	面积	比例	面积	比例	
白鹿镇	—	—	—	—	115.96	0.14	17 989.10	12.27	2 408.80	4.68	—	—	20 513.86
白米乡	—	—	987.51	29.92	—	—	15 989.34	10.91	—	—	292.95	8.16	17 269.80
白沙镇	—	—	51.15	1.55	561.04	0.68	7 556.59	5.15	1 167.89	2.27	—	—	9 336.67
参宝乡	—	—	—	—	—	—	7 176.83	4.90	1 003.00	1.95	—	—	8 179.83
车辋镇	3 205.77	14.50	—	—	6 674.80	8.06	21.99	0.02	355.42	0.69	9.37	0.26	10 267.35
大桥镇	—	—	849.43	25.74	—	—	8 717.10	5.95	2 892.79	5.62	1 565.60	43.62	14 024.92
二里乡	2 547.52	11.52	—	—	6 018.72	7.26	3 666.45	2.50	3 086.23	5.99	—	—	15 318.92
凤鸣镇	1 646.55	7.45	—	—	5 758.09	6.95	2 334.08	1.59	2 284.24	4.43	—	—	12 022.96
佛荫镇	—	—	—	—	594.62	0.72	7 565.37	5.16	3 182.33	6.18	—	—	11 342.32
福宝镇	240.76	1.09	—	—	12 135.68	14.65	256.77	0.18	3 135.22	6.09	—	—	15 768.43
甘雨镇	568.20	2.57	—	—	2 311.96	2.79	5 680.99	3.88	2 127.42	4.13	—	—	10 688.57
合江镇	—	—	390.42	11.83	5 459.42	6.59	10 189.30	6.95	3 247.02	6.30	630.53	17.57	19 916.69
虎头乡	—	—	287.48	8.71	3 067.56	3.70	5 437.97	3.71	2 362.72	4.59	—	—	11 155.73
焦滩乡	—	—	397.19	12.04	—	—	7 765.68	5.30	—	—	—	—	8 162.87
九支镇	5 043.24	22.81	—	—	5 005.68	6.04	2 294.99	1.57	2 001.61	3.89	806.88	22.48	15 152.40
密溪乡	—	—	—	—	6 880.13	8.30	60.65	0.04	967.73	1.88	273.82	7.63	8 182.33
南滩乡	250.26	1.13	—	—	4 976.84	6.01	1 914.51	1.31	1 649.28	3.20	—	—	8 790.89
榕山镇	253.25	1.15	89.41	2.71	5 492.34	6.63	8 449.29	5.76	3 395.14	6.59	—	—	1 7679.43
榕右乡	1 336.68	6.05	—	—	6 629.98	8.00	—	—	742.72	1.44	—	—	8 709.38
石龙乡	—	—	—	—	—	—	—	—	—	—	—	—	—
实录乡	—	—	—	—	6 925.87	8.36	2 075.10	1.42	1 341.37	2.60	9.63	0.27	10 351.97
望龙镇	—	—	247.66	7.50	—	—	14 446.11	9.85	1 011.72	1.96	—	—	15 705.49
五通镇	5 003.67	22.64	—	—	1 055.45	1.27	4 335.05	2.96	1 471.25	2.86	—	—	11 865.42
先市镇	608.15	2.75	—	—	613.10	0.74	9 882.92	6.74	5 330.98	10.35	—	—	16 435.15
先滩镇	—	—	—	—	—	—	—	—	—	—	—	—	—
尧坝镇	1 401.62	6.34	—	—	2 586.30	3.12	2 784.77	1.90	6 353.11	12.33	—	—	13 125.80
自怀镇	—	—	—	—	—	—	—	—	—	—	—	—	—
总计	22 105.67	100.00	3 300.25	100.00	82 863.56	100.00	146 590.95	100.00	51 517.99	100.00	35 88.78	100.00	309 967.20

表 6-20 各乡镇二等地地形部位分布状况

面积（亩），比例（%）

乡镇名称	河流阶地		丘陵低谷地		丘陵低洼处小山冲		丘陵坡地中上部		丘陵山地坡下部		丘陵山地坡中部		中低山中下部		总计
	面积	比例	面积	比例	面积	比例	面积	比例	面积	比例	面积	比例	面积	比例	
白鹿镇	—	—	16 882.16	9.41	386.85	16.30	2 140.70	2.65	121.20	31.38	982.95	2.82	—	—	20 513.86
白米乡	837.60	17.64	3 992.01	2.23	—	—	8 078.79	10.00	40.65	10.52	4 320.75	12.41	—	—	17 269.80
白沙镇	37.65	0.79	898.65	0.50	29.55	1.24	7 202.62	8.92	—	—	1 071.30	3.08	96.90	1.28	9 336.67
参宝乡	—	—	2 538.60	1.42	21.60	0.91	4 614.75	5.71	—	—	1 004.88	2.89	—	—	8 179.83
车辋镇	10.80	0.23	7 831.55	4.37	—	—	1 308.40	1.62	—	—	849.90	2.44	266.70	3.53	10 267.35
大桥镇	1 299.30	27.36	2 921.40	1.63	225.45	9.50	7 733.02	9.58	—	—	1 845.75	5.30	—	—	14 024.92
二里乡	—	—	11 017.05	6.14	428.70	18.06	1 427.72	1.77	108.90	28.19	2 039.25	5.86	297.30	3.94	15 318.92
凤鸣镇	—	—	8 823.46	4.92	59.70	2.52	1 080.60	1.34	—	—	1 646.40	4.73	412.80	5.46	12 022.96
佛荫镇	—	—	3 874.57	2.16	128.70	5.42	5 624.25	6.96	—	—	1 690.05	4.85	24.75	0.33	11 342.32
福宝镇	—	—	10 292.67	5.74	—	—	1 596.90	1.98	—	—	1 025.76	2.95	2 853.10	37.76	15 768.43
甘雨镇	—	—	7 360.15	4.10	283.35	11.94	1 320.80	1.64	—	—	1 596.32	4.59	127.95	1.69	10 688.57
合江镇	630.60	13.28	13 763.95	7.68	—	—	4 489.80	5.56	89.55	23.18	743.74	2.14	199.05	2.63	19 916.69
虎头乡	317.70	6.69	8 362.75	4.66	19.05	0.80	1 907.08	2.36	—	—	496.35	1.43	52.80	0.70	11 155.73
焦滩乡	457.80	9.64	733.35	0.41	—	—	5 743.67	7.11	—	—	1 228.05	3.53	—	—	8 162.87
九支镇	712.80	15.01	102 85.35	5.74	209.10	8.81	1 928.70	2.39	—	—	1 790.40	5.14	226.05	2.99	15 152.40
密溪乡	213.75	4.50	6 556.05	3.66	124.05	5.23	35.70	0.04	—	—	1 244.53	3.58	8.25	0.11	8 182.33
南滩乡	—	—	7 359.90	4.10	196.20	8.27	238.64	0.30	—	—	579.30	1.66	416.85	5.52	8 790.89
榕山镇	82.50	1.74	8 839.18	4.93	96.30	4.06	7 398.75	9.16	—	—	1 002.30	2.88	260.40	3.45	17 679.43
榕右乡	—	—	7 653.08	4.27	—	—	69.60	0.09	—	—	619.35	1.78	367.35	4.86	8 709.38
石龙乡	—	—	—	—	—	—	—	—	—	—	—	—	—	—	—
实录乡	—	—	7 447.22	4.15	13.95	0.59	1 465.05	1.81	—	—	748.20	2.15	677.55	8.97	10 351.97
望龙镇	148.80	3.13	715.69	0.40	—	—	12 390.90	15.34	25.95	6.72	2 424.15	6.96	—	—	15 705.49
五通镇	—	—	7 151.20	3.99	—	—	1 167.45	1.45	—	—	3 410.12	9.80	136.65	1.81	11 865.42
先市镇	—	—	14 072.20	7.85	151.05	6.36	1 136.70	1.41	—	—	1 075.20	3.09	—	—	16 435.15
先滩镇	—	—	—	—	—	—	—	—	—	—	—	—	—	—	—
尧坝镇	—	—	9 965.40	5.56	—	—	653.25	0.81	—	—	1 376.70	3.95	1 130.45	14.96	13 125.80
自怀镇	—	—	—	—	—	—	—	—	—	—	—	—	—	—	—
总计	4 749.30	—	179 337.60	100.00	2 373.60	100.00	80 753.85	100.00	386.25	100.00	34 811.70	100.00	7 554.89	100.00	309 967.20

表 6 – 21　各乡镇二等地土壤有机质含量及分布状况

面积（亩），比例（%）

乡镇名称	6 ~ 10g/kg		10 ~ 20g/kg		20 ~ 30g/kg		总计
	面积	比例	面积	比例	面积	比例	
白鹿镇	—	—	20 513.86	7.59	—	—	20 513.86
白米乡	—	—	16 991.55	6.29	278.25	0.70	17 269.80
白沙镇	—	—	5 378.77	1.99	3 957.90	9.97	9 336.67
参宝乡	—	—	6 990.93	2.59	1 188.90	3.00	8 179.83
车辋镇	—	—	9 854.70	3.65	412.65	1.04	10 267.35
大桥镇	—	—	8 487.07	3.14	5 537.85	13.96	14 024.92
二里乡	—	—	13 356.47	4.94	1 962.45	4.95	15 318.92
凤鸣镇	—	—	7 861.96	2.91	4 161.00	10.49	12 022.96
佛荫镇	—	—	4 628.32	1.71	6 714.00	16.92	11 342.32
福宝镇	—	—	15 768.43	5.83	—	—	15 768.43
甘雨镇	—	—	10 688.57	3.95	—	—	10 688.57
合江镇	—	—	19 045.34	7.05	871.35	2.20	19 916.69
虎头乡	—	—	4 281.23	1.58	6 874.50	17.32	11 155.73
焦滩乡	—	—	8 162.87	3.02	—	—	8 162.87
九支镇	—	—	13 613.55	5.04	1 538.85	3.88	15 152.40
密溪乡	—	—	7 507.78	2.78	674.55	1.70	8 182.33
南滩乡	18.45	100.00	8 772.44	3.25	—	—	8 790.89
榕山镇	—	—	17 679.43	6.54	—	—	17 679.43
榕右乡	—	—	8 508.08	3.15	201.30	0.51	8 709.38
石龙乡	—	—	—	—	—	—	—
实录乡	—	—	10 285.22	3.81	66.75	0.17	10 351.97
望龙镇	—	—	15 552.19	5.75	153.30	0.39	15 705.49
五通镇	—	—	11 797.32	4.37	68.10	0.17	11 865.42
先市镇	—	—	15 956.35	5.90	478.80	1.21	16 435.15
先滩镇	—	—	—	—	—	—	—
尧坝镇	—	—	8 584.25	3.18	4 541.55	11.44	13 125.80
自怀镇	—	—	—	—	—	—	—
总计	18.45	100.00	270 266.70	100.00	39 682.05	100.00	309 967.20

表6-22 各乡镇二等地灌溉保证率及分布状况

面积（亩），比例（%）

乡镇名称	≤40%		40%～60%		60%～80%		80%～100%		总计
	面积	比例	面积	比例	面积	比例	面积	比例	
白鹿镇	9 191.55	10.44	3 837.95	4.41	4 107.41	4.83	3 376.95	6.77	20 513.86
白米乡	1 367.97	1.55	5 327.74	6.13	7 173.59	8.43	3 400.50	6.82	17 269.80
白沙镇	—	—	482.70	0.56	5 982.67	7.03	2 871.30	5.76	9 336.67
参宝乡	4.95	0.01	—	—	758.39	0.89	7 416.49	14.87	8 179.83
车辋镇	2 693.60	3.06	3 275.30	3.77	3 243.05	3.81	1 055.40	2.12	10 267.35
大桥镇	686.25	0.78	9 577.12	11.01	3 746.85	4.40	14.70	0.03	14 024.92
二里乡	10 317.45	11.72	3 775.50	4.34	670.50	0.79	555.47	1.11	15 318.92
凤鸣镇	37.35	0.04	2 394.90	2.75	9 274.65	10.90	316.06	0.63	12 022.96
佛荫镇	1 029.25	1.17	2 062.17	2.37	3 878.40	4.56	4 372.50	8.77	11 342.32
福宝镇	1 496.30	1.70	8 932.00	10.27	4 484.85	5.27	855.28	1.71	15 768.43
甘雨镇	1 524.45	1.73	379.80	0.44	6 755.42	7.94	2 028.90	4.07	10 688.57
合江镇	5 689.39	6.46	7 822.15	8.99	4 064.75	4.78	2 340.40	4.69	19 916.69
虎头乡	3 304.35	3.75	3 929.98	4.52	1 917.55	2.25	2 003.85	4.02	11 155.73
焦滩乡	—	—	399.30	0.46	6 974.12	8.19	789.45	1.58	8 162.87
九支镇	7 705.00	8.75	7 447.40	8.56	—	—	—	—	15 152.40
密溪乡	605.40	0.69	1 656.60	1.90	5 840.83	6.86	79.50	0.16	8 182.33
南滩乡	269.39	0.31	5 332.65	6.13	3 188.85	3.75	—	—	8 790.89
榕山镇	2 920.18	3.32	221.70	0.25	1 261.95	1.48	13 275.60	26.62	17 679.43
榕右乡	3 310.25	3.76	2 305.08	2.65	2 045.40	2.40	1 048.65	2.10	87 09.38
石龙乡	—	—	—	—	—	—	—	—	—
实录乡	5.55	0.01	9 359.25	10.76	822.47	0.97	164.70	0.33	10 351.97
望龙镇	—	—	3 155.40	3.63	8 644.24	10.16	3 905.85	7.83	15 705.49
五通镇	7 968.85	9.05	3 886.07	4.47	10.50	0.01	—	—	11 865.42
先市镇	15 679.52	17.82	652.43	0.75	103.20	0.12	—	—	16 435.15
先滩镇	—	—	—	—	—	—	—	—	—
尧坝镇	12 201.90	13.86	755.60	0.87	168.30	0.20	—	—	13 125.80
自怀镇	—	—	—	—	—	—	—	—	—
总计	88 008.91	100.00	86 968.80	100.00	85 117.95	100.00	49 871.55	100.00	309 967.20

表 6－23　各乡镇二等地土壤有效磷含量及分布状况

面积（亩），比例（%）

乡镇名称	≤3mg/kg		3～5mg/kg		5～10mg/kg		10～20mg/kg		20～40mg/kg		总计
	面积	比例	面积	比例	面积	比例	面积	比例	面积	比例	
白鹿镇	—	—	2 139.45	2.97	17 043.46	7.75	1 312.35	7.82	18.6	67.76	20 513.86
白米乡	—	—	2 140.65	2.97	13 931.40	6.33	1 197.75	7.14	—	—	17 269.80
白沙镇	11.85	1.16	7 291.42	10.11	2 033.40	0.92	—	—	—	—	9 336.67
参宝乡	831.00	81.55	4 841.73	6.71	2 404.65	1.09	102.45	0.61	—	—	8 179.83
车辋镇	—	—	1 963.55	2.72	8 209.60	3.73	94.20	0.56	—	—	10 267.35
大桥镇	—	—	4 591.05	6.36	9 421.42	4.28	12.45	0.07	—	—	14 024.92
二里乡	34.95	3.43	1 867.35	2.59	13 044.10	5.93	372.52	2.22	—	—	15 318.92
凤鸣镇	84.00	8.24	2 509.95	3.48	9 407.11	4.28	21.90	0.13	—	—	12 022.96
佛荫镇	—	—	3 407.65	4.72	7 678.72	3.49	255.95	1.53	—	—	11 342.32
福宝镇	—	—	3 044.25	4.22	12 601.33	5.73	122.85	0.73	—	—	15 768.43
甘雨镇	—	—	3 519.45	4.88	7 169.12	3.26	—	—	—	—	10 688.57
合江镇	—	—	1 820.00	2.52	16 994.65	7.72	1 102.04	6.57	—	—	19 916.69
虎头乡	—	—	3 379.80	4.69	6 872.35	3.12	903.58	5.39	—	—	11 155.73
焦滩乡	—	—	706.65	0.98	7 413.77	3.37	42.45	0.25	—	—	8 162.87
九支镇	—	—	3 114.00	4.32	12 038.40	5.47	—	—	—	—	15 152.40
密溪乡	—	—	1 273.20	1.76	6 314.98	2.87	594.15	3.54	—	—	8 182.33
南滩乡	21.15	2.08	5 772.45	8.00	2 951.10	1.34	46.19	0.28	—	—	8 790.89
榕山镇	—	—	4 184.85	5.80	9 557.50	4.34	3 928.25	23.42	8.85	32.24	17 679.43
榕右乡	—	—	1 767.75	2.45	6 941.63	3.16	—	—	—	—	8 709.38
石龙乡	—	—	—	—	—	—	—	—	—	—	—
实录乡	—	—	3 976.50	5.51	6 239.70	2.84	135.77	0.81	—	—	10 351.97
望龙镇	—	—	924.60	1.28	10 782.49	4.90	3 998.40	23.84	—	—	15 705.49
五通镇	—	—	4 208.85	5.83	7 656.57	3.48	—	—	—	—	11 865.42
先市镇	36.00	3.53	2 632.50	3.65	13 336.30	6.06	430.35	2.57	—	—	16 435.15
先滩镇	—	—	—	—	—	—	—	—	—	—	—
尧坝镇	—	—	1 062.00	1.47	9 962.60	4.53	2 101.20	12.53	—	—	1 3125.80
自怀镇	—	—	—	—	—	—	—	—	—	—	—
总计	1 018.95	100.00	72 139.65	100.00	220 006.35	100.00	16 774.80	100.00	27.45	100.00	309 967.20

及分布状况如表6－23所示。有效磷含量20～40mg/kg的二等地在全县范围内分布很少，仅白鹿镇和榕山镇有少量分布，面积分别为18.6亩和8.85亩；有效磷含量在3mg/kg以下的二等地仅在白沙镇、参宝乡、二里乡、凤鸣镇、南滩乡和先市镇有所分布；有效磷含量在3～5mg/kg的乡镇主要有白沙镇和南滩乡等；有效磷含量在5～10mg/kg的乡镇主要有白鹿镇、合江镇、白米乡等；有效磷含量在10～20mg/kg的乡镇主要有榕山镇、望龙镇、尧坝镇等。

（九）二等地速效钾含量及分布状况

二等地土壤速效钾含量分布最广的是含量为50～100mg/kg的，面积为204 460.35亩，其次分布较广的是含量为100～150mg/kg的，分布面积为100 894.35亩，具体各乡镇二等地土壤速效钾含量及分布见表6－24所示。可见二等地的速效钾分布比较集中，主要是在50～150mg/kg，30～50mg/kg的情况比较少，仅仅在福宝镇、虎头乡、五通镇和尧坝镇有少量分布；土壤速效钾含量在150～200mg/kg的二等地只分布在二里乡、凤鸣镇、合江镇、望龙镇和尧坝镇；土壤速效钾含量大于200mg/kg的二等地只在尧坝镇有少量分布。

（十）二等地pH值分布状况

二等地土壤pH值4.5～5.5范围内分布最广，面积为158 728.20亩，其次分布较广的是pH值为5.5～6.5的，面积为92 655.15亩；具体各乡镇二等地土壤pH值分布状况见表6－25。白鹿镇、白米乡、大桥镇、望龙镇和五通镇的二等地的pH值主要在4.5～5.5；福宝镇和合江镇的pH值主要在5.5～6.5；二里乡、福宝镇、尧坝镇、密溪乡和实录乡的pH值在6.5～7.5；全县二等地的酸碱度偏碱性的耕地面积较少，为4 995.15亩。

（十一）二等地土壤质地分布状况

二等地土壤质地以中壤土和重壤土为主，其面积分别为137 615.55亩和154 212.60亩，其次为轻黏土和中黏土，面积分别为6 540.75亩和6 534.90亩。具体各乡镇二等地质地的分布见表6－26。由表可见，中壤土和重壤土在二等的各乡镇分布基本相当。紧砂土在二等地的分布面积则较少，仅仅在大桥镇有少量分布，面积为361.50亩。

三、三等地评价指标分布特点

（一）三等地种植制度分布状况

三等地种植制度以一年一熟和一年两熟为主，其分布面积分别为117 462.90亩和35 872.80亩；而一年三熟的分布面积最少，面积只有3 050.55亩，且种植制度为一年三熟的乡镇只有白沙镇、参宝乡、二里乡、佛荫镇、合江镇、虎头乡、九支镇、密溪乡、五通镇和尧坝镇有所分布。具体各乡镇三等地种植制度的分布见表6－27。

（二）三等地坡度分布状况

三等地分布在2°～25°坡度范围的耕地面积达149 092.2亩，占三等地面积的95.34%；坡度在25°以上的耕地面积占了5 611.20亩；坡度在2°以下的耕地面积仅占1 682.85亩。具体各乡镇三等地坡度的分布状况如表6－28所示。坡度在2°以下的乡镇主要有白米乡、大桥镇、虎头乡、榕山镇、先市镇和五通镇等；坡度在2°～6°的乡镇主要有白鹿镇、合江镇、先市镇和白米乡等；坡度在6°～15°的乡镇主要有先滩镇、福宝镇、石龙乡和五通镇等；坡度在15°～25°的乡镇主要有福宝镇、自怀镇和先滩镇等；坡度分布在25°以上的乡镇主要有福宝镇、二里乡、尧坝镇和自怀镇等。

表 6 – 24　各乡镇二等地土壤速效钾含量及分布状况

面积（亩），比例（%）

乡镇名称	30 ~ 50mg/kg		50 ~ 100mg/kg		100 ~ 150mg/kg		150 ~ 200mg/kg		> 200mg/kg		总计
	面积	比例	面积	比例	面积	比例	面积	比例	面积	比例	
白鹿镇	—	—	19 246.56	9.41	1 267.30	1.26	—	—	—	—	20 513.86
白米乡	—	—	9 435.02	4.61	7 834.80	7.77	—	—	—	—	17 269.80
白沙镇	—	—	5 750.75	2.81	3 585.90	3.55	—	—	—	—	9 336.67
参宝乡	—	—	8 179.83	4.00	—	—	—	—	—	—	8 179.83
车辋镇	—	—	7 359.47	3.60	2 907.90	2.88	—	—	—	—	10 267.35
大桥镇	—	—	9 172.05	4.49	4 852.90	4.81	—	—	—	—	14 024.92
二里乡	—	—	4 248.00	2.08	10 453.10	10.36	617.85	17.39	—	—	15 318.92
凤鸣镇	—	—	3 770.70	1.84	8 235.80	8.16	16.50	0.46	—	—	12 022.96
佛荫镇	—	—	10 092.75	4.94	1 249.60	1.24	—	—	—	—	11 342.32
福宝镇	9.15	0.92	13 573.95	6.64	2 185.30	2.17	—	—	—	—	15 768.43
甘雨镇	—	—	6 350.15	3.11	4 338.40	4.30	—	—	—	—	10 688.57
合江镇	—	—	9 808.10	4.80	10 087.10	10.00	21.45	0.60	—	—	19 916.69
虎头乡	39.30	3.96	10 485.20	5.13	631.20	0.63	—	—	—	—	11 155.73
焦滩乡	—	—	7 377.00	3.61	785.90	0.78	—	—	—	—	8 162.87
九支镇	—	—	12 118.50	5.93	3 033.90	3.01	—	—	—	—	15 152.40
密溪乡	—	—	4 339.48	2.12	3 842.90	3.81	—	—	—	—	8 182.33
南滩乡	—	—	8 606.84	4.21	184.10	0.18	—	—	—	—	8 790.89
榕山镇	—	—	11 218.85	5.49	6 460.60	6.40	—	—	—	—	17 679.43
榕右乡	—	—	7 125.85	3.49	1 583.50	1.57	—	—	—	—	8 709.38
石龙乡	—	—	—	—	—	—	—	—	—	—	—
实录乡	—	—	4 660.82	2.28	5 691.20	5.64	—	—	—	—	10 351.97
望龙镇	—	—	5 444.89	2.66	10 241.00	10.15	19.65	0.55	—	—	15 705.49
五通镇	907.05	91.48	10 970.77	5.37	– 12.40	- 0.01	—	—	—	—	11 865.42
先市镇	—	—	13 417.30	6.56	3 017.90	2.99	—	—	—	—	16 435.15
先滩镇	—	—	—	—	—	—	—	—	—	—	—
尧坝镇	36.00	3.63	1 707.50	0.84	8 436.80	8.36	2 877.60	80.99	67.95	100.00	13 125.80
自怀镇	—	—	—	—	—	—	—	—	—	—	—
总计	991.50	100.00	204 460.35	100.00	100 894.35	100.00	3 553.05	100.00	67.95	100.00	309 967.20

表 6-25 各乡镇二等地土壤 pH 值分布状况

面积（亩），比例（%）

乡镇名称	4.5~5.5		5.5~6.5		6.5~7.5		7.5~8.5		总计
	面积	比例	面积	比例	面积	比例	面积	比例	
白鹿镇	16 041.30	10.11	4 282.51	4.62	190.05	0.35	—	—	20 513.86
白米乡	16 073.60	10.13	1 196.20	1.29	—	—	—	—	17 269.80
白沙镇	6 698.62	4.22	1 805.25	1.95	252.00	0.47	580.80	11.63	9 336.67
参宝乡	4 649.43	2.93	2 712.30	2.93	776.55	1.45	41.55	0.83	8 179.83
车辋镇	8 331.75	5.25	1 699.20	1.83	236.40	0.44	—	—	10 267.35
大桥镇	9 791.92	6.17	4 233.00	4.57	—	—	—	—	14 024.92
二里乡	3 960.62	2.50	5 536.20	5.98	5 538.75	10.34	283.35	5.67	15 318.92
凤鸣镇	8 328.46	5.25	3 542.40	3.82	152.10	0.28	—	—	12 022.96
佛荫镇	6 589.05	4.15	3 028.30	3.27	1 724.97	3.22	—	—	11 342.32
福宝镇	595.67	0.38	7 699.94	8.31	7 445.37	13.89	27.45	0.55	15 768.43
甘雨镇	4 426.95	2.79	4 054.50	4.38	2 182.22	4.07	24.90	0.50	10 688.57
合江镇	8 084.00	5.09	7 681.50	8.29	4 151.19	7.75	—	—	19 916.69
虎头乡	8 934.30	5.63	2 142.38	2.31	79.05	0.15	—	—	11 155.73
焦滩乡	7 025.50	4.43	1 137.37	1.23	—	—	—	—	8 162.87
九支镇	3 346.45	2.11	6 192.80	6.68	5 335.80	9.96	277.35	5.55	15 152.40
密溪乡	—	—	225.90	0.24	5 972.98	11.15	1983.45	39.71	8 182.33
南滩乡	2 943.00	1.85	5 647.35	6.10	200.54	0.37	—	—	8 790.89
榕山镇	8 983.80	5.66	6 036.70	6.52	2 658.93	4.96	—	—	17 679.43
榕右乡	1 503.75	0.95	6 831.83	7.37	373.80	0.70	—	—	8 709.38
石龙乡	—	—	—	—	—	—	—	—	0.00
实录乡	1 138.37	0.72	1 932.00	2.09	6 086.25	11.36	1195.35	23.93	10 351.97
望龙镇	11 928.75	7.52	3 509.29	3.79	267.45	0.50	—	—	15 705.49
五通镇	9 215.45	5.81	1 738.12	1.88	911.85	1.70	—	—	11 865.42
先市镇	8 896.35	5.60	4 572.15	4.93	2 642.05	4.93	324.60	6.50	16 435.15
先滩镇	—	—	—	—	—	—	—	—	0.00
尧坝镇	1 241.10	0.78	5 217.95	5.63	6 410.40	11.96	256.35	5.13	13 125.80
自怀镇	—	—	—	—	—	—	—	—	0.00
总计	158 728.20	100.00	92 655.15	100.00	53 588.70	100.00	4 995.15	100.00	309 967.20

表 6－26　各乡镇二等地土壤质地分布状况

面积（亩），比例（%）

乡镇名称	紧砂土		轻黏土		轻壤土		中黏土		中壤土		重壤土		总计
	面积	比例	面积	比例	面积	比例	面积	比例	面积	比例	面积	比例	
白鹿镇	—	—	296.10	4.53	404.85	8.61	—	—	10 134.36	7.36	9 678.55	6.28	20 513.86
白米乡	—	—	1 060.95	16.22	163.05	3.47	—	—	7 284.45	5.29	8 761.35	5.68	17 269.80
白沙镇	—	—	134.55	2.06	—	—	549.75	8.41	2 218.05	1.61	6 434.32	4.17	9 336.67
参宝乡	—	—	—	—	—	—	—	—	4 329.75	3.15	3 850.08	2.50	8 179.83
车辋镇	—	—	133.50	2.04	124.05	2.64	108.90	1.67	4 064.40	2.95	5 836.50	3.78	10 267.35
大桥镇	361.50	100.00	620.55	9.49	15.45	0.33	—	—	4 528.20	3.29	8 499.22	5.51	14 024.92
二里乡	—	—	102.90	1.57	504.90	10.74	411.90	6.30	6 301.10	4.58	7 998.12	5.19	15 318.92
凤鸣镇	—	—	170.70	2.61	451.65	9.61	439.05	6.72	6 675.75	4.85	4 285.81	2.78	12 022.96
佛荫镇	—	—	823.80	12.59	88.80	1.89	556.80	8.52	3 643.55	2.65	6 229.37	4.04	11 342.32
福宝镇	—	—	402.45	6.15	75.60	1.61	209.85	3.21	9 541.10	6.93	5 539.43	3.59	15 768.43
甘雨镇	—	—	98.70	1.51	335.55	7.14	180.00	2.75	4 403.90	3.20	5 670.42	3.68	10 688.57
合江镇	—	—	456.15	6.97	371.25	7.90	328.95	5.03	8 836.45	6.42	9 923.89	6.44	19 916.69
虎头乡	—	—	117.00	1.79	75.60	1.61	78.15	1.20	4 647.05	3.38	6 237.93	4.05	11 155.73
焦滩乡	—	—	457.80	7.00	124.05	2.64	—	—	3 077.60	2.24	4 503.42	2.92	8 162.87
九支镇	—	—	192.00	2.94	876.45	18.64	—	—	7 479.65	5.44	6 604.30	4.28	15 152.40
密溪乡	—	—	—	—	25.35	0.54	1 630.50	24.95	4 245.45	3.09	2 281.03	1.48	8 182.33
南滩乡	—	—	32.70	0.50	140.55	2.99	476.70	7.29	5 275.65	3.83	2 865.29	1.86	8 790.89
榕山镇	—	—	1 251.30	19.13	160.80	3.42	297.00	4.54	6 847.14	4.98	9 123.19	5.92	17 679.43
榕右乡	—	—	—	—	144.60	3.08	428.85	6.56	6 495.85	4.72	1 640.08	1.06	8 709.38
石龙乡	—	—	—	—	—	—	—	—	—	—	—	—	—
实录乡	—	—	40.80	0.62	—	—	451.65	6.91	5 371.95	3.90	4 487.57	2.91	10 351.97
望龙镇	—	—	148.80	2.27	132.30	2.81	—	—	5 684.74	4.13	9 739.65	6.32	15 705.49
五通镇	—	—	—	—	397.95	8.46	—	—	4 797.75	3.49	6 669.72	4.33	11 865.42
先市镇	—	—	—	—	54.75	1.16	386.85	5.92	8 210.20	5.97	7 783.35	5.05	16 435.15
先滩镇	—	—	—	—	—	—	—	—	—	—	—	—	—
尧坝镇	—	—	—	—	34.35	0.73	—	—	3 521.45	2.56	9 570.00	6.21	13 125.80
自怀镇	—	—	—	—	—	—	—	—	—	—	—	—	—
总计	361.50	100.00	6 540.75	100.00	4 701.90	100.00	6 534.90	100.00	137 615.55	100.00	154 212.60	100.00	309 967.20

表 6－27　各乡镇三等地种植制度分布状况

面积（亩），比例（%）

乡镇名称	一年两熟		一年三熟		一年一熟		总计
	面积	比例	面积	比例	面积	比例	
白鹿镇	—	—	—	—	5 627.09	4.79	5 627.09
白米乡	5 060.85	14.11	—	—	—	—	5 060.85
白沙镇	638.03	1.78	26.70	0.88	1 605.30	1.37	2 270.03
参宝乡	83.25	0.23	701.25	22.99	2 200.32	1.87	2 984.82
车辋镇	1 307.40	3.64	—	—	4 767.45	4.06	6 074.85
大桥镇	301.15	0.84	—	—	2 490.88	2.12	2 792.03
二里乡	2 459.85	6.86	331.80	10.88	6 593.83	5.61	9 385.48
凤鸣镇	228.75	0.64	—	—	5 826.74	4.96	6 055.49
佛荫镇	1 039.80	2.90	100.95	3.31	2 082.53	1.77	3 223.28
福宝镇	701.25	1.95	—	—	8 517.17	7.25	9 218.42
甘雨镇	2 470.50	6.89	—	—	2 506.48	2.13	4 976.98
合江镇	1 317.65	3.67	35.70	1.17	4 697.36	4.00	6 050.71
虎头乡	1 570.90	4.38	34.35	1.13	3 971.67	3.38	5 576.92
焦滩乡	24.30	0.07	—	—	1 586.48	1.35	1 610.78
九支镇	1 180.50	3.29	95.25	3.12	5 761.05	4.90	7 036.80
密溪乡	302.10	0.84	20.25	0.66	2 204.92	1.88	2 527.27
南滩乡	1 206.90	3.36	—	—	3 251.56	2.77	4 458.46
榕山镇	1 108.65	3.09	—	—	4 668.47	3.97	5 777.12
榕右乡	1 915.42	5.34	—	—	2 600.40	2.21	4 515.82
石龙乡	1 041.75	2.90	—	—	8 200.05	6.98	9 241.80
实录乡	442.05	1.23	—	—	4 222.78	3.59	4 664.83
望龙镇	1 572.25	4.38	—	—	2 123.26	1.81	3 695.51
五通镇	2 778.85	7.75	1 644.00	53.89	2 377.58	2.02	6 800.43
先市镇	784.50	2.19	—	—	4 439.15	3.78	5 223.65
先滩镇	5 433.00	15.15	—	—	14 179.80	12.07	19 612.80
尧坝镇	262.95	0.73	60.30	1.98	3 850.15	3.28	4 173.40
自怀镇	640.20	1.78	—	—	7 110.45	6.05	7 750.65
总计	35 872.80	100.00	3 050.55	100.00	117 462.90	100.00	156 386.25

表 6－28　各乡镇三等地坡度分布状况

面积（亩），比例（%）

乡镇名称	≤2°		2°～6°		6°～15°		15°～25°		≥25°		总计
	面积	比例	面积	比例	面积	比例	面积	比例	面积	比例	
白鹿镇	55.35	3.29	4 199.45	8.48	1 324.44	1.84	47.85	0.17	—	—	5 627.09
白米乡	244.05	14.50	4 440.10	8.97	286.10	0.40	90.60	0.33	—	—	5 060.85
白沙镇	—	—	512.90	1.04	1 092.95	1.52	664.18	2.40	—	—	2 270.03
参宝乡	4.95	0.29	1 983.85	4.01	987.02	1.37	9.00	0.03	—	—	2 984.82
车辋镇	11.55	0.69	1 991.70	4.02	3 324.00	4.63	625.35	2.26	122.25	2.18	6 074.85
大桥镇	142.65	8.48	1 900.50	3.84	685.13	0.95	63.75	0.23	—	—	2 792.03
二里乡	57.00	3.39	3 862.90	7.80	3 094.40	4.31	1 826.08	6.59	545.10	9.71	9 385.48
凤鸣镇	21.60	1.28	809.90	1.64	2 996.95	4.17	1 918.34	6.92	308.70	5.50	6 055.49
佛荫镇	112.80	6.70	1 593.00	3.22	1 422.23	1.98	89.40	0.32	5.85	0.10	3 223.28
福宝镇	—	—	279.90	0.57	4 751.20	6.61	3 310.87	11.94	876.45	15.62	9 218.42
甘雨镇	38.55	2.29	1 452.30	2.93	2 054.85	2.86	1 220.08	4.40	211.20	3.76	4 976.98
合江镇	118.20	7.02	4 232.85	8.55	1 410.91	1.96	257.25	0.93	31.50	0.56	6 050.71
虎头乡	139.35	8.28	2 031.55	4.10	2 892.65	4.03	449.77	1.62	63.60	1.13	5 576.92
焦滩乡	88.05	5.23	1 400.55	2.83	116.63	0.16	5.55	0.02	—	—	1 610.78
九支镇	62.70	3.73	2 035.80	4.11	3 480.10	4.84	1 101.50	3.97	356.70	6.36	7 036.80
密溪乡	14.85	0.88	786.20	1.59	1 418.27	1.97	300.90	1.09	7.05	0.13	2 527.27
南滩乡	—	—	1 017.60	2.06	2 221.27	3.09	1 103.79	3.98	115.80	2.06	4 458.46
榕山镇	132.90	7.90	1 590.50	3.21	3 175.55	4.42	841.42	3.04	36.75	0.65	5 777.12
榕右乡	42.30	2.51	1 186.55	2.40	1 986.60	2.76	901.22	3.25	399.15	7.11	4 515.82
石龙乡	—	—	530.25	1.07	6 839.10	9.52	1 728.00	6.23	144.45	2.57	9 241.80
实录乡	29.70	1.76	1 209.10	2.44	2 801.10	3.90	609.33	2.20	15.60	0.28	4 664.83
望龙镇	14.70	0.87	2 663.10	5.38	1 001.66	1.39	16.05	0.06	—	—	3 695.51
五通镇	163.95	9.74	1 295.75	2.62	3 860.96	5.37	1 028.57	3.71	451.20	8.04	6 800.43
先市镇	149.40	8.88	4 715.70	9.53	347.60	0.48	10.95	0.04	—	—	5 223.65
先滩镇	—	—	335.20	0.68	14 341.85	19.96	4 439.10	16.01	496.65	8.85	19 612.80
尧坝镇	38.25	2.27	1 444.15	2.92	1 320.45	1.84	616.95	2.23	753.60	13.43	4 173.40
自怀镇	—	—	5.25	0.01	2 630.00	3.66	4 445.80	16.04	669.60	11.93	7 750.65
总计	1 682.85	100.00	49 506.60	100.00	71 863.95	100.00	27 721.65	100.00	5 611.20	100.00	156 386.25

（三）三等地有效土层厚度分布状况

三等地土壤有效土层厚度主要为40cm以下，其面积达49 928. 70亩，占三等地面积的31. 93%；其次是40～60cm土层厚度的土壤，分布面积为44 937. 45亩，占三等地面积的28. 73%；有效土层厚度在60～80cm范围的土壤的分布面积为39 086. 25亩，占三等地面积的25%；有效土层厚度在80～100cm范围的土壤的分布面积为22 433. 85亩，占三等地面积的14. 34%。具体各乡镇三等地有效土层厚度的分布状况见表6－29所示。有效土层厚度在40cm以下的乡镇主要有实录乡、凤鸣镇和榕山镇等；有效土层厚度在40～60cm范围内的乡镇主要有福宝镇、石龙乡和先滩镇等；有效土层厚度在60～80cm范围内的主要乡镇有石龙乡、五通镇、先滩镇等；有效土层厚度在80～100cm的乡镇主要有白鹿镇、白米乡、合江镇等。

（四）三等地成土母质分布状况

三等地成土母质分布情况，以蓬莱镇组、沙溪庙组和遂宁组居多，夹关组次之，老冲积和新冲积分布很少几乎没有。蓬莱镇组主要分布在福宝镇、石龙乡和先滩镇，沙溪庙组主要分布乡镇是白鹿镇、合江镇和先市镇，遂宁组分布相对其他的成土母质来说分布比较分散，白米乡分布面积最大。具体各乡镇三等地土壤的成土母质分布状况见表6－30所示。

（五）三等地地形部位分布状况

三等地大都分布于丘陵坡地中上部和丘陵低谷地，其面积分别为56 966. 10亩和58 956. 45亩；其次分布较广的是中低山中下部的三等地，面积为25 736. 85亩，具体各乡镇三等地地形部位的分布如表6－31所示。只有南滩乡的三等地分布在丘陵低洼处小山冲；而分布在丘陵低谷地的三等地主要分布在二里乡、福宝镇、石龙乡、先滩镇等乡镇；分布在丘陵坡地中上部的三等地主要分布在白鹿镇、合江镇和榕山镇等乡镇；分布在丘陵山地坡中部的三等地主要分布在参宝乡、焦滩乡和五通镇等乡镇；分布在中低山中下部的三等地主要分布在凤鸣镇和自怀镇等乡镇。

（六）三等地有机质含量及分布状况

三等地土壤有机质含量主要以10～20g/kg的分布为主，其面积达142 736. 10亩，占三等地面积的91. 27%，具体各乡镇三等地土壤有机质含量及分布见表6－32。从表中可知，只有南滩乡、石龙乡和先滩镇有机质的含量在6～10g/kg；有机质含量在10～20g/kg的乡镇中以石龙乡、二里乡、福宝镇和先滩镇所占比例较大；有机质含量在20～30g/kg的乡镇中以白沙镇、佛荫镇、虎头乡所占比例较大。

（七）三等地灌溉保证率及分布状况

三等地的灌溉保证率主要为40%以下，其分布面积达85 875亩，达三等地面积的54. 91%；其次灌溉保证率在40%～60%的三等地也有不少分布，具体各乡镇三等地的灌溉保证率情况见表6－33。灌溉保证率在40%以下的乡镇主要有二里乡、石龙乡、先滩镇；灌溉保证率在40%～60%的乡镇主要有福宝镇、实录乡、自怀镇和先滩镇；灌溉保证率在60%～80%的乡镇主要有凤鸣镇、甘雨镇和密溪乡；灌溉保证率在80%～100%的乡镇主要有参宝乡和榕山镇。由此可知，灌溉保证率较高的乡镇主要有白鹿镇、参宝乡和榕山镇。

表 6 – 29　各乡镇三等地土壤有效土层厚度分布状况

面积（亩），比例（%）

乡镇名称	≤40cm		40 ~ 60cm		60 ~ 80cm		80 ~ 100cm		总计
	面积	比例	面积	比例	面积	比例	面积	比例	
白鹿镇	1 407.95	2.82	820.00	1.82	1 078.15	2.76	2 320.99	10.35	5 627.09
白米乡	916.70	1.84	286.90	0.64	41.40	0.11	3 815.85	17.01	5 060.85
白沙镇	1 831.33	3.67	205.00	0.46	107.80	0.28	125.90	0.56	2 270.03
参宝乡	2 799.72	5.61	12.75	0.03	21.00	0.05	151.35	0.67	2 984.82
车辋镇	2 698.90	5.41	1 005.70	2.24	2 329.15	5.96	41.10	0.18	6 074.85
大桥镇	1 061.65	2.13	97.20	0.22	840.65	2.15	792.53	3.53	2 792.03
二里乡	1 979.95	3.97	3 593.90	8.00	2 768.55	7.08	1 043.08	4.65	9 385.48
凤鸣镇	5 291.24	10.60	510.75	1.14	238.50	0.61	15.00	0.07	6 055.49
佛荫镇	2 469.83	4.95	257.00	0.57	199.80	0.51	296.65	1.32	3 223.28
福宝镇	743.70	1.49	4 761.40	10.60	2 680.65	6.86	1 032.67	4.60	9 218.42
甘雨镇	2 211.85	4.43	1 367.85	3.04	1 308.18	3.35	89.10	0.40	4 976.98
合江镇	1 446.40	2.90	1 071.90	2.39	1 478.40	3.78	2 054.01	9.16	6 050.71
虎头乡	1 087.90	2.18	744.10	1.66	2 463.30	6.30	1 281.62	5.71	5 576.92
焦滩乡	1 134.33	2.27	156.50	0.35	203.90	0.52	116.05	0.52	1 610.78
九支镇	2 635.25	5.28	1 629.10	3.63	1 242.85	3.18	1 529.60	6.82	7 036.80
密溪乡	2 398.87	4.80	—	—	128.40	0.33	—	—	2 527.27
南滩乡	1 321.35	2.65	1 446.05	3.22	468.40	1.20	1 222.66	5.45	4 458.46
榕山镇	5 092.45	10.20	120.00	0.27	474.52	1.21	90.15	0.40	5 777.12
榕右乡	528.70	1.06	1 427.00	3.18	2 491.57	6.37	68.55	0.31	4 515.82
石龙乡	14.25	0.03	6 253.50	13.92	2 905.05	7.43	69.00	0.31	9 241.80
实录乡	3 782.98	7.58	34.95	0.08	846.90	2.17	—	—	4 664.83
望龙镇	1 988.70	3.98	312.80	0.70	1 256.90	3.22	137.11	0.61	3 695.51
五通镇	1 835.25	3.68	835.90	1.86	2 995.55	7.66	1 133.73	5.05	6 800.43
先市镇	902.80	1.81	1 666.30	3.71	1 014.05	2.59	1 640.50	7.31	5 223.65
先滩镇	1 782.60	3.57	11 251.15	25.04	5 711.85	14.61	867.20	3.87	1 9612.80
尧坝镇	457.05	0.92	1 054.20	2.35	1 926.20	4.93	735.95	3.28	4 173.40
自怀镇	107.00	0.21	4 015.55	8.94	1 864.60	4.77	1 763.50	7.86	7 750.65
总计	49 928.70	100.00	44 937.45	100.00	39 086.25	100.00	22 433.85	100.00	156 386.25

表 6-30 各乡镇三等地土壤成土母质分布状况

面积（亩），比例（%）

乡镇名称	夹关组		老冲积		蓬莱镇组		沙溪庙组		遂宁组		总计
	面积	比例	面积	比例	面积	比例	面积	比例	面积	比例	
白鹿镇	—	—	—	—	—	—	4 360.79	10.99	1 266.30	3.53	5 627.09
白米乡	—	—	—	—	—	—	2 357.22	5.94	2 703.63	7.53	5 060.85
白沙镇	—	—	—	—	79.50	0.11	1 306.43	3.29	884.10	2.46	2 270.03
参宝乡	—	—	—	—	—	—	1 806.60	4.55	1 178.22	3.28	2 984.82
车辋镇	1 180.20	10.12	—	—	4 687.20	6.78	207.45	0.52	—	—	6 074.85
大桥镇	—	—	—	—	5.40	0.01	1 766.63	4.45	1 020.00	2.84	2 792.03
二里乡	1 628.66	13.97	—	—	3 344.60	4.84	2 233.99	5.63	2 178.23	6.07	9 385.48
凤鸣镇	228.60	1.96	—	—	2 191.19	3.17	1 732.70	4.37	1 903.00	5.30	6 055.49
佛荫镇	—	—	—	—	278.55	0.40	1 599.13	4.03	1 345.60	3.75	3 223.28
福宝镇	400.80	3.44	—	—	7 435.37	10.75	—	—	1 382.25	3.85	9 218.42
甘雨镇	1 230.00	10.55	—	—	393.75	0.57	1 139.65	2.87	2 213.58	6.17	4 976.98
合江镇	—	—	—	—	198.70	0.29	3 272.21	8.25	2 579.80	7.19	6 050.71
虎头乡	—	—	—	—	1 524.32	2.20	1 506.50	3.80	2 546.10	7.09	5 576.92
焦滩乡	—	—	—	—	—	—	1 404.65	3.54	206.13	0.57	1 610.78
九支镇	1 673.95	14.36	—	—	2 007.65	2.90	1 437.75	3.62	1 917.45	5.34	7 036.80
密溪乡	—	—	—	—	1 873.30	2.71	—	—	653.97	1.82	2 527.27
南滩乡	206.70	1.77	—	—	2 058.80	2.98	560.80	1.41	1 632.16	4.55	4 458.46
榕山镇	355.65	3.05	—	—	710.72	1.03	2 494.05	6.28	2 216.70	6.17	5 777.12
榕右乡	570.00	4.89	—	—	2 965.72	4.29	818.10	2.06	162.00	0.45	4 515.82
石龙乡	4.95	0.04	—	—	9 236.85	13.36	—	—	—	—	9 241.80
实录乡	—	—	—	—	2 104.05	3.04	1 231.45	3.10	1 329.33	3.70	4 664.83
望龙镇	—	—	—	—	—	—	2 014.40	5.08	1 681.11	4.68	3 695.51
五通镇	517.20	4.44	—	—	2 490.02	3.60	2 482.25	6.25	1 310.96	3.65	6 800.43
先市镇	—	—	—	—	265.05	0.38	2 738.45	6.90	2 220.15	6.18	5 223.65
先滩镇	2 111.90	18.12	—	—	17 500.90	25.31	—	—	—	—	19 612.80
尧坝镇	450.25	3.86	—	—	1 139.19	1.65	1 214.35	3.06	1 369.61	3.82	4 173.40
自怀镇	1 097.90	9.42	—	—	6 652.75	9.62	—	—	—	—	7 750.65
总计	11 656.76	100.00	—	—	69 143.57	100.00	39 685.54	100.00	35 900.38	100.00	156 386.25

表 6-31 各乡镇三等地地形部位分布状况

面积（亩），比例（%）

乡镇名称	丘陵低谷地		丘陵低洼处小山冲		丘陵坡地中上部		丘陵山地坡中部		中低山中下部		总计
	面积	比例	面积	比例	面积	比例	面积	比例	面积	比例	
白鹿镇	5.10	0.01	—	—	4 739.50	8.32	882.49	6.00	—	—	5 627.09
白米乡	117.60	0.20	—	—	3 944.00	6.92	999.25	6.79	—	—	5 060.85
白沙镇	—	—	—	—	2 041.90	3.58	19.50	0.13	208.63	0.81	2 270.03
参宝乡	—	—	—	—	1 448.60	2.54	1 536.22	10.44	—	—	2 984.82
车辋镇	3 195.50	5.42	—	—	399.75	0.70	—	—	2 479.60	9.63	6 074.85
大桥镇	—	—	—	—	2 360.65	4.14	425.98	2.90	5.40	0.02	2 792.03
二里乡	5 082.70	8.62	—	—	3 092.53	5.43	249.45	1.70	960.80	3.73	9 385.48
凤鸣镇	647.95	1.10	—	—	2 076.80	3.65	82.35	0.56	3 248.39	12.62	6 055.49
佛荫镇	—	—	—	—	2 098.41	3.68	734.19	4.99	390.68	1.52	3 223.28
福宝镇	6 838.80	11.60	—	—	1 159.95	2.04	149.55	1.02	1 070.12	4.16	9 218.42
甘雨镇	1 255.00	2.13	—	—	3 177.70	5.58	139.65	0.95	404.63	1.57	4 976.98
合江镇	545.90	0.93	—	—	4 712.30	8.27	521.90	3.55	270.61	1.05	6 050.71
虎头乡	3 316.50	5.63	—	—	1 616.10	2.84	455.05	3.09	189.27	0.74	5 576.92
焦滩乡	—	—	—	—	5.55	0.01	1 605.23	10.91	—	—	1 610.78
九支镇	2 277.30	3.86	—	—	3 339.75	5.86	523.75	3.56	896.00	3.48	7 036.80
密溪乡	—	—	—	—	1 021.50	1.79	—	—	1 505.77	5.85	2 527.27
南滩乡	1 298.80	2.20	13.05	100.00	1 900.65	3.34	90.15	0.61	1 155.81	4.49	4 458.46
榕山镇	173.85	0.29	—	—	4 252.60	7.47	1 105.57	7.51	245.10	0.95	5 777.12
榕右乡	2 921.20	4.95	—	—	596.60	1.05	199.50	1.36	798.52	3.10	4 515.82
石龙乡	8 233.95	13.97	—	—	—	—	13.05	0.09	994.80	3.87	9 241.80
实录乡	—	—	—	—	1 329.70	2.33	331.45	2.25	3 003.68	11.67	4 664.83
望龙镇	—	—	—	—	3 681.11	6.46	14.40	0.10	—	—	3 695.51
五通镇	1 460.75	2.48	—	—	1 883.46	3.31	3 327.37	22.61	128.85	0.50	6 800.43
先市镇	778.95	1.32	—	—	3 808.35	6.69	512.75	3.48	123.60	0.48	5 223.65
先滩镇	16 440.25	27.89	—	—	636.00	1.12	641.40	4.36	1 895.15	7.36	19 612.80
尧坝镇	2 074.65	3.52	—	—	1 637.41	2.87	153.60	1.04	307.74	1.20	4 173.40
自怀镇	2 291.70	3.89	—	—	5.25	0.01	—	—	5 453.70	21.19	7 750.65
总计	58 956.45	100.00	13.05	100.00	56 966.10	100.00	14 713.80	100.00	25 736.85	100.00	156 386.25

表 6－32 各乡镇三等地土壤有机质含量及分布状况

面积（亩），比例（%）

乡镇名称	6～10g/kg		10～20g/kg		20～30g/kg		总计
	面积	比例	面积	比例	面积	比例	
白鹿镇	—	—	5 627.09	3.94	—	—	5 627.09
白米乡	—	—	5 060.85	3.55	—	—	5 060.85
白沙镇	—	—	450.55	0.32	1 819.48	14.84	2 270.03
参宝乡	—	—	2 455.20	1.72	529.62	4.32	2 984.82
车辋镇	—	—	5 961.60	4.18	113.25	0.92	6 074.85
大桥镇	—	—	2 365.95	1.66	426.08	3.47	2 792.03
二里乡	—	—	8 508.60	5.96	876.88	7.15	9 385.48
凤鸣镇	—	—	4 988.20	3.49	1 067.29	8.70	6 055.49
佛荫镇	—	—	1 381.75	0.97	1 841.53	15.02	3 223.28
福宝镇	—	—	9 218.42	6.46	—	—	9 218.42
甘雨镇	—	—	4 976.98	3.49	—	—	4 976.98
合江镇	—	—	5 371.35	3.76	679.36	5.54	6 050.71
虎头乡	—	—	3 007.60	2.11	2 569.32	20.95	5 576.92
焦滩乡	—	—	1 610.78	1.13	—	—	1 610.78
九支镇	—	—	6 705.75	4.70	331.05	2.70	7 036.80
密溪乡	—	—	2 290.95	1.61	236.32	1.93	2 527.27
南滩乡	39.90	2.87	4 418.56	3.10	—	—	4 458.46
榕山镇	—	—	5 777.12	4.05	—	—	5 777.12
榕右乡	—	—	4 440.37	3.11	75.45	0.62	4 515.82
石龙乡	834.60	60.12	8 407.20	5.89	—	—	9 241.80
实录乡	—	—	4 139.88	2.90	524.95	4.28	4 664.83
望龙镇	—	—	3 419.69	2.40	275.82	2.25	3 695.51
五通镇	—	—	6 788.43	4.76	12.00	0.10	6 800.43
先市镇	—	—	5 045.15	3.53	178.50	1.46	5 223.65
先滩镇	513.75	37.01	19 099.05	13.38	—	—	19 612.80
尧坝镇	—	—	3 468.40	2.43	705.00	5.75	4173.40
自怀镇	—	—	7 750.65	5.43	—	—	7 750.65
总计	1 388.25	100.00	142 736.10	100.00	12 261.90	100.00	156 386.25

表 6－33 各乡镇三等地灌溉保证率分布状况

面积（亩），比例（%）

乡镇名称	≤40%		40% ~60%		60% ~80%		80% ~100%		总计
	面积	比例	面积	比例	面积	比例	面积	比例	
白鹿镇	2 108.20	2.45	1 626.10	4.47	704.00	3.39	1 188.79	8.89	5 627.09
白米乡	3 697.75	4.31	1 363.10	3.75	—	—	—	—	5 060.85
白沙镇	849.13	0.99	564.04	1.55	363.96	1.75	492.90	3.68	2 270.03
参宝乡	—	—	—	—	446.70	2.15	2 538.12	18.97	2 984.82
车辋镇	3 556.30	4.14	1 291.05	3.55	1 164.65	5.61	62.85	0.47	6 074.85
大桥镇	903.64	1.05	1 620.65	4.46	245.84	1.18	21.90	0.16	2 792.03
二里乡	7 830.40	9.12	1 307.28	3.59	206.55	0.99	41.25	0.31	9 385.48
凤鸣镇	20.40	0.02	906.05	2.49	4 966.29	23.91	162.75	1.22	6 055.49
佛荫镇	759.48	0.88	733.40	2.02	1 039.20	5.00	691.20	5.17	3 223.28
福宝镇	6 512.05	7.58	2 226.45	6.12	479.92	2.31	—	—	9 218.42
甘雨镇	1 180.88	1.38	1 709.60	4.70	1 861.50	8.96	225.00	1.68	4 976.98
合江镇	4 665.15	5.43	1 024.10	2.82	275.06	1.32	86.40	0.65	6 050.71
虎头乡	4 141.55	4.82	936.80	2.58	222.45	1.07	276.12	2.06	5 576.92
焦滩乡	—	—	195.30	0.54	1 274.45	6.14	141.03	1.05	1 610.78
九支镇	5 535.55	6.45	1 501.25	4.13	—	—	—	—	7 036.80
密溪乡	82.20	0.10	469.90	1.29	1 890.72	9.10	84.45	0.63	2 527.27
南滩乡	1 989.85	2.32	2 041.50	5.61	427.11	2.06	—	—	4 458.46
榕山镇	35.25	0.04	229.95	0.63	481.45	2.32	5 030.47	37.60	5 777.12
榕右乡	2 879.15	3.35	733.95	2.02	323.70	1.56	579.02	4.33	4 515.82
石龙乡	8 389.50	9.77	852.30	2.34	—	—	—	—	9 241.80
实录乡	7.20	0.01	2 858.90	7.86	1 412.10	6.80	386.63	2.89	4 664.83
望龙镇	3 048.74	3.55	39.15	0.11	271.35	1.31	336.27	2.51	3 695.51
五通镇	5 587.60	6.51	1 212.83	3.34	—	—	—	—	6 800.43
先市镇	4 960.20	5.78	263.45	0.72	—	—	—	—	5 223.65
先滩镇	10 254.40	11.94	7 887.85	21.69	1 425.25	6.86	45.30	0.34	19 612.80
尧坝镇	4 076.65	4.75	96.75	0.27	—	—	—	—	4 173.40
自怀镇	2 803.80	3.26	2 674.00	7.35	1 285.10	6.19	987.75	7.38	7 750.65
总计	85 875.00	100.00	36 365.70	100.00	20 767.35	100.00	13 378.20	100.00	156 386.25

（八）三等地有效磷含量及分布状况

三等地土壤有效磷含量分布最广的是5～10mg/kg，其面积占三等地面积的77.37%；而土壤有效磷含量在3～5mg/kg的三等地在各乡镇也有不少分布，分布面积30 438.90亩，占三等地总面积的19.46%；具体各乡镇三等地土壤有效磷含量及分布如表6－34所示。三等地土壤有效磷含量在3mg/kg以下的乡镇只有二里乡、凤鸣镇和先市镇；三等地土壤有效磷含量在3～5mg/kg的乡镇主要有五通镇、南滩乡和石龙乡；三等地土壤有效磷含量在5～10mg/kg的乡镇主要有二里乡、福宝镇和先滩镇；三等地土壤有效磷含量10～20mg/kg的乡镇主要有白鹿镇、先滩镇和自怀镇等。

（九）三等地速效钾含量及分布状况

三等地土壤速效钾含量主要以50～100mg/kg分布，其面积达111 853.20亩，占三等地面积的71.52%；其次分布较多的是速效钾含量为100～150mg/kg和150～200mg/kg的，面积分别为42 350.70亩和1 255.20亩，分别占三等地面积的27.08%和0.8%；具体各乡镇三等地土壤速效钾含量及分布状况见表6－35。由表可知，合江县各乡镇三等地土壤速效钾含量主要在30～50mg/kg的只有福宝镇、五通镇、先滩镇；速效钾的含量在150～200mg/kg的乡镇只有二里乡、九支镇和尧坝镇；速效钾的含量在50～100mg/kg的乡镇只有福宝镇、石龙乡和先滩镇；速效钾的含量在100～150mg/kg的乡镇主要有二里乡、凤鸣镇和白米乡。

（十）三等地pH值分布状况

三等地土壤pH值分布最多的是在4.5～5.5的酸性土壤，其面积为78 014.1亩，其次是pH值分布在5.5～6.5的偏酸性土壤，具体各乡镇四等地土壤pH值的分布状况见表6－36。三等地土壤pH值在4.5～5.5的除了密溪乡外，在其余在乡镇均有分布，其中自怀镇和先滩镇较多；三等地土壤pH值在5.5～6.5的乡镇主要有福宝镇和石龙乡；三等地土壤pH值在6.5～7.5的乡镇主要有二里乡和望龙镇等；三等地土壤pH值在7.5～8.5的乡镇只有白沙镇、参宝乡、二里乡、福宝镇、九支镇、密溪乡、实录乡和尧坝镇。

（十一）三等地土壤质地分布状况

三等地土壤质地以轻壤土、中壤土、重壤土分布最广，分布面积分别为36 214.35亩、59 765.4亩和56 679亩，分别占三等地面积的23.16%、38.22%和36.24%；具体各乡镇四等地土壤质地的分布状况如表6－37所示。三等地土壤质地为轻黏土的乡镇只有白鹿镇、二里乡、福宝镇、合江镇、虎头乡、九支镇、榕右乡、实录乡、五通镇、尧坝镇和白米乡；三等地土壤质地为轻壤土的乡镇主要有实录乡和凤鸣镇；三等地土壤质地为中黏土的乡镇主要有车辋镇、福宝镇、虎头乡和榕右乡；三等地土壤质地为中壤土的乡镇主要有福宝镇、石龙乡和先滩镇；三等地土壤质地为重壤土的乡镇主要有白米乡、虎头乡、二里乡和先滩镇。

四、四等地评价指标分布特点

（一）四等地种植制度分布状况

四等地种植制度以一年一熟为主，面积达14 463.60亩，占四等地总面积的80.98%；一年两熟面积为3 070.65亩，占四等地的17.2%；一年三熟所占面积较少，只有326.25亩。一年一熟的主要分布乡镇为先滩镇、石龙乡和福宝镇；一年两熟主要分布乡镇为五通镇、车辋镇。具体分布情况见表6－38。

表 6－34　各乡镇三等地土壤有效磷含量及分布状况

面积（亩），比例（%）

乡镇名称	≤3mg/kg		3～5mg/kg		5～10mg/kg		10～20mg/kg		总计
	面积	比例	面积	比例	面积	比例	面积	比例	
白鹿镇	—	—	1 698.60	5.58	2 708.99	2.24	1 219.50	25.57	5 627.09
白米乡	—	—	1 214.85	3.99	3 846.00	3.18	—	—	5 060.85
白沙镇	—	—	1 316.55	4.33	953.48	0.79	—	—	2 270.03
参宝乡	—	—	1 828.25	6.01	1 023.52	0.85	133.05	2.79	2 984.82
车辋镇	—	—	147.15	0.48	5 718.30	4.73	209.40	4.39	6 074.85
大桥镇	—	—	1 797.85	5.91	994.18	0.82	—	—	2 792.03
二里乡	35.40	19.95	1 089.20	3.58	8 117.33	6.71	143.55	3.01	9 385.48
凤鸣镇	15.15	8.54	1 971.10	6.48	4 069.24	3.36	—	—	6 055.49
佛荫镇	—	—	269.75	0.89	2 953.53	2.44	—	—	3 223.28
福宝镇	—	—	437.75	1.44	8 767.02	7.25	13.65	0.29	9 218.42
甘雨镇	—	—	1 657.00	5.44	3 319.98	2.74	—	—	4 976.98
合江镇	—	—	1 162.20	3.82	4 789.36	3.96	99.15	2.08	6 050.71
虎头乡	—	—	778.10	2.56	4 798.82	3.97	—	—	5 576.92
焦滩乡	—	—	312.95	1.03	1 292.28	1.07	5.55	0.12	1 610.78
九支镇	—	—	1 421.65	4.67	5 615.15	4.64	—	—	7 036.80
密溪乡	—	—	138.55	0.46	2 145.72	1.77	243.00	5.10	2 527.27
南滩乡	—	—	2 654.25	8.72	1 804.21	1.49	—	—	4 458.46
榕山镇	—	—	1 192.40	3.92	4 580.07	3.79	4.65	0.10	5 777.12
榕右乡	—	—	376.75	1.24	4 139.07	3.42	—	—	4 515.82
石龙乡	—	—	2 586.75	8.50	6 655.05	5.50	—	—	9 241.80
实录乡	—	—	1 682.15	5.53	2 950.28	2.44	32.40	0.68	4 664.83
望龙镇	—	—	7.35	0.02	3 688.16	3.05	—	—	3 695.51
五通镇	—	—	2 353.30	7.73	4 447.13	3.68	—	—	6 800.43
先市镇	126.90	71.51	1 066.70	3.50	3 828.15	3.16	201.90	4.23	5 223.65
先滩镇	—	—	23.55	0.08	18 992.40	15.70	596.85	12.52	19 612.80
尧坝镇	—	—	517.80	1.70	3 268.15	2.70	387.45	8.13	4 173.40
自怀镇	—	—	736.40	2.42	5 535.85	4.58	1 478.40	31.00	7 750.65
总计	177.45	100.00	30 438.90	100.00	121 001.40	100.00	4 768.50	100.00	156 386.25

表 6－35　各乡镇三等地土壤速效钾含量及分布状况

面积（亩），比例（%）

乡镇名称	30～50mg/kg		50～100mg/kg		100～150mg/kg		150～200mg/kg		总计
	面积	比例	面积	比例	面积	比例	面积	比例	
白鹿镇	—	—	5 431. 04	4. 86	196. 05	0. 46	—	—	5 627. 09
白米乡	—	—	919. 10	0. 82	4 141. 75	9. 78	—	—	5 060. 85
白沙镇	—	—	1 135. 60	1. 02	1 134. 43	2. 68	—	—	2 270. 03
参宝乡	—	—	2 837. 82	2. 54	147. 00	0. 35	—	—	2 984. 82
车辋镇	—	—	5 014. 05	4. 48	1 060. 80	2. 50	—	—	6 074. 85
大桥镇	—	—	2 584. 55	2. 31	207. 48	0. 49	—	—	2 792. 03
二里乡	—	—	3 287. 30	2. 94	5 930. 03	14. 00	168. 15	13. 40	9 385. 48
凤鸣镇	—	—	1 606. 35	1. 44	4 449. 14	10. 51	—	—	6 055. 49
佛荫镇	—	—	2 470. 25	2. 21	753. 03	1. 78	—	—	3 223. 28
福宝镇	178. 65	19. 27	8 427. 25	7. 53	612. 52	1. 45	—	—	9 218. 42
甘雨镇	—	—	2 941. 10	2. 63	2 035. 88	4. 81	—	—	4 976. 98
合江镇	—	—	5 113. 85	4. 57	936. 86	2. 21	—	—	6 050. 71
虎头乡	—	—	5 210. 45	4. 66	366. 47	0. 87	—	—	5 576. 92
焦滩乡	—	—	1 610. 78	1. 44	—	—	—	—	1 610. 78
九支镇	—	—	5 507. 15	4. 92	1 522. 90	3. 60	6. 75	0. 54	7 036. 80
密溪乡	—	—	1 464. 80	1. 31	1 062. 47	2. 51	—	—	2 527. 27
南滩乡	—	—	4 011. 30	3. 59	447. 16	1. 06	—	—	4 458. 46
榕山镇	—	—	3 567. 45	3. 19	2 209. 67	5. 22	—	—	5 777. 12
榕右乡	—	—	2 641. 00	2. 36	1 874. 82	4. 43	—	—	4 515. 82
石龙乡	—	—	9 241. 80	8. 26	—	—	—	—	9 241. 80
实录乡	—	—	1 903. 80	1. 70	2 761. 03	6. 52	—	—	4 664. 83
望龙镇	—	—	472. 45	0. 42	3 223. 06	7. 61	—	—	3 695. 51
五通镇	699. 60	75. 46	6 038. 28	5. 40	62. 55	0. 15	—	—	6 800. 43
先市镇	—	—	2 842. 00	2. 54	2 381. 65	5. 62	—	—	5 223. 65
先滩镇	48. 90	5. 27	18 020. 90	16. 11	1 543. 00	3. 64	—	—	19 612. 80
尧坝镇	—	—	551. 65	0. 49	2 541. 45	6. 00	1 080. 30	86. 07	4 173. 40
自怀镇	—	—	7 001. 15	6. 26	749. 50	1. 77	—	—	7 750. 65
总计	927. 15	100. 00	111 853. 20	100. 00	42 350. 70	100. 00	1 255. 20	100. 00	156 386. 25

表 6-36　各乡镇三等地土壤 pH 值分布状况

面积（亩），比例（%）

乡镇名称	4.5~5.5		5.5~6.5		6.5~7.5		7.5~8.5		总计
	面积	比例	面积	比例	面积	比例	面积	比例	
白鹿镇	4 555.05	5.84	992.69	2.05	79.35	0.29	—	—	5 627.09
白米乡	5 060.85	6.49	—	—	—	—	—	—	5 060.85
白沙镇	19.50	0.02	452.90	0.94	1 710.33	6.23	87.30	3.32	2 270.03
参宝乡	1 742.25	2.23	115.95	0.24	1 014.42	3.70	112.20	4.27	2 984.82
车辋镇	3 761.30	4.82	2 095.45	4.34	218.10	0.80	—	—	6 074.85
大桥镇	1 484.85	1.90	1 307.16	2.71	—	—	—	—	2 792.03
二里乡	3 299.45	4.23	2 589.90	5.36	3 453.08	12.59	43.05	1.64	9 385.48
凤鸣镇	2 500.55	3.21	3 426.24	7.09	128.70	0.47	—	—	6 055.49
佛荫镇	524.70	0.67	1 163.25	2.41	1 535.33	5.60	—	—	3 223.28
福宝镇	633.20	0.81	7 200.15	14.90	1 353.12	4.93	31.95	1.22	9 218.42
甘雨镇	1 580.85	2.03	2 083.20	4.31	1 312.93	4.79	—	—	4 976.98
合江镇	4 156.05	5.33	1 135.50	2.35	759.16	2.77	—	—	6 050.71
虎头乡	5 225.50	6.70	351.42	0.73	—	—	—	—	5 576.92
焦滩乡	1 610.78	2.06	—	—	—	—	—	—	1 610.78
九支镇	1 949.40	2.50	2215.35	4.59	2 689.35	9.80	182.70	6.95	7 036.80
密溪乡	—	—	86.55	0.18	1 897.85	6.92	542.87	20.65	2 527.27
南滩乡	1 871.75	2.40	2 083.70	4.31	503.01	1.83	—	—	4 458.46
榕山镇	1 208.90	1.55	2 327.35	4.82	2 240.87	8.17	—	—	5 777.12
榕右乡	846.12	1.08	3 637.00	7.53	32.70	0.12	—	—	4 515.82
石龙乡	3 359.40	4.31	5 842.20	12.09	40.20	0.15	—	—	9 241.80
实录乡	124.20	0.16	1 645.65	3.41	2 615.10	9.53	279.88	10.65	4 664.83
望龙镇	14.40	0.02	886.20	1.83	2 794.91	10.19	—	—	3 695.51
五通镇	5 914.23	7.58	481.50	1.00	404.70	1.48	—	—	6 800.43
先市镇	3 443.55	4.41	1 186.85	2.46	593.25	2.16	—	—	5 223.65
先滩镇	16 647.17	21.34	2 600.59	5.38	365.04	1.33	—	—	19 612.80
尧坝镇	311.80	0.40	822.90	1.70	1 689.75	6.16	1 348.95	51.31	4 173.40
自怀镇	6 168.30	7.91	1 582.35	3.28	—	—	—	—	7 750.65
总计	78 014.10	100.00	48 312.00	100.00	27 431.25	100.00	2 628.90	100.00	156 386.25

表 6－37 各乡镇三等地土壤质地分布状况

面积（亩），比例（%）

乡镇名称	轻黏土		轻壤土		中黏土		中壤土		重壤土		总计
	面积	比例	面积	比例	面积	比例	面积	比例	面积	比例	
白鹿镇	1 226.25	53.43	277.15	0.77	—	—	1 770.80	2.96	2 352.89	4.15	5 627.09
白米乡	41.40	1.80	—	—	—	—	1 203.60	2.01	3 815.85	6.73	5 060.85
白沙镇	—	—	1 242.73	3.43	—	—	19.50	0.03	1 007.80	1.78	2 270.03
参宝乡	—	—	1 273.50	3.52	—	—	1 538.97	2.58	172.35	0.30	2 984.82
车辋镇	—	—	2 559.05	7.07	240.90	16.82	964.85	1.61	2 310.05	4.08	6 074.85
大桥镇	—	—	393.00	1.09	—	—	605.85	1.01	1 793.16	3.16	2 792.03
二里乡	22.50	0.98	1 177.75	3.25	112.80	7.87	4 275.80	7.15	3 796.63	6.70	9 385.48
凤鸣镇	—	—	5 129.20	14.16	48.00	3.35	624.79	1.05	253.50	0.45	6 055.49
佛荫镇	—	—	2 702.40	7.46	—	—	241.30	0.40	279.58	0.49	3 223.28
福宝镇	130.80	5.70	1 075.25	2.97	148.65	10.38	5 046.05	8.44	2 817.67	4.97	9 218.42
甘雨镇	—	—	972.75	2.69	17.40	1.21	2 623.95	4.39	1 362.88	2.40	4 976.98
合江镇	214.35	9.34	1 001.65	2.77	—	—	1 516.65	2.54	3 318.06	5.85	6 050.71
虎头乡	58.65	2.56	346.45	0.96	305.55	21.33	1 081.35	1.81	3 784.92	6.68	5 576.92
焦滩乡	—	—	500.00	1.38	—	—	805.23	1.35	305.55	0.54	1 610.78
九支镇	245.70	10.71	1 896.85	5.24	—	—	2 425.80	4.06	2 468.45	4.36	7 036.80
密溪乡	—	—	2 261.25	6.24	—	—	137.62	0.23	128.40	0.23	2 527.27
南滩乡	—	—	1 252.90	3.46	7.50	0.52	1 662.50	2.78	1 535.56	2.71	4 458.46
榕山镇	—	—	2 476.70	6.84	—	—	2 745.75	4.59	554.67	0.98	5 777.12
榕右乡	37.35	1.63	604.50	1.67	296.10	20.67	848.60	1.42	2 729.27	4.82	4 515.82
石龙乡	—	—	132.30	0.37	—	—	6 150.90	10.29	2 958.60	5.22	9 241.80
实录乡	17.55	0.76	3 169.60	8.75	—	—	393.08	0.66	1 084.60	1.91	4 664.83
望龙镇	—	—	1 029.11	2.84	—	—	1 314.40	2.20	1 352.00	2.39	3 695.51
五通镇	121.35	5.29	744.45	2.06	—	—	2 671.90	4.47	3 262.73	5.76	6 800.43
先市镇	—	—	536.35	1.48	67.35	4.70	1 975.40	3.31	2 644.55	4.67	5 223.65
先滩镇	—	—	243.15	0.67	137.25	9.58	12 747.21	21.33	6 485.19	11.44	19 612.80
尧坝镇	179.10	7.80	404.05	1.12	23.55	1.64	462.95	0.77	3 103.75	5.48	4 173.40
自怀镇	—	—	2 812.26	7.77	27.45	1.92	3 910.60	6.54	1 000.34	1.76	7 750.65
总计	2 295.00	100.00	36 214.35	100.00	1 432.50	100.00	59 765.40	100.00	56 679.00	100.00	156 386.25

表 6－38　各乡镇四等地种植制度分布状况

面积（亩），比例（%）

乡镇名称	一年两熟		一年三熟		一年一熟		总计
	面积	比例	面积	比例	面积	比例	
白鹿镇	—	—	—	—	563.10	3.89	563.10
车辋镇	430.95	14.03	—	—	154.20	1.07	585.15
大桥镇	12.90	0.42	—	—	220.95	1.53	233.85
二里乡	241.35	7.86	—	—	1 198.95	8.29	1 440.30
凤鸣镇	—	—	—	—	508.20	3.51	508.20
福宝镇	83.25	2.71	23.40	7.17	1 284.60	8.88	1 391.25
甘雨镇	210.30	6.85	—	—	729.60	5.04	939.90
合江镇	23.25	0.76	—	—	329.70	2.28	352.95
虎头乡	39.30	1.28	—	—	376.35	2.60	415.65
九支镇	26.70	0.87	—	—	1 084.35	7.50	1 111.05
密溪乡	—	—	—	—	121.95	0.84	121.95
南滩乡	348.75	11.36	—	—	153.90	1.06	502.65
榕山镇	90.00	2.93	—	—	492.90	3.41	582.90
榕右乡	366.15	11.92	—	—	95.40	0.66	461.55
石龙乡	271.50	8.84	—	—	2 186.70	15.12	2 458.20
实录乡	6.60	0.21	—	—	288.90	2.00	295.50
五通镇	656.40	21.38	302.85	92.83	444.00	3.07	1 403.25
先市镇	237.30	7.73	—	—	777.60	5.38	1 014.90
先滩镇	—	—	—	—	1 972.20	13.64	1 972.20
尧坝镇	—	—	—	—	1 160.40	8.02	1 160.40
自怀镇	25.95	0.85	—	—	319.65	2.21	345.60
总计	3 070.65	100.00	326.25	100.00	14 463.60	100.00	17 860.50

（二）四等地坡度分布状况

四等地分布在大于6°的坡度范围的耕地面积达15 257.7亩，占四等地面积的85.43%。具体各乡镇四等地坡度的分布状况如表6－39所示。坡度在2°以下的乡镇只有合江镇、虎头乡、车辋镇、九支镇、先市镇和尧坝镇；坡度在2°～6°的乡镇主要有先市镇、九支镇和尧坝镇等；坡度在6°～15°的乡镇主要有石龙乡、二里乡、先滩镇和五通镇等；坡度在15°～25°的乡镇主要有先滩镇、石龙乡和甘雨镇等。坡度分布在25°以上的乡镇主要有福宝镇、先滩镇、尧坝镇和凤鸣镇等。

（三）四等地有效土层厚度分布状况

四等地土壤有效土层厚度主要为40cm以下，其面积达15 668.85亩，占四等地面积的87.73%；其次是80～100cm土层厚度的土壤，分布面积为1 695.60亩，占四等地面积的0.95%。具体各乡镇四等地有效土层厚度的分布状况见表6－40所示。有效土层厚度在40cm以下的乡镇主要有石龙乡、五通镇、先滩镇和二里乡等；有效土层厚度在40～60cm的乡镇主要有福宝镇、先滩镇、石龙乡、二里乡和自怀镇等；有效土层厚度在80～100cm的乡镇主要有福宝镇、先滩镇和自怀镇等。

（四）四等地成土母质分布状况

四等地成土母质分布情况，以遂宁组和蓬莱镇组居多，夹关组次之，老冲积和沙溪庙组分布很少几乎没有。蓬莱镇组主要分布在先滩镇、石龙乡和二里乡，沙溪庙组主要分布乡镇是九支镇、五通镇，遂宁组分布相对其他的成土母质来说分布比较分散，先市镇、九支镇和甘雨镇是遂宁组的3个重要分布区。具体各乡镇四等地土壤的成土母质分布状况见表6－41所示。

（五）四等地地形部位分布状况

四等地大都分布于丘陵坡地中上部和中低山中下部，其面积分别为6 977.1亩和10 739.25亩，后者面积最大，占四等地的60.13%。具体各乡镇四等地地形部位的分布如表6－42所示。分布在丘陵坡地中上部的四等地主要有先市镇、九支镇和甘雨镇等乡镇；分布在丘陵山地坡中部的四等地只有五通镇、九支镇和合江镇；分布在中低山中下部的四等地主要分布在先滩镇和石龙乡等乡镇。

（六）四等地有机质含量及分布状况

四等地土壤有机质含量主要以10～20g/kg的分布为主，其面积达16 942.05亩，占四等地面积的94.85%，具体各乡镇四等地土壤有机质含量及分布见表6－43。从表中可知，只有石龙乡和先滩镇有机质的含量在6～10g/kg；有机质含量在10～20g/kg的乡镇中以石龙乡、二里乡和先滩镇所占比例较大；有机质含量在20～30g/kg的乡镇中以凤鸣镇、九支镇、虎头乡和尧坝镇所占比例较大。

（七）四等地灌溉保证率及分布状况

四等地的灌溉保证率主要为40%以下，其分布面积达12 135.90亩，达四等地面积的67.95%；其次灌溉保证率在40%～60%的四等地也有不少分布，具体各乡镇四等地的灌溉保证率情况见表6－44。灌溉保证率在40%以下的乡镇主要有石龙乡、二里乡、先滩镇和尧坝镇；灌溉保证率在40%～60%的乡镇主要有车辋镇、五通镇、先滩镇和实录乡；灌溉保证率在60%～80%的乡镇主要有凤鸣镇、甘雨镇；灌溉保证率在80%～100%的乡镇主要有白鹿镇、甘雨镇和榕山镇。由此可知，灌溉保证率较高的乡镇主要有白鹿镇、甘雨镇和榕山镇。

表 6－39　各乡镇四等地坡度分布状况

面积（亩），比例（%）

乡镇名称	≤2°		2°～6°		6°～15°		15°～25°		>25°		总计
	面积	比例	面积	比例	面积	比例	面积	比例	面积	比例	
白鹿镇	—	—	26.40	0.85	252.90	3.31	277.35	4.09	6.45	0.31	563.10
车辋镇	32.85	33.80	150.45	24.16	170.70	14.03	194.55	7.89	36.60	1.75	585.15
大桥镇	—	—	133.05	4.28	100.80	1.32	—	—	—	—	233.85
二里乡	—	—	209.10	6.73	704.85	9.24	431.70	6.37	94.65	4.54	1 440.30
凤鸣镇	—	—	—	—	138.00	1.81	227.85	3.36	142.35	6.82	508.20
福宝镇	—	—	34.50	1.11	282.00	3.70	430.80	6.35	643.95	30.87	1 391.25
甘雨镇	—	—	42.15	1.36	241.05	3.16	556.80	8.21	99.90	4.79	939.90
合江镇	14.70	15.12	161.40	5.20	83.10	1.09	93.75	1.38	—	—	352.95
虎头乡	6.60	6.79	81.00	2.61	176.55	2.31	151.50	2.23	—	—	415.65
九支镇	28.05	28.86	470.55	15.15	465.75	6.10	134.10	1.98	12.60	0.60	1 111.05
密溪乡	—	—	—	—	62.85	0.82	54.45	0.80	4.65	0.22	121.95
南滩乡	—	—	60.00	1.93	211.80	2.78	217.20	3.20	13.65	0.65	502.65
榕山镇	—	—	—	—	60.30	0.79	469.05	6.92	53.55	2.57	582.90
榕右乡	—	—	10.50	0.34	295.05	3.87	145.20	2.14	10.80	0.52	461.55
石龙乡	—	—	154.20	4.97	1 395.45	—	887.55	13.09	21.00	1.01	2 458.20
实录乡	—	—	—	—	119.70	1.57	126.75	1.87	49.05	2.35	295.50
五通镇	—	—	49.65	1.60	777.00	10.18	482.25	7.11	94.35	4.52	1 403.25
先市镇	8.70	8.95	610.80	19.67	272.10	3.57	111.75	1.65	11.55	0.55	1 014.90
先滩镇	—	—	16.35	0.53	579.90	7.60	852.30	12.57	523.65	25.10	1 972.20
尧坝镇	6.30	6.48	295.50	9.52	334.80	4.39	357.15	5.27	166.65	7.99	1 160.40
自怀镇	—	—	—	—	6.60	0.09	238.35	3.52	100.65	4.82	345.60
总计	97.20	100.00	2 505.60	100.00	6 731.25	100.00	6 440.40	100.00	2 086.05	100.00	17 860.50

表 6-40 各乡镇四等地土壤有效土层厚度分布状况

面积（亩），比例（%）

乡镇名称	≤40cm		40～60cm		80～100cm		总计
	面积	比例	面积	比例	面积	比例	
白鹿镇	563.10	3.59	—	—	—	—	563.10
车辋镇	585.15	3.73	—	—	—	—	585.15
大桥镇	233.85	1.49	—	—	—	—	233.85
二里乡	1 338.15	8.54	102.15	20.59	—	—	1 440.30
凤鸣镇	508.20	3.24	—	—	—	—	508.20
福宝镇	282.15	1.80	48.90	9.86	1 060.20	62.53	1 391.25
甘雨镇	939.90	6.00	—	—	—	—	939.90
合江镇	352.95	2.25	—	—	—	—	352.95
虎头乡	415.65	2.65	—	—	—	—	415.65
九支镇	1 111.05	7.09	—	—	—	—	1 111.05
密溪乡	121.95	0.78	—	—	—	—	121.95
南滩乡	502.65	3.21	—	—	—	—	502.65
榕山镇	582.90	3.72	—	—	—	—	582.90
榕右乡	454.50	2.90	7.05	1.42	—	—	461.55
石龙乡	2 337.45	14.92	114.75	23.13	6.00	0.35	2 458.20
实录乡	295.50	1.89	—	—	—	—	295.50
五通镇	1 403.25	8.96	—	—	—	—	1 403.25
先市镇	1 014.90	6.48	—	—	—	—	1 014.90
先滩镇	1 422.90	9.08	182.40	36.77	366.90	21.64	1 972.20
尧坝镇	1 160.40	7.41	—	—	—	—	1 160.40
自怀镇	42.30	0.27	40.80	8.22	262.50	15.48	345.60
总计	15 668.85	100.00	496.05	100.00	1 695.60	100.00	17 860.50

表 6-41　各乡镇四等地土壤成土母质分布状况

面积（亩），比例（%）

乡镇名称	夹关组		老冲积		蓬莱镇组		沙溪庙组		遂宁组		总计
	面积	比例	面积	比例	面积	比例	面积	比例	面积	比例	
白鹿镇	—	—	—	—	—	—	—	—	563.10	8.07	563.10
车辋镇	—	—	—	—	411.90	1.68	—	—	173.25	2.48	585.15
大桥镇	—	—	—	—	—	—	—	—	233.85	3.35	233.85
二里乡	—	—	102.15	20.34	791.10	7.62	—	—	547.05	7.84	1 440.30
凤鸣镇	—	—	—	—	243.90	2.35	—	—	264.30	3.79	508.20
福宝镇	1 060.20	62.53	48.90	9.74	50.85	0.49	—	—	231.30	3.32	1 391.25
甘雨镇	—	—	—	—	185.25	1.78	—	—	754.65	10.82	939.90
合江镇	—	—	6.15	1.22	—	—	—	—	346.80	4.97	352.95
虎头乡	—	—	—	—	304.65	2.93	—	—	111.00	1.59	415.65
九支镇	—	—	—	—	94.05	0.91	59.55	43.15	957.45	13.72	1 111.05
密溪乡	—	—	—	—	50.25	0.48	—	—	71.70	1.03	121.95
南滩乡	—	—	—	—	278.70	2.68	—	—	223.95	3.21	502.65
榕山镇	—	—	—	—	25.80	0.25	—	—	557.10	7.98	582.90
榕右乡	—	—	7.05	1.40	424.50	4.09	—	—	30.00	0.43	461.55
石龙乡	6.00	0.35	114.75	22.85	2 337.45	22.50	—	—	—	—	2458.20
实录乡	—	—	—	—	259.80	2.50	—	—	35.70	0.51	295.50
五通镇	—	—	—	—	873.45	8.41	78.45	56.85	451.35	6.47	1 403.25
先市镇	—	—	—	—	4.95	0.05	—	—	1 009.95	14.48	1 014.90
先滩镇	366.90	21.64	182.40	36.32	1 422.90	13.70	—	—	—	—	1 972.20
尧坝镇	—	—	—	—	745.80	7.18	—	—	414.60	5.94	1 160.40
自怀镇	262.50	15.48	40.80	8.12	42.30	0.41	—	—	—	—	345.60
总计	1 695.60	100.00	502.20	100.00	8 547.60	100.00	138.00	100.00	6 977.10	100.00	17 860.50

表 6-42 各乡镇四等地地形部位分布状况

面积（亩），比例（%）

乡镇名称	丘陵坡地中上部		丘陵山地坡中部		中低山中下部		总计
	面积	比例	面积	比例	面积	比例	
白鹿镇	563.10	8.07	—	—	—	—	563.10
车辋镇	173.25	2.48	—	—	411.90	3.84	585.15
大桥镇	233.85	3.35	—	—	—	—	233.85
二里乡	547.05	7.84	—	—	893.25	8.32	1 440.30
凤鸣镇	264.30	3.79	—	—	243.90	2.27	508.20
福宝镇	231.30	3.32	—	—	1 159.95	10.80	1 391.25
甘雨镇	754.65	10.82	—	—	185.25	1.72	939.90
合江镇	346.80	4.97	6.15	4.27	—	—	352.95
虎头乡	111.00	1.59	—	—	304.65	2.84	415.65
九支镇	957.45	13.72	59.55	41.31	94.05	0.88	1 111.05
密溪乡	71.70	1.03	—	—	50.25	0.47	121.95
南滩乡	223.95	3.21	—	—	278.70	2.60	502.65
榕山镇	557.10	7.98	—	—	25.80	0.24	582.90
榕右乡	30.00	0.43	—	—	431.55	4.02	461.55
石龙乡	—	—	—	—	2 458.20	22.89	2458.20
实录乡	35.70	0.51	—	—	259.80	2.42	295.50
五通镇	451.35	6.47	78.45	54.42	873.45	8.13	1 403.25
先市镇	1 009.95	14.48	—	—	4.95	0.05	1 014.90
先滩镇	—	—	—	—	1 972.20	18.36	1 972.20
尧坝镇	414.60	5.94	—	—	745.80	6.94	1 160.40
自怀镇	—	—	—	—	345.60	3.22	345.60
总计	6 977.10	100.00	144.15	100.00	10 739.25	100.00	17 860.50

表 6－43　各乡镇四等地土壤有机质含量及分布状况

面积（亩），比例（%）

乡镇名称	10～20g/kg		20～30g/kg		6～10g/kg		总计
	面积	比例	面积	比例	面积	比例	
白鹿镇	563.10	3.00	—	—	—	—	563.10
车辋镇	585.15	2.91	—	—	—	—	585.15
大桥镇	233.85	1.25	—	—	—	—	233.85
二里乡	1 418.55	7.55	21.75	2.99	—	—	1 440.30
凤鸣镇	478.50	2.55	29.70	4.08	—	—	508.20
福宝镇	1 391.25	7.41	—	—	—	—	1 391.25
甘雨镇	939.90	5.00	—	—	—	—	939.90
合江镇	345.45	1.84	7.50	1.03	—	—	352.95
虎头乡	71.55	0.38	344.10	47.26	—	—	415.65
九支镇	1 061.70	5.65	49.35	6.78	—	—	1 111.05
密溪乡	121.95	0.65	—	—	—	—	121.95
南滩乡	502.65	2.68	—	—	—	—	502.65
榕山镇	582.90	3.10	—	—	—	—	582.90
榕右乡	461.55	2.46	—	—	—	—	461.55
石龙乡	2 349.60	12.51	—	—	108.60	57.05	2 458.20
实录乡	295.50	1.57	—	—	—	—	295.50
五通镇	1 403.25	7.47	—	—	—	—	1 403.25
先市镇	986.40	5.25	28.50	3.91	—	—	1 014.90
先滩镇	1 890.45	10.07	—	—	81.75	42.95	1 972.20
尧坝镇	913.20	4.86	247.20	33.95	—	—	1 160.40
自怀镇	345.60	1.84	—	—	—	—	345.60
总计	16 942.05	100.00	728.10	100.00	190.35	100.00	17 860.50

表 6－44　各乡镇四等地灌溉保证率分布状况

面积（亩），比例（%）

乡镇名称	≤40%		40% ~60%		60% ~80%		80% ~100%		总计
	面积	比例	面积	比例	面积	比例	面积	比例	
白鹿镇	—	—	5.40	0.17	33.30	3.62	524.40	33.44	563.10
车辋镇	106.50	0.88	406.05	12.55	72.60	7.89	—	—	585.15
大桥镇	183.45	1.51	50.40	1.56	—	—	—	—	233.85
二里乡	1 428.45	11.77	11.85	0.37	—	—	—	—	1 440.30
凤鸣镇	23.10	0.19	6.00	0.19	479.10	52.05	—	—	508.20
福宝镇	1 115.40	9.19	221.10	6.83	54.75	5.95	—	—	1 391.25
甘雨镇	12.90	0.11	285.00	8.81	220.05	23.91	421.95	26.91	939.90
合江镇	235.50	1.94	117.45	3.63	—	—	—	—	352.95
虎头乡	248.40	2.05	135.75	4.19	—	—	31.5	2.01	415.65
九支镇	1 111.05	9.16	—	—	—	—	—	—	1 111.05
密溪乡	—	—	100.65	3.11	21.30	2.31	—	—	121.95
南滩乡	199.35	1.64	273.75	8.46	29.55	3.21	—	—	502.65
榕山镇	—	—	26.10	0.81	9.75	1.06	547.05	34.89	582.90
榕右乡	406.20	3.35	36.60	1.13	—	—	18.75	1.20	461.55
石龙乡	2 337.45	19.26	106.95	3.30	—	—	13.80	0.88	2 458.20
实录乡	—	—	295.50	9.13	—	—	—	—	295.50
五通镇	1 059.30	8.73	343.95	10.63	—	—	—	—	1403.25
先市镇	1 014.90	8.36	—	—	—	—	—	—	1 014.90
先滩镇	1 410.90	11.63	561.30	17.34	—	—	—	—	1 972.20
尧坝镇	1 160.40	9.56	—	—	—	—	—	—	1 160.40
自怀镇	82.65	0.68	252.45	7.80	—	—	10.50	0.67	345.60
总计	12 135.90	100.00	3 236.25	100.00	920.40	100.00	1 567.95	100.00	17 860.50

(八) 四等地有效磷含量及分布状况

四等地土壤有效磷含量分布最广的是5~10mg/kg，其面积占四等地面积的72.15%；而土壤有效磷含量在3~5mg/kg的四等地在各乡镇也有不少分布，分布面积4 324.2亩，占四等地总面积的24.21%；具体各乡镇四等地土壤有效磷含量及分布如表6-45所示。四等地土壤有效磷含量在3~5mg/kg的乡镇主要有二里乡、石龙乡、甘雨镇和五通镇；四等地土壤有效磷含量在5~10mg/kg的乡镇主要有石龙乡、福宝镇和先滩镇；四等地土壤有效磷含量10~20mg/kg的乡镇主要有先市镇、先滩镇和自怀镇。

(九) 四等地速效钾含量及分布状况

四等地土壤速效钾含量主要以50~100mg/kg分布，其面积达14 012.55亩，占四等地面积的78.46%；其次分布较多的是速效钾含量为100~150mg/kg和150~200mg/kg的，面积分别为3 526.05亩和256.05亩，分别占四等地面积的19.75%和1.4%；具体各乡镇四等地土壤速效钾含量及分布状况见表6-46。合江县各乡镇只有福宝镇和自怀镇在四等地中有土壤速效钾30~50mg/kg的分布；速效钾的含量在150~200mg/kg的乡镇只有二里乡和尧坝镇；速效钾的含量在100~150mg/kg的乡镇主要有车辋镇、二里乡、尧坝镇和先滩镇。

(十) 四等地pH值分布状况

四等地土壤pH值分布较多的是在4.5~5.5的酸性土壤，其面积为6 279.30亩，最多的是pH值分布在5.5~6.5的偏酸性土壤，面积为8 137.35亩。具体各乡镇四等地土壤pH值的分布状况见表6-47。四等地土壤pH值在4.5~5.5的在车辋镇、五通镇和先滩镇有大量分布；pH值在5.5~6.5的乡镇主要有先滩镇、福宝镇和石龙乡；四等地土壤pH值在6.5~7.5的乡镇主要有二里乡、先市镇、尧坝镇和九支镇等；四等地土壤pH值在7.5~8.5的乡镇只有二里乡、密溪乡、实录乡、先市镇和尧坝镇。

(十一) 四等地土壤质地分布状况

四等地的土壤质地只有轻壤图和中壤土，面积分别为16 006.05亩和1 854.45亩。轻壤土的主要分布乡镇为石龙乡、二里乡和先滩镇；中壤土的主要分布乡镇为福宝镇、先滩镇和自怀镇。具体分布情况见表6-48。

第三节 合江县耕地地力评价结果验证

为了验证评价结果的准确性和实用性，主要采取了专家确认、田间试验数据验证、实地调查、问卷调查等方式，按照4个不同地力等级的耕地，对评价结果的准确性进行验证。

一、专家确认

2011年9月20日，特邀请土肥、农技专家审阅了本次地力评价结果，对评价指标数据、结果比例以及各级地面积、分布和土壤属性等情况进行了认真校核和确认。当地专家对实地情况（如地形地貌、分布位置等）的描述不准确提出了异议，例如，山麓及坡腰平缓地、丘陵上部、丘陵下部等描述存在不准确，与当地实际也存在出入；各级地的面积比例和其他属性描述均较科学准确。根据当地专家的建议，将合江县划分为西北部浅、中丘灰棕紫泥——粮、经土区，中部高丘红棕紫泥——粮、果土区，东南部中低山红紫泥、黄壤——

表 6-45 各乡镇四等地土壤有效磷含量及分布状况

面积（亩），比例（%）

乡镇名称	10～20mg/kg		3～5mg/kg		5～10mg/kg		总计
	面积	比例	面积	比例	面积	比例	
白鹿镇	—	—	102.75	2.38	460.35	3.57	563.10
车辋镇	10.80	1.66	133.35	3.08	441.00	3.42	585.15
大桥镇	—	—	219.75	5.08	14.10	0.11	233.85
二里乡	—	—	461.55	10.67	978.75	7.60	1 440.30
凤鸣镇	—	—	158.70	3.67	349.50	2.71	508.20
福宝镇	—	—	84.45	1.95	1 306.80	10.14	1 391.25
甘雨镇	—	—	544.65	12.60	395.25	3.07	939.90
合江镇	—	—	179.10	4.14	173.85	1.35	352.95
虎头乡	—	—	57.45	1.33	358.20	2.78	415.65
九支镇	—	—	252.60	5.84	858.45	6.66	1 111.05
密溪乡	—	—	16.65	0.39	105.30	0.82	121.95
南滩乡	—	—	276.30	6.39	226.35	1.76	502.65
榕山镇	—	—	60.45	1.40	522.45	4.05	582.90
榕右乡	—	—	71.85	1.66	389.70	3.02	461.55
石龙乡	—	—	939.15	21.72	1 519.05	11.79	2 458.20
实录乡	—	—	70.65	1.63	224.85	1.74	295.50
五通镇	—	—	444.45	10.28	958.80	7.44	1 403.25
先市镇	131.70	20.24	19.80	0.46	863.40	6.70	1 014.90
先滩镇	300.75	46.23	—	—	1 671.45	12.97	1 972.20
尧坝镇	13.80	2.12	230.55	5.33	916.05	7.11	1 160.40
自怀镇	193.50	29.74	—	—	152.10	1.18	345.60
总计	650.55	100.00	4 324.20	100.00	12 885.75	100.00	17 860.50

表 6－46　各乡镇四等地土壤速效钾含量及分布状况

面积（亩），比例（%）

乡镇名称	100～150mg/kg		150～200mg/kg		30～50mg/kg		50～100mg/kg		总计
	面积	比例	面积	比例	面积	比例	面积	比例	
白鹿镇	24.60	0.70	—	—	—	—	538.50	3.84	563.10
车辋镇	456.90	12.96	—	—	—	—	128.25	0.92	585.15
大桥镇	—	—	—	—	—	—	233.85	1.67	233.85
二里乡	544.80	15.45	25.65	10.02	—	—	869.85	6.21	1 440.30
凤鸣镇	215.10	6.10	—	—	—	—	293.10	2.09	508.20
福宝镇	84.60	2.40	—	—	46.95	71.30	1 259.70	8.99	1 391.25
甘雨镇	194.40	5.51	—	—	—	—	745.50	5.32	939.90
合江镇	37.20	1.06	—	—	—	—	315.75	2.25	352.95
虎头乡	—	—	—	—	—	—	415.65	2.97	415.65
九支镇	176.25	5.00	—	—	—	—	934.80	6.67	1 111.05
密溪乡	50.40	1.43	—	—	—	—	71.55	0.51	121.95
南滩乡	—	—	—	—	—	—	502.65	3.59	502.65
榕山镇	272.40	7.73	—	—	—	—	310.50	2.22	582.90
榕右乡	170.85	4.85	—	—	—	—	290.70	2.07	461.55
石龙乡	—	—	—	—	—	—	2 458.20	17.54	2 458.20
实录乡	128.85	3.65	—	—	—	—	166.65	1.19	295.50
五通镇	—	—	—	—	—	—	1 403.25	10.01	1 403.25
先市镇	203.70	5.78	—	—	—	—	811.20	5.79	1 014.90
先滩镇	314.55	8.92	—	—	—	—	1 657.65	11.83	1 972.20
尧坝镇	632.10	17.93	230.40	89.98	—	—	297.90	2.13	1 160.40
自怀镇	19.35	0.55	—	—	18.90	28.70	307.35	2.19	345.60
总计	3 526.05	100.00	256.05	100.00	65.85	100.00	14 012.55	100.00	17 860.50

表 6-47 各乡镇四等地土壤 pH 值分布状况

面积（亩），比例（%）

乡镇名称	4.5~5.5		5.5~6.5		6.5~7.5		7.5~8.5		总计
	面积	比例	面积	比例	面积	比例	面积	比例	
白鹿镇	133.65	2.13	429.45	5.28	—	—	—	—	563.10
车辋镇	585.15	9.32	—	—	—	—	—	—	585.15
大桥镇	—	—	233.85	2.87	—	—	—	—	233.85
二里乡	446.55	7.11	624.90	7.68	363.60	11.46	5.25	1.94	1 440.30
凤鸣镇	502.20	8.00	6.00	0.07	—	—	—	—	508.20
福宝镇	226.95	3.61	955.20	11.74	209.10	6.59	—	—	1 391.25
甘雨镇	213.75	3.40	451.35	5.55	274.80	8.66	—	—	939.90
合江镇	80.40	1.28	254.10	3.12	18.45	0.58	—	—	352.95
虎头乡	415.65	6.62	—	—	—	—	—	—	415.65
九支镇	121.50	1.93	481.95	5.92	507.60	15.99	—	—	1 111.05
密溪乡	—	—	—	—	71.70	2.26	50.25	18.60	121.95
南滩乡	147.00	2.34	342.15	4.20	13.50	0.43	—	—	502.65
榕山镇	25.80	0.41	360.90	4.44	196.20	6.18	—	—	582.90
榕右乡	100.80	1.61	360.75	4.43	—	—	—	—	461.55
石龙乡	444.00	7.07	1 984.95	24.39	29.25	0.92	—	—	2 458.20
实录乡	—	—	108.75	1.34	158.10	4.98	28.65	10.61	295.50
五通镇	1 319.55	21.01	83.70	1.03	—	—	—	—	1 403.25
先市镇	29.85	0.48	427.95	5.26	469.80	14.80	87.30	32.32	1 014.90
先滩镇	1 158.00	18.44	814.20	10.01	—	—	—	—	1 972.20
尧坝镇	—	—	200.10	2.46	861.60	27.15	98.70	36.54	1 160.40
自怀镇	328.50	5.23	17.10	0.21	—	—	—	—	345.60
总计	6 279.30	100.00	8 137.35	100.00	3 173.70	100.00	270.15	100.00	17 860.50

表 6-48 乡镇四等地土壤质地分布状况

面积（亩），比例（%）

乡镇名称	轻壤土		中壤土		总计
	面积	比例	面积	比例	
白鹿镇	563. 10	3. 16	—	—	563. 10
车辋镇	585. 15	3. 59	—	—	585. 15
大桥镇	233. 85	1. 31	—	—	233. 85
二里乡	1 440. 30	8. 07	—	—	1 440. 30
凤鸣镇	508. 20	2. 85	—	—	508. 20
福宝镇	331. 05	1. 85	1 060. 20	57. 17	1 391. 25
甘雨镇	939. 90	5. 27	—	—	939. 90
合江镇	346. 80	1. 94	6. 15	0. 33	352. 95
虎头乡	415. 65	2. 33	—	—	415. 65
九支镇	1 051. 50	5. 89	59. 55	3. 21	1 111. 05
密溪乡	121. 95	0. 68	—	—	121. 95
南滩乡	502. 65	2. 82	—	—	502. 65
榕山镇	582. 90	3. 27	—	—	582. 90
榕右乡	461. 55	2. 59	—	—	461. 55
石龙乡	2 452. 20	13. 74	6. 00	0. 32	2 458. 20
实录乡	295. 50	1. 66	—	—	295. 50
五通镇	1 310. 10	7. 34	93. 15	5. 02	1 403. 25
先市镇	1 014. 90	5. 69	—	—	1 014. 90
先滩镇	1 605. 30	9. 00	366. 90	19. 78	1 972. 20
尧坝镇	1 160. 40	6. 50	—	—	1 160. 40
自怀镇	83. 10	0. 47	262. 50	14. 16	345. 60
总计	16 006. 05	100. 00	1 854. 45	100. 00	17 860. 50

林、粮、竹、药、茶土区3个地貌类型区，调整了评价指标体系，重新进行了评价，新评价结果得到了各位专家的认可。

二、田间试验数据验证

为了进一步验证结果的准确性，将2008—2010年合江县土肥站测土配方施肥田间试验数据进行分析，以验证该地力评价结果与现实的吻合性。

1. 基础地力高水平的验证

2008年佛荫镇肖成高承包的河坎上稻田，位于经度105.43480，纬度28.49338，海拔300m，土属为潴育钙质紫泥田，土种为夹紫泥田，重壤，土壤pH值为6.4，有机质含量24.7g/kg，全氮1.54g/kg，碱解氮97.2mg/kg，速效钾含量176mg/kg，有效磷9.3mg/kg，试验结果表明，土壤基础地力水平较高，无肥区生产稻谷421kg/亩，无肥区相当于全肥区产量的78.6%。该试验点无肥区地产量较中等地力稻田3414试验无肥区产量高110kg，6处理（全肥区）的产量535.6kg/亩，再生稻产量170kg/亩，总产量约705.6kg/亩，地力评价结果一级。

2. 基础地中等水平的验证

2008年在密溪乡集中村张大海承包的榜田稻田，经度105.47910，纬度28.48320，海拔276m，土属为紫泥田，土种为棕紫夹沙紫泥田，中壤，土壤pH值为4.9，有机质含量15.9g/kg，全氮1.13g/kg，全磷0.421g/kg，碱解氮125mg/kg，速效钾含量96.6mg/kg，有效磷8.5mg/kg，试验结果表明，无肥区水稻产量为338kg/亩，6处理（全肥区）水稻产量为474.7kg/hm^2，无肥区相当于全肥区产量的71.2%。再生稻96kg/亩，总产量570.7kg/亩，地力评价结果为二级。

3. 基础地产力低水平的验证

2008年在凤鸣镇文理村李正国承包的水稻田，经度105.52330，纬度28.42156，海拔397m，土属为紫泥田，土种为大泥田，黏壤，土壤pH值为4.9，有机质9.58g/kg，全氮0.645g/kg，全磷0.374g/kg，碱解氮60.8mg/kg，速效钾30.5mg/kg，有效磷6.5mg/kg。其土壤养分含量水平低，试验结果表明，土壤基础地力（无肥区）生产稻谷356kg/亩，6处理（全肥区）的产量462kg/亩，无肥区相当于全肥区产量的77.1%，表明基础地力水平处于低水平。地力评价为水稻土三级。

三、实地调查

按照农技总站制定的调查验证方案和调查表格，合江县安排专人于2011年10月14日，到虎头乡河咀村、佛荫镇里村等实地调查了三个等级共12户，现场了解群众稻田、旱地的生产力，逐一核实评价结果的真实、适用性，调查结果与评价结果基本吻合（表6-49）。

四、农户问卷调查

按照抽样调查的原则，进行问卷调查，每个等级问卷调查数量20份。根据调查农户地块的实际产出状况以及农户评级（上等地、中等地和下等地）情况与地力评价结果进行对比，统计评价结果与问卷调查的基本符合，存在问题为一级地上限较低和二、三级地有部分交叉（表6-50）。

表 6－49　合江县耕地地力评价结果实地验证基本情况汇总表

编号	调查户所处位置				农户姓名	作物名称	品种名称	常年产量水平（kg/亩）	农户评级	评价等级
	经度	纬度	镇街	村、社						
01	105.4166	28.48989	佛荫镇	里村	牟中银	水稻	冈优	450	下等	3
02	105.4226	28.49426	佛荫镇	里村	宋元蕙	水稻	冈优	480	下等	3
03	105.4247	28.492	佛荫镇	里村	林明江	水稻	D 优	460	下等	3
04	105.382	28.47481	佛荫镇	里村	黄维平	水稻	冈优	650	上等	1
05	105.4155	28.48919	佛荫镇	里村	陈中明	水稻	泸优	630	上等	1
06	105.4141	28.49046	佛荫镇	里村	黄辉福	水稻	冈优	650	上等	1
07	105.53	28.4539	虎头乡	河咀村	陈子同	水稻	冈优	480	下等	2
08	105.5233	28.4539	虎头乡	河咀村	陈应请	玉茗	D 优	400	下等	2
09	105.53	28.4539	虎头乡	河咀村	文大银	水稻	冈优	480	下等	2
10	105.5407	28.4518	虎头乡	河咀村	张清福	水稻	D 优	500	中等	2
11	105.5406	28.4529	虎头乡	河咀村	杨继明	水稻	冈优	550	中等	2
12	105.5355	28.4542	虎头乡	河咀村	徐应福	水稻	冈优	550	中等	2
13	105.4938	28.48532	实录乡	两马村	唐清贵	水稻	D 优	500	中等	3
14	105.514	28.45092	实录乡	两马村	罗湘林	水稻	冈优	450	下等	3
15	105.5126	28.44753	实录乡	两马村	罗植清	水稻	泸优	420	下等	3
16	105.4553	28.43413	实录乡	张坝村	付云	水稻	冈优 881	480	下等	3
17	105.4567	28.43387	实录乡	张坝村	石中良	水稻	冈优	480	下等	3
18	105.4559	28.43562	实录乡	张坝村	陈世锡	水稻	冈优 734	500	中等	3
19	105.4574	28.49885	佛荫镇	瓦房子村	曾世琼	麦玉苕		700	上等	1
20	105.4354	28.49873	佛荫镇	瓦房子村	曾世海	水稻	Ⅱ优	700	上等	1
21	105.4354	28.4976	佛荫镇	瓦房子村	丁应才	水稻	Ⅱ优	500	中等	1
22	105.4354	28.50361	佛荫镇	瓦房子村	曲毕辉	水稻	Ⅱ优	700	上等	1
23	105.4305	28.49917	佛荫镇	瓦房子村	李明全	水稻	Ⅱ优	700	上等	1
24	105.4305	28.49901	佛荫镇	瓦房子村	杨朝成	水稻	冈优	680	上等	1
25	105.5502	28.453	虎头乡	小寨村	刘远福	水稻	冈优	430	下等	2
26	105.5518	28.4548	虎头乡	小寨村	张清禄	水稻	冈优	520	中等	2
27	105.5458	28.4504	虎头乡	小寨村	万方华	水稻	富优	550	中等	2

表 6－50　合江县耕地地力评价等级问卷调查结果汇总表

编号	调查户所处位置				农户姓名	作物名称	品种名称	常年产量水平（kg/亩）	农户评级	评价等级
	经度	纬度	镇街	村、社						
1	105.4265	28.49791	佛荫镇	里村	阮元永	水稻	冈优	670	上等	一等
2	105.425	28.47996	佛荫镇	流石村	谢树华	水稻	冈优	650	上等	一等
3	105.4248	28.5	佛荫镇	流石村	罗安同	水稻	冈优	700	上等	一等
4	105.4248	28.48	佛荫镇	流石村	黄兴发	水稻	冈优	650	上等	一等
5	105.4	28.4	佛荫镇	留学堂村	常超伍	水稻	冈优	650	上等	一等
6	105.4302	28.47663	佛荫镇	白屋村	刘光雪	麦玉苕		710	上等	一等
7	105.4288	28.47555	佛荫镇	白屋村	何树林	水稻	冈优	750	上等	一等
8	105.4272	28.47541	佛荫镇	白屋村	陈中其	水稻	Ⅱ优	680	上等	一等
9	105.427	28.4753	佛荫镇	白屋村	王大亮	水稻	D 优	650	上等	一等
10	105.4236	28.47667	佛荫镇	白屋村	李林森	水稻	Ⅱ优	650	上等	一等
11	105.4229	28.47741	佛荫镇	流石村	李玉春	水稻	Ⅱ优	630	上等	一等
12	105.405	28.50859	大桥镇	黄包山村	赵家学	水稻	Ⅱ优 7 号	600	上等	一等
13	105.4068	28.50664	大桥镇	黄包山村	税莲	水稻	Ⅱ优 7 号	600	上等	一等
14	105.409	28.50698	大桥镇	黄包山村	付世贵	柑桔	蓬安 100	1 500	中等	一等
15	105.5059	28.41284	大桥镇	黄包山村	何江平	水稻	冈优	550	中等	一等
16	105.4142	28.50688	大桥镇	黄包山村	周光辉	水稻	冈优	550	中等	一等
17	105.4059	28.51378	大桥镇	大桥村	周宣道	水稻	Ⅱ优	600	上等	一等
18	105.4039	28.51311	大桥镇	大桥村	张昌银	水稻	Ⅱ优	600	上等	一等
19	105.4016	28.51044	大桥镇	大桥村	陈以平	水稻	Ⅱ优	600	上等	一等
20	105.406	28.5085	大桥镇	大桥村	许飞	水稻	Ⅱ优	600	上等	一等
21	105.4948	28.45133	实录乡	觉悟村	陈兴贵	玉苕		550	中等	二等
22	105.4934	28.44808	实录乡	觉悟村	王运烈	水稻	冈优	500	中等	二等
23	105.488	28.44736	实录乡	觉悟村	张志伟	水稻	冈优	480	中等	二等

（续表）

编号	调查户所处位置				农户姓名	作物名称	品种名称	常年产量水平（kg/亩）	农户评级	评价等级
	经度	纬度	镇街	村、社						
24	105.487	28.44735	实录乡	觉悟村	张树明	水稻	冈优	550	中等	二等
25	105.4863	28.44776	实录乡	觉悟村	张国贤	水稻	冈优 725	500	中等	二等
26	105.4949	28.45029	实录乡	觉悟村	罗兰玉	水稻	冈优 725	500	中等	二等
27	105.4935	28.48373	实录乡	两马村	杨世平	水稻	冈优 22	500	中等	二等
28	105.4924	28.48312	实录乡	两马村	王安全	水稻	冈优 22	500	中等	二等
29	105.5137	28.45177	实录乡	两马村	罗招辉	水稻	冈优 734	500	中等	二等
30	105.514	28.44857	实录乡	两马村	罗德友	水稻	冈优 734	500	中等	二等
31	105.5097	28.44476	实录乡	两马村	李双华	玉茗		600	中等	二等
32	105.5077	28.44431	实录乡	两马村	赵子龙	玉茗		600	中等	二等
33	105.5029	28.44245	实录乡	两马村	卞中云	水稻	冈优 734	500	中等	二等
34	105.53	28.4539	虎头乡	河咀村	陈子同	水稻	冈优	500	中等	二等
35	105.5407	28.4518	虎头乡	河咀村	张清福	水稻	冈优	450	中等	二等
36	105.5335	28.4555	虎头乡	河咀村	周有志	水稻	冈优	500	中等	二等
37	105.5312	28.4552	虎头乡	河咀村	胡洪君	水稻	冈优	500	中等	二等
38	105.5255	28.4539	虎头乡	河咀村	陈兴明	水稻	冈优	600	上等	二等
39	105.5143	28.441	虎头乡	河咀村	罗安举	水稻	冈优	550	中等	二等
40	105.5126	28.443	虎头乡	河咀村	钟正清	水稻	Q 优	520	中等	二等
41	105.463	28.53457	大桥镇	双漩子村	陈玉文	水稻	D 优	500	中等	三等
42	105.4613	28.53801	大桥镇	双漩子村	宋国荣	水稻	D 优	500	中等	三等

（续表）

编号	调查户所处位置				农户姓名	作物名称	品种名称	常年产量水平（kg/亩）	农户评级	评价等级
	经度	纬度	镇街	村、社						
43	105.4674	28.53946	大桥镇	双漩子村	邬能华	水稻	D优	460	中等	三等
44	105.4663	28.54186	大桥镇	双漩子村	唐光琴	水稻	D优	480	中等	三等
45	105.4585	28.54594	大桥镇	双漩子村	李友才	水稻	D优	500	中等	三等
46	105.466	28.54267	大桥镇	双漩子村	先德兴	水稻	D优	450	中等	三等
47	105.4587	28.54618	大桥镇	双漩子村	陈永红	水稻	D优	450	中等	三等
48	105.4548	28.54009	大桥镇	高鼓山村	先书银	水稻	D优	450	中等	三等
49	105.4529	28.53668	大桥镇	高鼓山村	张为富	水稻	D优	500	中等	三等
50	105.4544	28.53557	大桥镇	高鼓山村	赵仲芳	水稻	D优	500	中等	三等
51	105.4548	28.53542	大桥镇	高鼓山村	赵时林	水稻	Ⅱ优7号	500	中等	三等
52	105.4547	28.53231	大桥镇	高鼓山村	王少权	水稻	Ⅱ优7号	500	中等	三等
53	105.4563	28.52915	大桥镇	高鼓山村	程玉生	麦苕		500	中等	三等
54	105.4505	28.53094	大桥镇	高鼓山村	牟国权	水稻	D优	500	中等	三等
55	105.4044	28.40312	二里乡	通树坝村	宋显银	玉苕		350	下等	三等
56	105.3997	28.41165	二里乡	通树坝村	贾朝举	水稻	冈优188	500	中等	三等
57	105.4008	28.40771	二里乡	通树坝村	贾树林	水稻	冈优22	500	中等	三等
58	105.4002	28.40489	二里乡	通树坝村	程世华	水稻	泸优1号	500	中等	三等
59	105.3993	28.40382	二里乡	通树坝村	谬基民	水稻	冈优22	450	中等	三等
60	105.4027	28.40285	二里乡	通树坝村	牟光良	水稻	冈优188	450	中等	三等

通过专家确认、试验数据验证、现场验证、农户问卷调查，合江县耕地地力评价与实际情况相符。

第四节　划分中低产田类型

根据合江县所处的实际地理位置，不难发现，由于良好的光、热、水资源条件使得该区的粮食生产具有得天独厚的优势，使得该区的粮食生产水平较高。但是亦有部分地区由于特殊的地形地貌，浅层地下水位和人为耕作施肥的影响使得耕地地力有退化的趋势，粮食产量受到严重影响，具体表现为粮食产量与其他地块有显著差异。根据区域内实际情形并结合《全国中低产田类型划分与改良技术规范》（NY/T 309—1996），将该区的中低产田划分为以下几种类型：渍涝排水型、渍潜稻田型、干旱灌溉型、瘠薄培肥型和障碍层次型。

合江县中低产田类型主要有渍涝排水型、渍潜稻田型、干旱灌溉型、瘠薄培肥型、障碍层次型和坡地梯改型这几类，瘠薄培肥型占的面积比例最大，达109 422.45亩；其次为干旱灌溉型，其面积为104 692.35亩；坡地梯改型和障碍层次型都较少，分别占耕地面积的6.77%和3.12%。对于旱地，中低产田分布的特点是：类型多，所占耕地比例小，渍涝排水型和渍潜型中低产田集中分布于稻田中。稻田的干旱灌溉型和渍涝排水型在中低产田中占的面积最大，分别是耕地总面积的13.39%和17.14%。具体情况见表6－51至表6－53。

表6－51　合江县中低产田类型及其比例

中低产田类型	比例（%）	面积（亩）
干旱灌溉型	18.41	104 692.35
瘠薄培肥型	19.24	109 422.45
坡地梯改型	6.77	38 106.3
障碍层次型	3.12	17 714.40
渍涝排水型	17.14	97 453.50
渍潜稻田型	8.53	48 521.85
总计	73.14	415 910.85

表6－52　不同耕地类型的中低产田面积统计

耕地类型	中低产田类型	比例（%）	面积（亩）
水田	干旱灌溉型	13.39	76 136.70
	瘠薄培肥型	17.03	96 859.20
	障碍层次型	3.12	17 709.70
	渍涝排水型	17.14	97 453.50
	渍潜稻田型	8.53	48 521.85

（续表）

耕地类型	中低产田类型	比例（%）	面积（亩）
旱地	干旱灌溉型	5.02	28 555.65
	瘠薄培肥型	2.21	12 563.25
	坡地梯改型	6.70	38 106.30
总计		73.14	415 910.85

不同类型中低产田在各乡镇的分布不是很均匀。瘠薄培肥型在全县范围内分布比较分散，几乎没有相对集中的区域，瘠薄培肥型的耕地表现为施肥不足，土壤结构不良，养分含量低，只能通过长期培肥、逐步加以改良。虽然合江县塘、库比较多，但对其开发不尽合理和充分，有望通过对塘、库的改良、利用改善耕地质量，提高产量。

表6-53 各乡镇中低产田面积及比例

面积（亩）比例（%）

乡镇名称	干旱灌溉型		瘠薄培肥型		坡地梯改型		障碍层次型		渍涝排水型		渍潜稻田型		总计
	面积	比例	面积	比例	面积	比例	面积	比例	面积	比例	面积	比例	
白鹿镇	468.97	0.45	7 601.20	6.95	1 224.48	3.21	553.13	3.12	5 773.48	5.92	695.70	1.43	16 316.98
白米乡	2 105.30	2.01	4 482.56	4.10	453.58	1.19	347.71	1.96	6 254.19	6.42	1 734.35	3.57	15 377.69
白沙镇	1 353.71	1.29	5 001.24	4.57	913.93	2.40	119.96	0.68	1 917.75	1.97	—	—	9 306.59
参宝乡	968.73	0.93	6 617.98	6.05	1 392.94	3.66	281.75	1.59	1 974.04	2.03	—	—	11 235.42
车辋镇	4 091.90	3.91	4 552.94	4.16	1 917.18	5.03	504.99	2.85	1 283.81	1.32	3 085.62	6.36	15 436.43
大桥镇	176.46	0.17	5 599.17	5.12	852.46	2.24	47.55	0.27	4 791.85	4.92	—	—	11 467.48
二里乡	5 399.36	5.16	5 475.25	5.00	1 596.71	4.19	130.03	0.73	5 767.26	5.92	234.14	0.48	18 602.76
凤鸣镇	4 464.96	4.26	5 600.71	5.12	3 488.99	9.16	242.76	1.37	1 645.34	1.69	188.85	0.39	15 631.60
佛荫镇	1 373.60	1.31	10 172.45	9.30	1 027.84	2.70	291.96	1.65	2 936.52	3.01	685.30	1.41	16 487.66
福宝镇	11 426.50	10.91	4 330.57	3.96	2 011.71	5.28	192.54	1.09	1 950.32	2.00	6 365.00	13.12	26 276.64
甘雨镇	1 590.26	1.52	2 657.53	2.43	1 338.95	3.51	51.90	0.29	6 436.01	6.60	5 032.59	10.37	17 107.24
合江镇	2 041.38	1.95	4 144.47	3.79	2 204.44	5.78	1 523.50	8.60	8 509.55	8.73	798.66	1.65	19 222.01
虎头乡	3 957.42	3.78	2 895.22	2.65	1 412.82	3.71	1 167.53	6.59	6 029.46	6.19	539.64	1.11	16 002.09
焦滩乡	2 188.97	2.09	2 305.11	2.11	165.28	0.43	150.00	0.85	1 466.03	1.50	—	—	6 275.38
九支镇	12 275.67	11.73	4 373.94	4.00	1 796.47	4.71	188.26	1.06	2 144.75	2.20	814.63	1.68	21 593.72
密溪乡	2 151.09	2.05	3 027.82	2.77	838.98	2.20	13.89	0.08	4 317.29	4.43	340.61	0.70	10 689.68
南滩乡	1 398.76	1.34	2 247.71	2.05	1 024.92	2.69	153.42	0.87	6 098.37	6.26	792.26	1.63	11 715.44
榕山镇	1 743.42	1.67	3 707.00	3.39	1 600.97	4.20	122.39	0.69	2 035.35	2.09	11 146.92	22.97	20 356.06
榕右乡	1 900.57	1.82	807.59	0.74	1 083.38	2.84	51.00	0.29	3 535.70	3.63	6 431.48	13.25	13 809.73
石龙乡	2 727.52	2.61	1 859.04	1.70	625.84	1.64	463.17	2.61	77.40	0.08	5 768.43	11.89	11 521.40
实录乡	1 175.46	1.12	3 096.50	2.83	1 749.85	4.59	208.66	1.18	5 128.65	5.26	3 161.36	6.52	14 520.48
望龙镇	8 378.94	8.00	3 469.53	3.17	403.10	1.06	423.85	2.39	4 081.27	4.19	—	—	16 756.68
五通镇	10 941.58	10.45	5 725.69	5.23	2 203.05	5.78	12.05	0.07	330.32	0.34	177.45	0.37	19 390.15
先市镇	4 928.29	4.71	5 008.70	4.58	587.29	1.54	204.47	1.15	6 635.51	6.81	—	—	17 364.27
先滩镇	10 431.35	9.96	1 975.57	1.81	2 167.94	5.69	5 227.15	29.51	401.38	0.41	528.85	1.09	20 732.23
尧坝镇	4 757.89	4.54	2 449.27	2.24	1 317.05	3.46	162.67	0.92	5 931.91	6.09	—	—	14 618.79
自怀镇	274.28	0.26	237.09	0.22	2 706.76	7.10	4 878.12	27.54	—	—	—	—	8 096.25
总计	104 692.35	100.00	109 421.85	100.00	38 106.9	100.00	17 714.4	100.00	97 453.5	100.00	48 521.85	100.00	415 910.85

第七章　合江县荔枝、真龙柚适宜性评价

第一节　荔枝不同适宜性等级土壤条件和理化性状

一、土壤酸碱度

从表7－1中可以看出，在高度适宜种植荔枝的区域中，pH值在5.5～6.5所占的面积最大，达到65.77%；其次是pH值在6.5～7.5所占的面积占21.12%；pH值低于5.5的区域共占了12.49%；而pH值高于7.5的面积几乎没有。在适宜种植荔枝的区域中，pH值在4.5～5.5所占的面积最大，达到53.21%；其次是pH值在5.5～6.5所占面积为25.18%，pH值在6.5～7.5所占面积为18.27%；pH值高于7.5的面积也很少，只占了3.29%；而pH值低于4.5的面积几乎没有。在勉强适宜种植荔枝的区域中，pH值在4.5～5.5所占的面积最大，达到77.64%；其次是pH值在6.5～7.5的区域共占了12.64%。由此可知，pH值在酸性至中性范围内最适宜荔枝的种植。

表7－1　合江县荔枝适宜性程度的土壤酸碱度分布

pH值	高度适宜（亩）	面积比例（%）	适宜（亩）	面积比例（%）	勉强适宜（亩）	面积比例（%）
<4.5	—	—	163.32	0.05	—	—
4.5～5.5	10 596.57	12.49	173 809.56	53.21	71 309.39	77.64
5.5～6.5	55 799.56	65.77	82 250.04	25.18	3 921.83	4.27
6.5～7.5	17 986.18	21.12	59 678.64	18.27	11 609.36	12.64
7.5～8.5	526.01	0.62	10 746.73	3.29	5 014.80	5.46
≥8.5	—	—	—	—	—	—
总计	84 840.45	100.00	326 648.30	100.00	91 846.20	100.00

二、有机质

由表7－2可知，在高度适宜种植荔枝的区域中，有机质含量在10～20g/kg所占的面积最大，达到60.20%；其次是有机质含量在20～30g/kg的区域占了39.80%；而有机质含量

低于10g/kg和高于30g/kg的区域没有高度适宜种植荔枝的。在适宜种植荔枝的区域中，有机质含量在10~20g/kg所占的面积最大，占84.75%；其次是有机质含量在20~30g/kg的区域占了15.25%。在勉强适宜种植荔枝的区域中，有机质含量集中在10~20g/kg的区域，所占比例达到91.50%。由此可知，土壤有机质含量在10~30g/kg最适宜荔枝的种植。

表7-2 合江县荔枝适宜性程度的有机质分布

有机质（g/kg）	高度适宜（亩）	面积比例（%）	适宜（亩）	面积比例（%）	勉强适宜（亩）	面积比例（%）
<6	—	—	—	—	—	—
6~10	—	—	—	—	—	—
10~20	51 077.10	60.20	276 819.15	84.75	84 042.75	91.50
20~30	33 763.35	39.80	49 829.55	15.25	7 803.45	8.50
30~40	—	—	—	—	—	—
≥40	—	—	—	—	—	—
总计	84 840.45	100.00	326 648.70	100.00	91 846.20	100.00

三、有效磷

由表7-3可知，在高度适宜种植荔枝的区域中，有效磷含量在5~10mg/kg所占的面积最大，达到76.92%；其次是有效磷含量在3~5mg/kg的区域占了14.66%；有效磷含量在10~20mg/kg的区域占了8.40%；而低于3mg/kg以及高于20mg/kg的区域几乎没有高度适宜种植荔枝的。在适宜种植荔枝的区域中，有效磷含量在5~10mg/kg所占的面积最大，占76.24%；其次是有效磷含量在3~5mg/kg的区域占了19.98%；其他范围的区域所占面积很小。在勉强适宜种植荔枝的区域中，有效磷含量集中在3~10mg/kg的区域，其中，有效磷含量在5~10mg/kg区域所占比例最大，达到64.94%；其次是有效磷含量在3~5mg/kg的区域占了30.86%。

表7-3 合江县荔枝适宜性程度的有效磷分布

有效磷（mg/kg）	高度适宜（亩）	面积比例（%）	适宜（亩）	面积比例（%）	勉强适宜（亩）	面积比例（%）
<3	—	—	86.55	0.03	409.80	0.45
3~5	12 440.40	14.66	65 271.30	19.98	28 344.45	30.86
5~10	65 262.30	76.92	249 029.55	76.24	59 641.65	64.94
10~20	7 129.80	8.40	12 235.05	3.75	3 450.30	3.76
20~40	7.95	0.01	26.25	0.01	—	—
≥40	—	—	—	—	—	—
总计	84 840.45	100.00	326 648.70	100.00	91 846.20	100.00

四、速效钾

由表7－4可知，在高度适宜种植荔枝的区域中，速效钾含量在100～150mg/kg所占的面积最大，达到49.98%；其次是速效钾含量在50～100mg/kg的区域占了47.04%；速效钾含量在150～200mg/kg的区域所占面积很小。在适宜种植荔枝的区域中，速效钾含量在50～100mg/kg所占的面积最大，占65.07%；其次是速效钾含量在100～150mg/kg的区域占了33.97%；而速效钾含量在其他范围内的区域几乎没有。在勉强适宜种植荔枝的区域中，速效钾含量在50～100mg/kg的区域，高达63.71%；速效钾含量在100～150mg/kg的区域占了36.02%。

表7－4　合江县荔枝适宜性程度的速效钾分布

速效钾（mg/kg）	高度适宜（亩）	面积比例（%）	适宜（亩）	面积比例（%）	勉强适宜（亩）	面积比例（%）
<30	—	—	—	—	—	—
30～50	—	—	24.75	0.01	122.85	0.13
50～100	39 912.90	47.04	212 550.00	65.07	58 516.35	63.71
100～150	42 402.75	49.98	110 964.00	33.97	33 078.90	36.02
150～200	2 470.65	2.91	3 096.15	0.95	128.10	0.14
≥200	54.15	0.06	13.80	—	—	—
总计	84 840.45	100.00	326 648.70	100.00	91 846.20	100.00

五、质地

由表7－5可知，在适宜种植荔枝的土壤质地中，重壤土占最大的比例，达到了65.57%，其次是中壤土，达到了26.57%，在高度适宜种植荔枝的质地中紧砂土、轻黏土和轻壤土所占的比例非常小。适宜种植荔枝的土壤质地是重壤土，占了44.50%；其次是中壤土也达到了40.31%；轻壤土也有少量比例，占了11.51%；紧砂土、轻黏土和中黏土所占比例较少，几乎没有。在勉强适宜种植荔枝的土壤质地中中壤土占了很大的比例，达到45.40%；其次是重壤土也达到了39.03%；轻壤土占了11.24%；轻黏土所占面积较少，仅有3.04%；而紧砂土和中黏土所占面积非常少。由此可知，最适宜种植荔枝的质地是重壤土和中壤土。

表7－5　合江县荔枝适宜性程度的质地分布

质地	高度适宜（亩）	面积比例（%）	适宜（亩）	面积比例（%）	勉强适宜（亩）	面积比例（%）
紧砂土	253.95	0.30	946.65	0.29	210.75	0.23
轻黏土	1 431.30	1.69	5 571.45	1.71	2 796.60	3.04
轻壤土	4 876.20	5.75	37 586.55	11.51	10 321.35	11.24
中黏土	111.00	0.13	5 521.65	1.69	972.15	1.06

（续表）

质地	高度适宜（亩）	面积比例（%）	适宜（亩）	面积比例（%）	勉强适宜（亩）	面积比例（%）
中壤土	22 538.25	26.57	131 660.40	40.31	41 697.30	45.40
重壤土	55 629.75	65.57	145 362.00	44.50	35 848.05	39.03
总计	84 840.45	100.00	326 648.70	100.00	91 846.20	100.00

六、坡度

由表7－6可知，在高度适宜种植荔枝的地区，坡度在2°～6°的区域占了很大的比例，达到了69.34%；随着坡度的增加高度适宜种植荔枝的面积及比例逐渐减少，坡度超过25°的区域没有高度适宜种植荔枝的区域。在适宜种植荔枝的区域中，坡度在6°～15°的区域占了很大面积，共计149 033.85亩，比例为45.63%；坡度超过25°的区域面积很少，仅占0.40%。在勉强适宜种植荔枝的区域中，坡度大于25°的区域面积很小，主要集中在2°～15°。由此得知，坡度在2°～15°最适宜种植荔枝。虽然坡度多在6°以上，但从6°～15°和15°～25°两个坡度级别上看，高度适宜区和适宜区的坡度要比勉强适宜区缓和的多。

表7－6　合江县荔枝适宜性程度的坡度分布

坡度（度）	高度适宜（亩）	面积比例（%）	适宜（亩）	面积比例（%）	勉强适宜（亩）	面积比例（%）
<2°	3 802.50	4.48	6 672.60	2.04	3 614.85	3.94
2°～6°	58 830.15	69.34	147 042.75	45.02	55 210.35	60.11
6°～15°	22 060.65	26.00	149 033.85	45.63	21 514.95	23.42
15°～25°	137.55	0.16	22 594.95	6.92	10 048.20	10.94
≥25°	9.60	0.01	1 304.55	0.40	1 457.85	1.59
总计	84 840.45	100.00	326 648.70	100.00	91 846.20	100.00

七、有效土层厚度

由表7－7可知，在高度适宜种植荔枝的区域中，有效土层厚度在40～60cm的区域所占面积最大，占了42.67%；其次是有效土层厚度在80～100cm的区域，面积占了29.03%；有效土层厚度在60～80cm的区域，面积占了20.07%。在适宜种植荔枝的区域中，有效土层厚度在40～60cm的区域面积最大，达到了120 680.25亩，占了36.94%；其次是有效土层厚度在80～100cm的区域，占了30.94%；在有效土层厚度60～80cm的区域，占了15.32%；有效土层厚度高于100cm的区域适宜种植荔枝的面积很小，仅占3.10%。在勉强适宜种植荔枝的区域中，有效土层厚度在80～100cm的区域占了很大一部分，达到32.43%；其次是有效土层厚度小于40cm的区域占了22.60%；有效土层厚度在60～80cm区域，占了21.96%；有效土层厚度在40～60cm区域，占了20.78%；在有效土层厚度大于100cm的区域几乎没有勉强适宜种植荔枝的区域。由此可知，有效土层厚度在40～60cm的区域最适宜种植荔枝。高度适宜区和适宜区的有效土层厚度较大，多数能满足荔枝生长的需要，勉强适宜区内有效土层厚度较薄均小于60cm，明显不适宜荔枝栽培。

表7－7　合江县荔枝适宜性程度的有效土层厚度分布

有效土层厚（cm）	高度适宜（亩）	面积比例（%）	适宜（亩）	面积比例（%）	勉强适宜（亩）	面积比例（%）
<40	4 538.70	5.35	44 719.95	13.69	20 755.20	22.60
40～60	36 202.20	42.67	120 680.25	36.94	19 084.35	20.78
60～80	17 029.05	20.07	50 045.85	15.32	20 171.55	21.96
80～100	24 629.85	29.03	101 079.15	30.94	29 790.30	32.43
≥100	2 440.65	2.88	10 123.50	3.10	2 044.80	2.23
总计	84 840.45	100.00	326 648.70	100.00	91 846.20	100.00

八、坡向

由表7－8可知，高度适宜种植荔枝的区域在各个坡向均有分布，而南坡所占面积最大，占了33.30%；其次是东南坡，占了25.48%；西南坡占了22.55%。在适宜种植荔枝的区域在各个坡向均有分布，南坡占了很大的比例，达到了26.91%；其次是东南坡，占了24.04%；西南坡占了18.31%。勉强适宜种植荔枝的区域在各个坡向均有分布，而东坡占面积最大，达到了31.23%；其次是东北坡，占了19.85%；西北坡占了12.43%。由此可知，最适宜种植荔枝的坡向为西南坡、南坡和东南坡。

表7－8　合江县荔枝适宜性程度的坡向分布

坡向	高度适宜（亩）	面积比例（%）	适宜（亩）	面积比例（%）	勉强适宜（亩）	面积比例（%）
北	93.32	0.11	1 894.56	0.58	4 638.23	5.05
东	5 769.15	6.80	41 778.32	12.79	28 683.57	31.23
东北	1 196.25	1.41	13 947.88	4.27	18 231.47	19.85
东南	21 617.35	25.48	78 526.25	24.04	8 881.53	9.67
南	28 251.87	33.30	87 901.06	26.91	8 119.20	8.84
西	7 542.32	8.89	30 900.93	9.46	6 135.33	6.68
西北	1 238.67	1.46	11 890.00	3.64	11 416.48	12.43
西南	19 131.52	22.55	59 809.30	18.31	5 740.39	6.25
总计	84 840.45	100.00	326 648.70	100.00	91 846.20	100.00

九、海拔

本研究将海拔作为限制因子，并规定了上线，凡海拔超过了400m的地区都视为荔枝不宜栽种区。如表7－9所示，高度适宜种植荔枝的区域海拔在230～270m，占了45.98%；其次是在海拔270～320m的区域，达到了39.75%；海拔对荔枝的种植情况影响很大，随着海拔的增加，高度适宜种植荔枝的区域的面积就逐渐减少，当海拔在370m以上时，几乎没有高度适宜种植荔枝的区域。在适宜种植荔枝的区域中，海拔在270～320m占了很大的比例，达到了37.64%；海拔在320～370m的区域，适宜种植荔枝占了31.50%；海拔在370～400m的区域，适宜种植荔枝的占了15.38%；海拔在230～370m的区域，适宜种植荔枝的占了14.63%。在勉强适宜种植荔枝的区域中，海拔在370～400m占了非常大的比例，达到了50.78%；海拔在320～370m的区域，占了23.45%；海拔在270～320m的区域，占了11.34%；而海拔在270m以下勉强适宜种植荔枝的区域很小。由此可知，海拔在230～370m的地区最适宜种植荔枝，而海拔在400m以上的区域不适宜种植。

表7－9　合江县荔枝适宜性程度的海拔分布

海拔（m）	高度适宜（亩）	面积比例（%）	适宜（亩）	面积比例（%）	勉强适宜（亩）	面积比例（%）
200～230	7 253.86	8.55	2 776.51	0.85	4 417.80	4.81
230～270	39 009.64	45.98	47 788.65	14.63	8 835.60	9.62
270～320	33 724.08	39.75	122 950.42	37.64	10 415.36	11.34
320～370	4 547.45	5.36	102 894.21	31.50	21 537.93	23.45
370～400	296.94	0.35	50 238.51	15.38	46 639.50	50.78
总计	84 840.45	100.00	326 648.30	100.00	91 846.20	100.00

第二节　荔枝空间适宜性分布分析

一、地域分布

从分布图上（附图22）可以看出，荔枝适宜区大部分分布在西北部浅、中丘灰棕紫泥——粮、经土区，该区主要位于合江县西北部及中部，海拔210～400m。本区土壤以侏罗系沙溪庙组紫色砂页岩风化物形成的灰棕紫色土为主，沿江台地有新、老冲积母质形成的灰棕色新积土、紫色新积土和老冲积黄泥土等土属，面积的以黄泥夹沙和黄泥土为主，肥力中等偏上。位于合江中部的中部高丘红棕紫泥——粮、桑、果土区有部分荔枝适宜区的分布，海拔300～500m，成土母质以侏罗系、遂宁组和蓬莱镇组紫色砂页岩风化物为主，形成的土壤多为原色中性的幼年土，肥力较低。

综合这两个主要荔枝适宜区的特征可以看出，这些地区大部份位于长江流域中游及赤水河流域附近，属亚热带湿润气候区，大都呈现出如下性状：热量丰富，降水量较多，土地较肥沃，有机质含量高，坡度为5°～20°，质地多为壤土，部分为砂土和黏土，pH值4.5～7.5，矿质营养相当丰富。

二、行政区域分布

将合江县荔枝适宜性评价图和合江县行政区划图进行叠置分析，得到不同的荔枝适宜程度在行政区域中的分布状况。

总体来看，合江荔枝适宜栽培区面积较大，其中，核心主产区分布在合江镇、虎头乡、实录乡、密溪乡，另外在佛荫镇、大桥镇、尧坝镇、先市镇也有分布。由于合江县温、光、水、热资源与时空分布同荔枝生长发育同步，因此成为全国荔枝生态较适宜区，全球北回归线上唯一的荔枝商品生产区，也是国家2006—2015年"特色农产品区域布局规划"区。将海拔400m以下作为适宜性评价区（400m以上区域皆视为不适宜区），得到评价区域内各乡镇不同适宜性等级所占面积及比例情况见表7-10。合江县地处四川盆地南缘，由于长江、赤水河的河谷增温效应，形成特殊的气候，具有准南亚热带气候特点，是南亚热带的一块肥地，为全国荔枝生态较适宜区。

表7-10　合江县荔枝适宜性程度的行政区域分布

乡镇名	勉强适宜		适宜		高度适宜	
	面积（亩）	比例（%）	面积（亩）	比例（%）	面积（亩）	比例（%）
白鹿镇	5 523.95	6.01	21 295.15	6.52	1 234.50	1.46
白米乡	9 655.55	10.51	19 461.50	5.96	—	—
白沙镇	4 704.75	5.12	9 741.35	2.98	—	—
参宝乡	13 578.30	14.78	7 163.45	2.19	—	—
车辋镇	5 714.60	6.22	6 420.10	1.97	2 583.15	3.04
大桥镇	6.90	0.01	15 937.65	4.88	11 694.60	13.78
二里乡	202.95	0.22	13 686.45	4.19	10 294.30	12.13
凤鸣镇	257.55	0.28	16 466.85	5.04	3 358.30	3.96
佛荫镇	48.78	0.05	21 043.15	6.44	6 248.85	7.37
福宝镇	7 305.55	7.95	3 890.45	1.19	83.10	0.10
甘雨镇	5 336.30	5.81	12 735.85	3.90	709.30	0.84
合江镇	51.30	0.06	14 663.95	4.49	10 330.10	12.18
虎头乡	25.35	0.03	10 472.20	3.21	10 326.95	12.17
焦滩乡	6 257.35	6.81	6 699.75	2.05	—	—
九支镇	696.55	0.76	19 064.70	5.84	4 765.20	5.62
密溪乡	102.30	0.11	14 495.70	4.44	1 703.55	2.01
南滩乡	133.50	0.15	9 410.40	2.88	409.05	0.48
榕山镇	191.45	0.21	20 674.20	6.33	3 882.15	4.58
榕右乡	129.45	0.14	7 691.70	2.35	73.65	0.09
石龙乡	230.55	0.25	5 649.30	1.73	35.85	0.04
实录乡	201.60	0.22	15 829.95	4.85	2 540.70	2.99
望龙镇	8 389.57	9.13	13 681.95	4.19	—	—
五通镇	15 661.65	17.05	6 162.30	1.89	123.85	0.15
先市镇	47.55	0.05	23 343.00	7.15	5 194.95	6.12
先滩镇	6 362.55	6.93	44.25	0.01	—	—
尧坝镇	772.90	0.84	10 923.00	3.34	9 248.35	10.90
自怀镇	257.40	0.28	—	—	—	—
总计	91 846.20	100.00	326 648.30	100.00	84 840.45	100.00

三、荔枝产业发展建设议

1. 从评价结果来看

合江县有11.9万亩荔枝，核心主产区有合江镇、虎头乡、实录乡、密溪乡4个，原有荔枝面积5.45万亩，其中，投产面积2.8万亩，占全县总面积的63.3%。荔枝适宜区主要分布在赤水、长江流域。合江县地势由西北向东南逐渐升高，西北部海拔在210~400m，适宜荔枝栽培的区域占全县耕地面积较大，说明荔枝产业发展前景很大。

2. 突出产业重点，坚持规模发展

这对于荔枝栽培区水土保持、改善生态环境区、农民脱贫致富、吸收富余劳动力具有重大意义。

合江县在以后种植荔枝过程中，尽量选择有效土层厚、质地为壤土、有机质含量高、养分充足、地势平坦、坡向朝南的耕地种植。在荔枝高度适宜区、适宜区和勉强适应区，要科学种植荔枝，施肥方面要科学施肥，采取措施提高有机质含量，要采取深耕等措施，改良土壤质地。同时与农田基本建设措施相结合，兴修水利，完善排灌系统，提高排涝能力。总之，要因地制宜，因时制宜，实现荔枝高产稳产大丰收。

第三节　真龙柚不同适宜性等级耕地土壤的理化性状与分析

一、酸碱度

从表7－11中可以看出，在高度适宜种植真龙柚的区域中pH值在6.5~7.5所占的面积最大，达到51%；pH值低于5.5的耕地共占了10.87%；而pH值高于7.5的耕地只占了8%。在适宜种植真龙柚的区域中，pH值在4.5~5.5所占的面积最大，达到52.1%；其次是pH值在5.5~6.5范围内所占面积为34.21%，pH值高于6.5的区域共占了13.66%；而pH值低于4.5的区域只占了0.04%。在勉强适宜种植真龙柚的区域中，pH值在4.5~5.5所占的面积最大，达到70.25%；其次是pH值在5.5~6.5的区域共占了29.25%。

表7－11　合江县真龙柚适宜性程度的土壤酸碱度分布

pH值	高度适宜（亩）	面积比例（%）	适宜（亩）	面积比例（%）	勉强适宜（亩）	面积比例（%）
<4.5	—	—	190.50	0.04	—	—
4.5~5.5	10 562.70	10.87	229 095.90	52.10	4 231.05	70.25
5.5~6.5	29 285.40	30.14	150 425.70	34.21	1 761.60	29.25
6.5~7.5	49 553.40	51.00	53 453.55	12.16	29.85	0.50
7.5~8.5	7 769.25	8.00	6 593.10	1.50	—	—
≥8.5	—	—	—	—	—	—
总计	97 170.75	100.00	439 758.75	100.00	6 022.50	100.00

二、有机质

由表 7－12 可知，在高度适宜种植真龙柚的区域中，有机质含量在 10～20g/kg 范围内所占的面积最大，达到 60.63%；其次是有机质含量在 20～30g/kg 的区域占了 39.37%；而有机质含量低于 10g/kg 和高于 30g/kg 的区域没有高度适宜种植真龙柚的。在适宜种植真龙柚的区域中，有机质含量在 10～20g/kg 范围内所占的面积最大，占 87.52%；有机质含量低于 10g/kg 的区域仅占了 0.01%；而有机质含量在 20～30g/kg 的区域占了 12.47%。在勉强适宜种植真龙柚的区域中，有机质含量集中在 6～30g/kg 范围内的区域，其中有机质含量在 10～20g/kg 范围内区域所占比例最大，达到 98.27%。由此可知，土壤有机质含量在 10～30g/kg 范围内最适宜真龙柚的种植。

表 7－12　合江县真龙柚适宜性程度的有机质分布

有机质（g/kg）	高度适宜（亩）	面积比例（%）	适宜（亩）	面积比例（%）	勉强适宜（亩）	面积比例（%）
<6	—	—	—	—	—	—
6～10	—	—	31.65	0.01	90.00	1.49
10～20	58 911.90	60.63	384 897.45	87.52	5 918.25	98.27
20～30	38 258.85	39.37	54 829.65	12.47	14.25	0.24
30～40	—	—	—	—	—	—
≥40	—	—	—	—	—	—
总计	97 170.75	100.00	439 758.75	100.00	6 022.50	100.00

三、有效磷

由表 7－13 可知，在高度适宜种植真龙柚的耕地中，有效磷含量在 5～10mg/kg 所占的面积最大，达到 79.86%；其次是有效磷含量在 10～20mg/kg 的耕地占了 10.29%；有效磷含量在 3～5mg/kg 的耕地占了 9.82%；而低于 3mg/kg 以及高于 20mg/kg 的耕地几乎没有高度适宜种植真龙柚的。在适宜种植真龙柚的耕地中，有效磷含量在 5～10mg/kg 所占的面积最大，占 73.61%；其次是有效磷含量在 3～5mg/kg 的耕地占了 23.19%；其他范围的耕地很小。在勉强适宜种植真龙柚的耕地中，有效磷含量集中在 3～10mg/kg 的耕地，其中有效磷含量在 5～10mg/kg 耕地所占比例最大，达到 65.25%；其次是有效磷含量在 3～5mg/kg 的耕地占了 34.75%。

表 7－13　合江真龙柚适宜性程度的有效磷分布

有效磷（mg/kg）	高度适宜（亩）	面积比例（%）	适宜（亩）	面积比例（%）	勉强适宜（亩）	面积比例（%）
<3	14.85	0.02	481.50	0.11	—	—
3～5	9 541.50	9.82	101 980.95	23.19	2 092.65	34.75
5～10	77 602.80	79.86	323 726.85	73.61	3 929.85	65.25

（续表）

有效磷（mg/kg）	高度适宜（亩）	面积比例（%）	适宜（亩）	面积比例（%）	勉强适宜（亩）	面积比例（%）
10～20	10 003.65	10.29	13 543.20	3.08	—	—
20～40	7.95	0.01	26.25	0.01	—	—
≥40						
总计	97 170.75	100.00	439 758.75	100.00	6 022.50	100.00

四、速效钾

由表7－14可知，在高度适宜种植真龙柚的区域中，速效钾含量在100～150mg/kg所占的面积最大，达到57.76%；其次是速效钾含量在50～100mg/kg的区域占了37.57%；速效钾含量在150～200mg/kg的区域占了4.6%；而高于200mg/kg的区域只有0.07%的区域高度适宜种植真龙柚。在适宜种植真龙柚的区域中，速效钾含量在50～100mg/kg所占的面积最大，占68.06%；其次是速效钾含量在100～150mg/kg的区域占了31.49%；而速效钾含量在150～200mg/kg的区域占了0.34%。在勉强适宜种植真龙柚的区域中，速效钾含量集中在50～100mg/kg的区域，高达88.34%；速效钾含量在100～150mg/kg的区域占了9.62%。

表7－14　合江县真龙柚适宜性程度的速效钾分布

速效钾（mg/kg）	高度适宜（亩）	面积比例（%）	适宜（亩）	面积比例（%）	勉强适宜（亩）	面积比例（%）
<30	—	—	—	—	—	—
30～50	—	—	459.45	0.10	123.00	2.04
50～100	36 509.70	37.57	299 295.75	68.06	5 320.20	88.34
100～150	56 122.50	57.76	138 498.15	31.49	579.30	9.62
150～200	4 470.60	4.60	1 505.40	0.34	—	—
≥200	67.95	0.07	—	—	—	—
总计	97 170.75	100.00	439 758.75	100.00	6 022.50	100.00

五、质地

由表7－15可知，在适宜种植真龙柚的土壤质地中，重壤土占最大的比例，达到了59.59%，其次是中壤土，达到了30.52%，在高度适宜种植真龙柚的质地中紧砂土、轻黏土和轻壤土所占的比例非常小。适宜种植真龙柚的土壤质地是重壤土，占了42.5%；其实是中壤土也达到了42.46%；轻壤土也有少量比例，占了11.22%；紧砂土、轻黏土和中黏土所占比例较少，几乎没有。在勉强适宜种植真龙柚的土壤质地中中壤土占了很大的比例，达到39.83%；其次是轻壤土也达到了36.73%；重壤土占了18.33%；轻黏土所占面积较少，仅有3.43%；而紧砂土和中黏土所占面积非常少。由此可知，最适宜种植真龙柚的质地是轻壤土和重壤土。

表7-15　合江县真龙柚适宜性程度的质地分布

质地	高度适宜（亩）	面积比例（%）	适宜（亩）	面积比例（%）	勉强适宜（亩）	面积比例（%）
紧砂土	74.70	0.08	1 290.60	0.29	46.05	0.76
轻黏土	652.95	0.67	9 171.75	2.09	206.55	3.43
轻壤土	7 605.30	7.83	49 355.55	11.22	2 212.05	36.73
中黏土	1 270.20	1.31	6 309.60	1.43	55.05	0.91
中壤土	29 661.00	30.52	186 737.40	42.46	2 398.95	39.83
重壤土	57 906.60	59.59	186 893.85	42.50	1 103.85	18.33
总计	97 170.75	100.00	439 758.75	100.00	6 022.50	100.00

六、坡度

由表7-16可知，在高度适宜种植真龙柚的地区，坡度在2°~6°的区域占了很大的比例，达到了60.54%；随着坡度的增加高度适宜种植真龙柚的面积及比例逐渐减少，坡度超过25°的区域没有高度适宜种植真龙柚的区域。在适宜种植真龙柚的区域中，坡度在2°~6°的区域占了很大面积，共计203 728.05亩，比例为46.33%；坡度超过25°的区域面积很少，仅占1.03%。在勉强适宜种植真龙柚的区域中，坡度小于6°的区域没有，主要集中在15°~25°。由此得知，坡度在2°~15°最适宜种植真龙柚。

表7-16　合江县真龙柚适宜性程度的坡度分布

坡度	高度适宜（亩）	面积比例（%）	适宜（亩）	面积比例（%）	勉强适宜（亩）	面积比例（%）
<2°	4 628.55	4.76	9 477.30	2.16	—	—
2°~6°	58 823.40	60.54	203 728.05	46.33	—	—
6°~15°	33 214.95	34.18	181 237.05	41.21	255.30	4.24
15°~25°	503.85	0.52	40 775.70	9.27	4 642.95	77.09
≥25°	—	—	4 540.65	1.03	1 124.25	18.67
总计	97 170.75	100.00	439 758.75	100.00	6 022.50	100.00

七、有效土层厚度

由表7-17可知，在高度适宜种植真龙柚的区域中，有效土层厚度在40~60cm的区域所占面积最大，占了44.93%；其次是有效土层厚度在80~100cm的区域，面积占了24.46%；有效土层厚度在60~80cm的区域，面积占了17.95%。在适宜种植真龙柚的区域中，有效土层厚度在40~60cm的区域面积最大，达到了152 027.40亩，占了34.57%；其次是有效土层厚度在80~100cm的区域，占了31.65%；在有效土层厚度低于40cm的区域，占了14.96%；有效土层厚度高于100cm的区域适宜种植真龙柚的面积很小，仅占2.44%。在勉强适宜种植真龙柚的区域中，有效土层厚度在40~60cm的区域占了很大一部分，达到40.98%；其次是有效土层厚度小于40cm的区域，占了37.09%；有效土层厚度在60~

80cm 区域，占了 13.3%；有效土层厚度在 80～100cm 区域，占了 8.63%；在有效土层厚度大于 100cm 的区域没有勉强适宜种植真龙柚的区域。由此可知，有效土层厚度在 40cm 以上的区域最适宜种植真龙柚。

表 7－17　合江县真龙柚适宜性程度的有效土层厚度分布

有效土层厚（cm）	高度适宜（亩）	面积比例（%）	适宜（亩）	面积比例（%）	勉强适宜（亩）	面积比例（%）
<40	7 640.70	7.86	65 769.15	14.96	2 233.65	37.09
40～60	43 654.50	44.93	152 027.40	34.57	2 468.25	40.98
60～80	17 445.00	17.95	72 028.95	16.38	801.00	13.30
80～100	23 768.70	24.46	139 192.95	31.65	519.60	8.63
≥100	4 661.85	4.80	10 740.30	2.44	—	—
总计	97 170.75	100.00	439 758.75	100.00	6 022.50	100.00

八、坡向

由表 7－18 可知，高度适宜种植真龙柚的区域在各个坡向均有分布，而东南坡所占面积最大，占了 36.10%；其次是南坡，占了 27.51%；西南坡占了 11.17%。在适宜种植真龙柚的区域在各个坡向均有分布，南坡占了很大的比例，达到了 27.11%；其次是东南坡，占了 20.88%；西南坡占了 20.70%。勉强适宜种植真龙柚的区域在各个坡向均有分布，而西南坡占面积最大，达到了 32.5%；其次是东坡，占了 25.31%；西北坡占了 10.88%。由此可知，最适宜种植真龙柚的坡向为西南坡、南坡和东南坡。

表 7－18　合江县真龙柚适宜性程度的坡向分布

坡向	高度适宜（亩）	面积比例（%）	适宜（亩）	面积比例（%）	勉强适宜（亩）	面积比例（%）
北	137.25	0.14	3 225.15	0.73	319.05	5.30
东	8 440.20	8.69	56 620.95	12.88	1 524.00	25.31
东北	3 855.90	3.97	19 128.00	4.35	447.00	7.42
东南	35 083.20	36.10	91 810.20	20.88	233.10	3.87
南	26 734.50	27.51	119 212.35	27.11	346.50	5.75
西	10 081.50	10.38	42 062.10	9.56	540.60	8.98
西北	1 985.10	2.04	16 685.55	3.79	655.05	10.88
西南	10 853.10	11.17	91 014.45	20.70	1 957.20	32.50
总计	97 170.75	100.00	439 758.75	100.00	6 022.50	100.00

九、海拔

由表 7－19 可知，高度适宜种植真龙柚的区域海拔在 200～280m，占了 60.72%；其次是在海拔 280～370m 的区域，达到了 36.18%；海拔对真龙柚的种植情况影响很大，随着海拔的增加，高度适宜种植真龙柚的区域的面积就逐渐减少，当海拔在550m以上没有高度适宜种植真龙柚的区域。在适宜种植真龙柚的区域中，海拔在280～370m占了很大的比例，达到了56.52%；海拔在200～280m的区域，适宜种植真龙柚占了20.96%；海拔在370～450m的区域，适宜种植真龙柚的占了14.48%；海拔在450～550m的区域，适宜种植真龙柚的占了8.04%；而海拔在550m以上的区域没有适宜种植真龙柚的区域。在勉强适宜种植真龙柚的区域中，海拔在450～550m占了非常大的比例，达到了69.18%；海拔在370～450m的区域，占了26.87%；海拔在280～370m的区域，占了3.96%；而海拔在280m以下和550m以上，没有勉强适宜种植真龙柚的区域。由此可知，海拔在200～370m的地区最适宜种植真龙柚，而海拔在550m以上的区域不适宜种植。

表7－19　合江县真龙柚适宜性程度的海拔分布

海拔（m）	高度适宜（亩）	面积比例（%）	适宜（亩）	面积比例（%）	勉强适宜（亩）	面积比例（%）
200～280	59 003.55	60.72	92 173.20	20.96	—	—
280～370	35 160.90	36.18	248 559.30	56.52	238.20	3.96
370～450	2 893.65	2.98	63 688.35	14.48	1 618.20	26.87
450～550	112.65	0.12	35 337.90	8.04	4 166.10	69.18
>550	—	—	—	—	—	—
总计	97 170.75	100.00	439 758.75	100.00	6 022.50	100.00

第四节　真龙柚适宜性空间分布分析

一、地域分布

从分布图上（附图23）可以看出，真龙柚适宜区大部分分布在西北部浅、中丘灰棕紫泥——粮、经土区和中部高丘红棕紫泥——粮、桑、果土区，西北部浅、中丘灰棕紫泥——粮、经土区主要位于合江县西北部，本区内海拔210～400m，相对高度20～80m，地形宽敞，自然气候特点是：热量丰富，降水量较多，但分配不均；该区土壤类型以侏罗系沙溪庙组紫色砂页岩风化物形成灰棕紫色土为主，沿江台地有新、老冲积母质形成的灰棕色新积土、紫色新积土和老冲积黄泥土等土属，大面积以黄泥夹沙和黄泥土为主，肥力中等偏上。中部高丘红棕紫泥——粮、桑、果土区主要分布于长江以南各向斜低山下部（即沿岩脚一带）和背斜翼部，该区海拔高度300～500m，成土母质以侏罗系蓬莱镇组和遂宁组紫色砂页岩风化物为主，形成的土壤多为原色中性的幼年土，肥力较低。位于合江东部的东南部中、低山红紫泥、黄壤——林、粮、竹、药、茶土区，娄山褶皱北塬地带的尾部，有部分真龙柚适宜区的分布，该区地形起伏较大，坡度陡，气候特点是气温低，雨量多，日照少。

综合这三个主要真龙柚适宜区的特征可以看出，这些地区大部分位于长江流域中游及赤水河流域附近，属亚热带湿润气候区，大都呈现出如下性状：热量丰富，降水量较多，土地较肥沃，有机质含量高，坡度为5°～20°，质地多为壤土，部分为砂土和黏土，pH值6.5～

8.0，矿质营养相当丰富。

二、行政区域分布

将合江县真龙柚适宜性评价图和合江县行政区划图进行叠置分析，得到不同的真龙柚适宜程度在行政区域中的分布状况。总体来看，合江真龙柚适宜栽培区大体分两部分且较密集分布，其中较大的部分分布在参宝乡、密溪乡、白米乡、先市镇和白沙镇。另外的部分则分布在福宝镇、先滩镇和二里乡。其中，白米乡土地较肥，一面依山三面环水，东与榕山镇一江之隔，南与县城隔江相望，形如“水上半岛”，是真龙柚的理想种植区。

将海拔550m以下作为适宜性评价区（550m以上区域皆视为不适宜区），得到评价区域内各乡镇不同适宜性等级所占面积及比例情况见表7－20。

表7－20　合江县真龙柚适宜性程度的行政区域分布

乡镇名	勉强适宜		适宜		高度适宜	
	面积（亩）	比例（%）	面积（亩）	比例（%）	面积（亩）	比例（%）
白鹿镇	32.10	0.53	26 606.40	6.05	1 551.00	1.60
白米乡	—	—	27 116.10	6.17	2 200.95	2.27
白沙镇	—	—	11 460.45	2.61	2 385.30	2.45
参宝乡	—	—	17 530.95	3.99	3 010.80	3.10
车辋镇	222.60	3.70	14 147.55	3.22	1 301.55	1.34
大桥镇	46.05	0.76	19 644.60	4.47	8 248.50	8.49
二里乡	33.30	0.55	16 042.95	3.65	9 481.20	9.76
凤鸣镇	456.30	7.58	20 247.75	4.60	2 232.15	2.30
佛荫镇	—	—	20 836.80	4.74	7 159.65	7.37
福宝镇	474.30	7.88	15 735.75	3.58	1 450.65	1.49
甘雨镇	419.10	6.96	18 708.75	4.25	1 341.30	1.38
合江镇	34.05	0.57	19 479.00	4.43	5 727.15	5.89
虎头乡	328.05	5.45	20 428.05	4.65	996.30	1.03
焦滩乡	—	—	11 011.95	2.50	1 845.15	1.90
九支镇	5.55	0.09	21 070.80	4.79	6 056.70	6.23
密溪乡	—	—	7 509.00	1.71	9 537.30	9.81
南滩乡	361.20	6.00	11 232.60	2.55	119.40	0.12
榕山镇	73.20	1.22	24 427.05	5.55	2 670.90	2.75
榕右乡	217.20	3.61	10 713.45	2.44	69.30	0.07
石龙乡	697.20	11.58	9 215.10	2.10	—	—
实录乡	—	—	11 414.40	2.60	7 559.55	7.78
望龙镇	—	—	18 505.35	4.21	3 565.05	3.67

（续表）

乡镇名	勉强适宜		适宜		高度适宜	
	面积（亩）	比例（%）	面积（亩）	比例（%）	面积（亩）	比例（%）
五通镇	1 307.25	21.71	23 533.80	5.35	827.25	0.85
先市镇	—	—	22 943.55	5.22	5 641.95	5.81
先滩镇	834.90	13.86	9 274.50	2.11	56.40	0.06
尧坝镇	—	—	9 921.75	2.26	12 127.05	12.48
自怀镇	480.15	7.97	1 000.35	0.23	8.25	0.01
总计	6 022.50	100.00	439 758.75	100.00	97 170.75	100.00

三、真龙柚产业发展建议

从评价结果来看，合江县适宜真龙柚产业发展的耕地约54.3万亩，占总耕地面积的95.5%。真龙柚适宜区主要分布在赤水、长江流域附近。合江县地势由西北向东南逐渐升高，适宜真龙柚栽培的区域站全县耕地面积很大，而且主要分布与西北部，该县真龙柚产业发展前景很大。

突出产业重点，坚持规模发展，这对于真龙柚栽培区水土保持、改善生态环境区、农民脱贫致富、吸收富余劳动力具有重大意义。

增加果园道路、公路、水利、土壤培肥等基础设施建设投入，在勉强适宜、适宜区和高度适应区，要科学种种植，施肥方面要科学施肥，增施有机肥，防止土壤酸化，改良土壤质地，同时与农田基本建设措施相结合，一方面兴修水利，完善排灌系统，另一方面发展节水农业，因地制宜，保证真龙柚的高产和高品质。

第八章 合江县耕地地力合理利用对策

一、耕地地力建设与土壤改良利用

1. 兴修水利是建设高产稳产农田的前提

合江县降雨时空分布不均，地下水埋藏较深。新建、扩建和改善水利工程，加强对现有工程的维修管理、配套、更新以提高农业用水的保障率。

2. 增施有机肥，熟化培肥土壤是建设高产稳产农田的基础

重视秸秆还田，改善土壤物理性状。实行合理的轮作制，做到用地与养地相结合。

3. 加强低产土壤的改良利用

合江县低产田土种类较多，发生原因也复杂多样，按其成因大致可分为干旱灌溉型、瘠坡地梯改型、薄培肥型、障碍层次型、渍涝排水型和渍潜稻田型等几个类型。针对不同类型可以有计划有步骤的治理。

（1）对于低产田渍涝排水型和渍潜稻田型而言，宜深挖排水沟、切断冷水浸水，降低地下水位。增施有机热性肥料，以增加土壤养分和提高土温，并重视磷肥的施用。选用抗低温品种，结合晒田，增温、通气等措施，促使水稻健壮生长。

（2）针对瘠薄培肥型和障碍层次型水田，宜深耕施肥，改造土壤，结合施用大量有机肥，降低其黏性，利于耕作，增施氮、磷、钾等肥料。修建灌排渠系，适时排灌。采用客土法，挑泥面沙，调节砂黏比例，增厚耕作层。

（3）低产土主要有石骨子土、沙土，石骨子土主要分布在馒头山丘顶部；沙土主要分布在有砂岩母质的地方以及江河沿岸的新冲积土中。

改良措施：①掺泥面土，结合深耕加厚土层，调整土壤质地；②坡改梯、挖好沙凼，横山开行种植，减少水土流失；③增施有机肥，改善土壤结构，增施氮、磷、钾肥，及时追肥，“少吃多餐”；④部分土可以退耕还林，以林草治坡。

4. 不同耕地进行不同改良措施

对于陡坡上的耕地，应注意保持水土，保水保肥；对于较低坡度的耕地，应逐步改坡土为梯土，逐年加深耕作层，种植豆科旱地绿肥，增施有机肥，提高土壤肥力；石质山地封山育林、还林，防止水土流失和岩石裸露。

二、耕地资源合理配置与种植业结构调整

合江县土地资源丰富，且耕地类型多样，要提高耕地地力，增产增收，就要合理配置已有的耕地资源，发展多样性种植结构。在河谷沿岸等地，应以水土保持防护林为主，林、农、牧结合。25°以上的坡地应逐步退耕还林、植树造林、建成防护林带，防止水土流失，发展果木类等经济林，缓坡地带种草发展畜牧业生产。25°以下的坡土应逐步改坡土为梯土，

适当调整作物布局，干旱缺水田水路不通走旱路，发展经济作物。

三、科学施肥

合江县耕地地力评价对土壤有关养分状况的分析，合江县要提高耕地地力，提高作物产出，就要科学施肥。首先要了解作物的需肥规律、土壤的供肥性能和肥料效应，与现代信息技术紧密结合，科学的测土、配方、配肥、施肥。其次要开展技术指导，帮助农民选择肥料，确保施肥数量和最佳施肥时期，全面提高有机肥的施用量和施肥效益。

四、耕地质量管理

县委、县政府要高度重视耕地地力建设工作，将耕地地力建设列入当前和今后相当长一段时期内农业建设工作的重要议事日程，加强耕地保护的地方行政力度，协调、动员相关单位和部门联合参与耕地地力建设工作。

农业部门要定时更新耕地数量、质量状况，确切掌握区内的耕地情况，做好耕地资源的配置及改良工作。

县政府还要做好农户和技术人员之间的沟通管理工作，做好农户的培训工作，提高农民的科学意识，做到科学施肥，科技种田。

第九章　合江县水稻、玉米和油菜施肥指标体系与施肥分区

测土配方施肥的技术核心是指标体系，而测试方法的筛选、丰缺指标的建立以及推荐施肥量的确定是建立指标体系的3个重要环节。合江县2008年纳入国家测土配方施肥资金补贴项目，根据水稻、玉米、油菜等主要作物田间试验数据资料，以及高产、经济施肥经验，结合作物的需肥特性和土壤供肥能力，分析研究建立合江县水稻、玉米和油菜的施肥指标体系并进行施肥分区，对促进粮食节本增效、保护农业生态环境、保证粮食安全具有十分重要的意义。

第一节　水稻施肥指标体系与施肥分区

一、碱解氮

（一）指标体系的建立

结合合江县水稻3414试验与周边县（区）水稻3414试验，共计21个试验点，可以得到试验缺氮区的相对产量与其对应的土壤碱解氮含量情况，如表9－1所示。

表9－1　土壤碱解氮含量与相对产量试验结果

试验点	碱解氮（mg/kg）	相对产量（%）	试验点	碱解氮（mg/kg）	相对产量（%）
1	104	76.38	12	91.9	62.89
2	143	82.84	13	128.1	83.23
3	122	72.19	14	144.1	73.20
4	133	78.22	15	77.5	71.42
5	117	72.74	16	104.1	74.89
6	133	80.10	17	141.1	92.26
7	85	71.85	18	130.8	96.17
8	122	88.23	19	152.5	90.78
9	98	73.66	20	136.8	81.55
10	74	60.90	21	116.7	76.83
11	93.7	63.45			

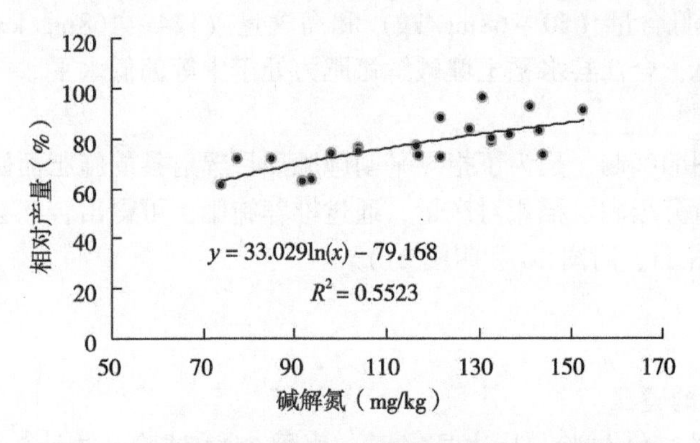

图 9－1　水稻土壤碱解氮含量与相对产量相关性分析

从图 9－1 可以看出，土壤碱解氮含量与缺氮区相对产量有较好的相关关系，根据农业部测土配方施肥方案，通过拟合的关系式计算得出水稻碱解氮的丰缺指标，如表 9－2 所示。

表 9－2　水稻碱解氮含量丰缺指标

肥力等级	相对产量（%）	碱解氮（mg/kg）
极低	<50	<50
低	50～60	50～68
较低	60～70	68～91
中	70～80	91～124
高	80～90	124～168
较高	>90	>168

通过 3414 试验建立的最佳施肥量模型，结合农户施肥情况调查、同田大区对比校正试验及多年实践经验，提出合江县的水稻氮肥的推荐施肥指标（表 9－3）。

表 9－3　水稻不同目标产量不同肥力等级的氮肥推荐用量

肥力等级	碱解氮（mg/kg）	水稻不同产量推荐施肥量（kg N/亩）		
		450～550	550～600	600～700
低	50～68	11	12	13
较低	68～91	10	11	12
中	91～124	9	10	11
高	124～168	8	9	10

（二）养分丰缺分区图

依据水稻土壤碱解氮的丰缺指标，可得到合江县水稻土壤碱解氮含量丰缺分区图，如附图 24 所示。

从附图 24 可以看出，合江县水稻土壤碱解氮含量共分为四级，主要分布的是中含量（91～124mg/kg），分布面积占了合江县总面积的一半以上；其次分布较多的为较低含量

(68～91mg/kg)；而低含量（50～68mg/kg）和高含量（124～168mg/kg）二者分布面积比例很小。由分布可见，合江县水稻土壤碱解氮肥力处于中等偏低水平。

(三) 施肥分区

施肥推荐分区图的编制，是为了指导平衡施肥项目辐射县的施肥而研制的。结合合江县水稻土壤碱解氮含量分级和水稻相对产量，通过推荐施肥，可得出合江县水稻不同产量的氮肥施肥分区图（附图25、附图26和附图27）。

二、有效磷

(一) 指标体系的建立

结合合江县水稻3414试验与周边县（区）水稻3414试验，共计21个试验点，可以得到缺磷区的相对产量与其对应的土壤有效磷含量情况，如表9－4所示。

表9－4　土壤有效磷含量与相对产量试验结果

试验点	有效磷（mg/kg）	相对产量（%）	试验点	有效磷（mg/kg）	相对产量（%）
1	6	79.48	12	9.4	93.33
2	7	82.13	13	24.9	94.82
3	5.2	64.93	14	14.3	87.66
4	5.8	80.33	15	10.9	88.75
5	4.3	58.30	16	21.7	98.62
6	3.1	54.21	17	4.5	56.37
7	17.3	90.92	18	19.9	91.07
8	6.8	83.39	19	29.7	89.47
9	10.3	80.65	20	9.2	87.72
10	1.2	41.66	21	2.8	57.65
11	6.2	73.58			

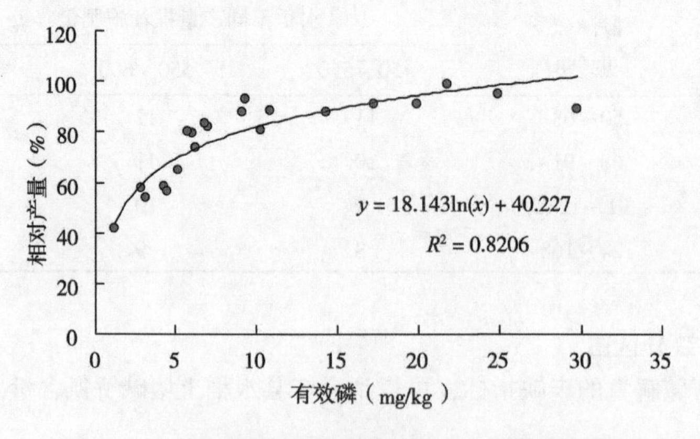

图9－2　水稻土壤有效磷含量与相对产量相关性分析

从图9－2可以看出，土壤有效磷含量与缺磷区相对产量有较好的相关关系，通过计算可以得出水稻有效磷的丰缺指标（表9－5）。

表9－5　水稻有效磷含量丰缺指标

肥力等级	相对产量（%）	有效磷（mg/kg）
极低	<50	<1.7
低	50～60	1.7～3.0
较低	60～70	3.0～5.2
中	70～80	5.2～9.0
高	80～90	9.0～15.5
较高	>90	>15.5

通过3414试验建立的最佳施肥量模型，结合农户施肥情况调查、同田大区对比校正试验，提出合江县的水稻磷肥的推荐施肥指标（表9－6）。

表9－6　水稻不同目标产量不同肥力等级的磷肥推荐用量

肥力等级	有效磷（mg/kg）	水稻不同产量推荐施肥量（kg P_2O_5/亩）		
		450～550	550～600	600～700
低	1.7～3.0	6	7	8
较低	3.0～5.2	5	6	7
中	5.2～9.0	4	5	6
高	9.0～15.5	3	4	5
较高	>15.5	2	3	4

（二）养分丰缺分区图

依据水稻土壤有效磷的丰缺指标，可得到合江县水稻土壤有效磷含量丰缺分区图，如附图28所示。

从附图28可以看出，合江县水稻土壤有效磷含量分为五个等级。较低含量（3.0～5.2mg/kg）分布最广，大约占合江县土壤面积的45%；其次分布较多的是中含量（5.2～6.0mg/kg），所占土壤面积比例近38%；高含量（9.0～15.5mg/kg）的分布较少，面积比例约占合江县土壤总面积的15%，低含量（1.7～3.0mg/kg）和较高含量（>15.5mg/kg）的分布最少。可见，合江县水稻土壤有效磷含量处于中等偏低水平。

（三）施肥分区

施肥推荐分区图的编制，是为了指导平衡施肥项目辐射县的施肥而研制的。结合合江县水稻土壤有效磷含量分级和水稻相对产量，通过推荐施肥，可得出合江县水稻不同产量的磷肥施肥分区图（附图29、附图30、附图31）。

三、速效钾

（一）指标体系的建立

结合合江县水稻3414试验与周边县（区）水稻3414试验，共计21个试验点，可以得到试验缺钾区的相对产量与其对应的土壤速效钾含量情况如表 9－7 所示。

表 9－7　土壤速效钾含量与相对产量试验结果

试验点	速效钾（mg/kg）	相对产量（%）	试验点	速效钾（mg/kg）	相对产量（%）
1	46	68.45	12	197	83.33
2	121	87.41	13	131	79.68
3	53	68.36	14	100	90.77
4	91	82.20	15	74	78.75
5	118	88.70	16	158	95.17
6	78	77.99	17	130	86.92
7	112	94.76	18	163	92.50
8	94	86.64	19	229	94.73
9	76	86.38	20	261	99.45
10	61	62.18	21	127	95.06
11	121	83.58			

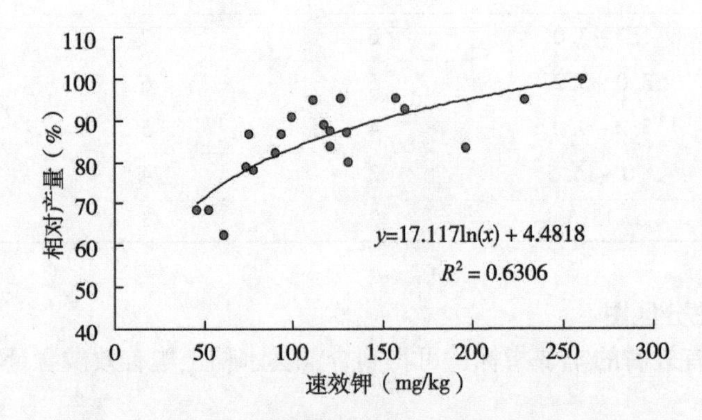

图 9－3　水稻土壤速效钾含量与相对产量相关性分析

从图 9－3 可以看出，土壤速效钾含量与缺钾区相对产量有较好的相关关系，通过计算可以得出水稻速效钾的丰缺指标（表 9－8）。

表 9－8　水稻速效钾含量丰缺指标

肥力等级	相对产量（%）	速效钾（mg/kg）
极低	<50	<14
低	50～60	14～26
较低	60～70	26～46
中	70～80	46～82
高	80～90	82～148
较高	>90	>148

通过3414试验建立的最佳施肥量模型，结合农户施肥情况调查、同田大区对比校正试验，提出合江县的水稻钾肥的推荐施肥指标，如表9－9。

表9－9　水稻不同肥力等级的钾肥推荐用量

肥力等级	速效钾（mg/kg）	水稻不同产量推荐施肥量（kg K_2O/亩）		
		450～550	550～600	600～700
较低	26～46	4.5	5	6
中	46～82	4	4.5	5
高	82～148	3.5	4	4.5
较高	＞148	3	3.5	4

（二）养分丰缺分区图

依据水稻土壤速效钾的丰缺指标，可得到合江县水稻土壤速效钾含量丰缺分区图，如下附图32所示。

从图中可以看出，合江县水稻土壤速效钾含量分四个等级。其分布以高含量（82～148mg/kg）为主；其次为中含量（46～82mg/kg）分布；较高含量（＞148mg/kg）和较低含量（26～46mg/kg）的分布甚少。可见，合江县水稻土壤速效钾肥力处于偏高水平。

（三）施肥分区

施肥推荐分区图的编制，是为了指导平衡施肥项目辐射县的施肥而研制的。结合合江县水稻土壤速效钾含量分级和水稻相对产量，通过推荐施肥，可得出合江县水稻不同产量的钾肥施肥分区图，见附图33、附图34、附图35。

四、水稻配方施肥分区

依据已建立的合江县水稻土壤养分丰缺指标和水稻不同目标产量施肥指标，提出合江县水稻配方施肥分区以指导水稻生产（表9－10）。附图37和附图38，分别为水稻在两个目标产量下的配方分区图。

表9－10　水稻不同目标产量的配方施肥分区

土壤分区	水稻目标产量		水稻不同产量配方：N－P－K（kg/亩）	
	普通产量	高产量	通用配方	高产配方
Ⅰ区：西北部浅中丘灰棕紫泥土区	550～600	600～700	10－3－3	11－3.5－3.5
Ⅱ区：中部高丘红紫泥土区	500～550	550～600	11－4－3.5	12－4.5－4
Ⅲ（1）区：中山峡谷红紫泥、黄壤土区	450～500	500～550	11－3－3.5	12－3.5－4.5
Ⅲ（2）区：低山窄谷红紫泥、棕紫泥土区	450～500	500～550	12－4－3	13－5－4

第二节　玉米施肥指标体系与施肥分区

一、碱解氮

（一）指标体系的建立

结合合江县玉米3414试验与周边县（区）玉米3414试验，共计17个试验，得到玉米试验缺氮区的相对产量与其对应的土壤碱解氮含量情况如表9－11所示。

表9－11　土壤碱解氮含量与相对产量试验结果

试验点	碱解氮（mg/kg）	相对产量（%）
1	130	97.62
2	100	90.87
3	48	53.20
4	87	68.21
5	79	73.97
6	106	82.32
7	76	69.77
8	115	80.51
9	64	64.64
10	80	67.40
11	96	77.07
12	64	85.73
13	143	87.78
14	77	81.58
15	87	75.52
16	72	61.00
17	95	83.81

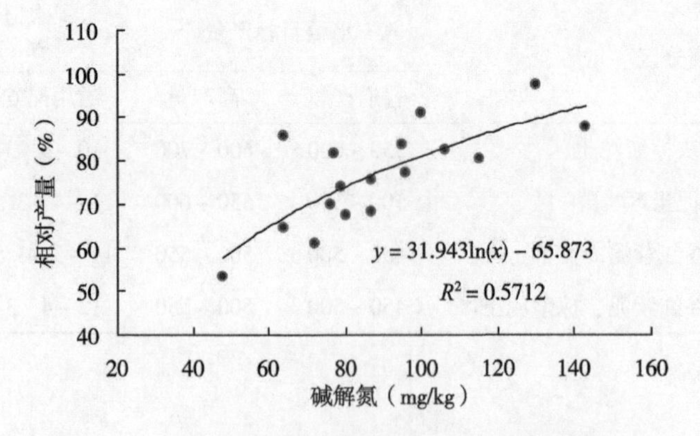

图9－4　玉米土壤碱解氮含量与相对产量相关性分析

从图9－4可以看出，土壤碱解氮含量与缺氮区相对产量有较好的相关关系，通过计算可以得出玉米碱解氮的丰缺指标（表9－12）。

表9－12　玉米碱解氮含量丰缺指标

肥力等级	相对产量（%）	碱解氮（mg/kg）
极低	<50	<38
低	50～60	38～51
较低	60～70	51～70
中	70～80	70～96
高	80～90	96～132
较高	>90	>132

通过3414试验建立的最佳施肥量模型，结合农户施肥情况调查、同田大区对比校正试验，提出合江县的玉米氮肥的推荐施肥指标（表9－13）。

表9－13　玉米不同目标产量不同肥力等级的氮肥推荐用量

肥力等级	碱解氮（mg/kg）	玉米不同产量推荐施肥量（kg N/亩）		
		300～350	350～400	400～450
较低	51～70	15	16	17
中	70～96	13	15	16
高	96～132	12	13	14.5
较高	>132	11	12	13

（二）养分丰缺图

依据玉米土壤碱解氮的丰缺指标，可得到合江县玉米土壤碱解氮含量丰缺分区图，如附图38所示。

从图中可看出，合江县玉米土壤碱解氮含量分四个等级，主要分布的为高含量（96～132mg/kg）和中含量（70～96mg/kg）；较低含量（51～70mg/kg）和较高含量（>132 mg/kg）的分布都很少。由图可见，合江县玉米土壤碱解氮含量也处于中高水平。

（三）施肥分区

施肥推荐分区图的编制，是为了指导平衡施肥项目辐射区的施肥而研制的。结合合江县玉米土壤碱解氮含量分级和玉米相对产量，通过推荐施肥，可得出合江县玉米不同产量的氮肥施肥分区图，见附图39、附图40、附图41。

二、有效磷

（一）指标体系的建立

结合合江县玉米3414试验与周边县（区）玉米3414试验，共计17个试验，得到玉米试验缺磷区的相对产量与其对应的土壤有效磷含量情况如表9－14所示。

表 9－14　土壤有效磷含量与相对产量试验结果

试验点	有效磷（mg/kg）	相对产量（%）
1	9.00	87.31
2	3.00	63.33
3	4.3	75.72
4	12.4	79.80
5	19.5	95.80
6	7	70.65
7	21.9	83.93
8	5	70.64
9	11	92.17
10	15.2	89.08
11	5.8	79.27
12	11	91.46
13	4.3	77.72
14	6.6	71.16
15	18.5	93.89
16	8.1	88.73

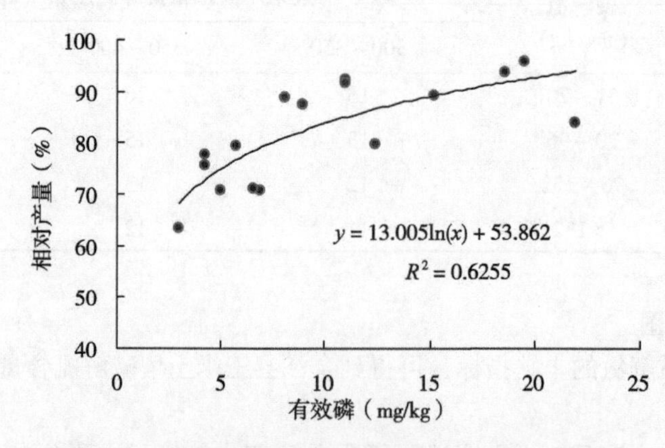

图 9－5　玉米土壤有效磷含量与相对产量相关性分析

从图 9－5 可以看出，玉米土壤有效磷含量与相对产量有很好的相关关系，通过计算可以得出玉米有效磷的丰缺指标（表 9－15）。

表 9－15　玉米有效磷含量丰缺指标

肥力等级	相对产量（%）	有效磷（mg/kg）
极低	<50	<0.7
低	50～60	0.7～1.6
较低	60～70	1.6～3.5
中	70～80	3.5～7.5
高	80～90	7.5～16.1
较高	>90	>16.1

通过3414试验建立的最佳施肥量模型，结合农户施肥情况调查、同田大区对比校正试验，提出合江县的玉米磷肥的推荐施肥指标（表9－16）。

表9－16　玉米不同目标产量不同肥力等级的磷肥推荐用量

肥力等级	有效磷（mg/kg）	玉米不同产量推荐施肥量（kg P_2O_5/亩）		
		300～350	350～400	400～450
较低	1.6～3.5	4	4.5	5
中	3.5～7.5	3.5	4	4.5
高	7.5～16.1	2.5	3.5	4
较高	>16.1	2	2.5	3

（二）养分丰缺图

依据玉米土壤有效磷的丰缺指标，可得到合江县玉米土壤有效磷含量丰缺分区图，如附图42所示。

从附图42中可看出，合江县玉米土壤有效磷含量分为四级。境内有效磷主要以中等含量（3.5～7.5mg/kg）和高含量（7.5～16.1mg/kg）分布；较高含量（>16.1mg/kg）和较低含量（1.6～3.5mg/kg）分布甚少。由丰缺分区图可知，合江县玉米土壤有效磷含量处于中、高水平。

（三）施肥分区

施肥推荐分区图的编制，是为了指导平衡施肥项目辐射县的施肥而研制的。结合合江县玉米土壤有效磷含量分级和玉米相对产量，通过推荐施肥，可得出合江县玉米不同产量的磷肥施肥分区图，见附图43、附图44、附图45。

三、速效钾

（一）指标体系的建立

结合合江县玉米3414试验与周边县（区）玉米3414试验，共计17个试验，得到玉米试验缺钾区的相对产量与其对应的土壤速效钾含量情况如表9－17所示。

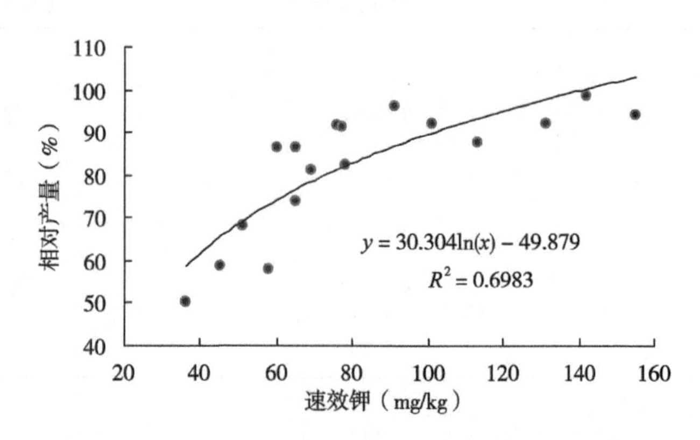

图9－6　玉米土壤速效钾含量与相对产量相关性分析

表 9－17　土壤速效钾含量与相对产量试验结果

试验点	速效钾（mg/kg）	相对产量（%）
1	101.00	92.21
2	91.00	96.12
3	76	91.70
4	113	87.66
5	69	81.25
6	45	58.87
7	78	82.23
8	155	94.22
9	36	50.15
10	60	86.45
11	65	86.59
12	131	92.05
13	77	91.14
14	142	98.76
15	51	68.12
16	58	57.93
17	65	73.63

从图 9－6 可以看出，玉米土壤速效钾含量与相对产量有很好的相关关系，通过计算可以得出玉米速效钾的丰缺指标（表 9－18）。

表 9－18　速效钾含量丰缺指标

肥力等级	相对产量（%）	速效钾（mg/kg）
极低	<50	<27
低	50～60	27～38
较低	60～70	38～52
中	70～80	52～73
高	80～90	73～101
较高	>90	>101

通过 3414 试验建立的最佳施肥量模型，结合农户施肥情况调查、同田大区对比校正试验，提出合江县的玉米钾肥的推荐施肥指标（表 9－19）。

表 9－19　不同肥力等级的钾肥推荐用量

肥力等级	速效钾（mg/kg）	玉米不同产量钾肥用量（kg K_2O/亩）		
		300～350	350～400	400～450
较低	38～52	4	4.5	5
中	52～73	3.5	4	4.5
高	73～101	3	3.5	4
较高	>101	2.5	3	3.5

（二）养分丰缺图

依据玉米土壤速效钾的丰缺指标，可得到合江县玉米土壤速效钾含量丰缺分区图，如附图46。

从附图46中可看出，合江县玉米土壤速效钾含量分为四个等级，其分布主要以高含量等级（73～101mg/kg）为主，其次为中含量等级（52～73mg/kg）的分布，较高含量（>101mg/kg）在合江县分布较少，所占面积比例不超过土壤总面积的20%；较低含量等级（38～52mg/kg）在该县分布最少。可知，合江县玉米土壤速效钾含量处于中高水平。

（三）施肥分区

施肥推荐分区图的编制，是为了指导平衡施肥项目辐射县的施肥而研制的。结合合江县玉米土壤速效钾含量分级和玉米相对产量，通过推荐施肥，可得出合江县玉米不同产量的钾肥施肥分区图，如附图47、附图48、附图49。

四、玉米配方施肥分区

依据已建立的合江县玉米土壤养分丰缺指标和玉米不同产量施肥指标，提出合江县玉米配方施肥分区以指导玉米生产（表9－20）。附图50和附图51，分别为玉米在不同目标产量下的配方施肥分区图。

表 9－20　玉米不同目标产量的配方施肥分区

土壤分区	玉米目标产量		玉米不同产量配方：N－P－K（kg/亩）	
	普通产量	高产量	通用配方	高产配方
Ⅰ区：西北部浅中丘灰棕紫泥土区	350～400	400～450	14－3.5－3.5	15－3.5－4
Ⅱ区：中部高丘红紫泥土区	300～350	350～400	14－3－3.5	15－3.5－4
Ⅲ（1）区：中山峡谷红紫泥、黄壤土区	250～300	300～350	15－3.5－3	15－4－4
Ⅲ（2）区：低山窄谷红紫泥、棕紫泥土区	250～300	300～350	15－4－3	16－4.5－3.5

第三节　油菜施肥指标体系与施肥分区

一、碱解氮

（一）指标体系的建立

结合合江县油菜3414试验与周边县（区）油菜3414试验，共计11个试验，得到油菜试验缺氮区的相对产量与其对应的土壤碱解氮含量情况如表9－21所示。

表9－21　土壤碱解氮含量与相对产量试验结果

试验点	碱解氮（mg/kg）	相对产量（%）
1	92	70.6
2	88	62.9
3	84.4	76.3
4	91	63.9
5	86	40.4
6	154	80
7	95	65
8	156	82
9	172	93.8
10	72	44.5
11	152	92

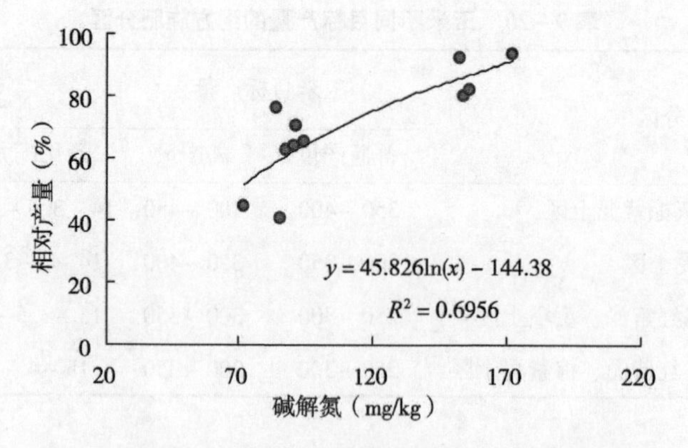

图9－7　油菜土壤碱解氮含量与相对产量相关性分析

从图9－7可以看出，土壤碱解氮含量与缺氮区相对产量有较好的相关关系，通过计算可以得出油菜碱解氮的丰缺指标（表9－22）。

表9-22　碱解氮含量丰缺指标

肥力等级	相对产量（%）	碱解氮（mg/kg）
极低	<50	<70
低	50~60	70~86
较低	60~70	86~108
中	70~80	108~134
高	80~90	134~166
较高	>90	>166

通过3414试验建立的最佳施肥量模型，结合农户施肥情况调查、同田大区对比校正试验，提出合江县的油菜不同产量的氮肥推荐施肥指标（表9-23）。

表9-23　油菜不同目标产量不同肥力等级的氮肥推荐用量

肥力等级	碱解氮（mg/kg）	油菜不同产量推荐施肥量（kg N/亩）	
		100~150	150~200
极低	<70	14	15
低	70~86	13	14
较低	86~108	12	13
中	108~134	10	12
高	134~166	9	10

（二）养分丰缺分区

依据油菜土壤碱解氮的丰缺指标，可得到合江县油菜土壤碱解氮含量丰缺分区图，如附图52所示。

从图中可以看出，合江县油菜土壤碱解氮含量分为五级。较低含量（86~108mg/kg）分布最广，占合江县土壤面积的近60%；低含量（70~86mg/kg）和中等含量（108~134mg/kg）的分布较少，而极低含量（<70mg/kg）和高含量（134~166mg/kg）在合江县仅有少数分布。可见，合江县油菜土壤碱解氮含量处于较低水平。

（三）施肥分区

施肥推荐分区图的编制，是为了指导平衡施肥项目辐射区的施肥而研制的。结合合江县土壤碱解氮含量分级和油菜相对产量，通过推荐施肥，可得出合江县油菜不同产量氮肥施肥分区图，如附图53和附图54。

二、有效磷

（一）指标体系的建立

结合合江县油菜3414试验与周边县（区）油菜3414试验，共计11个试验，得到油菜试验缺磷区的相对产量与其对应的土壤有效磷含量情况如表9-24所示。

表 9-24 土壤有效磷含量与相对产量试验结果

试验点	有效磷（mg/kg）	相对产量（%）
1	1.9	43.0
2	15.3	97.5
3	6.9	74.6
4	8.9	64
5	23.3	99.4
6	15.6	78.7
7	5.5	59.5
8	15.9	82.3
9	18	75.6
10	4.7	39.9
11	18.8	70

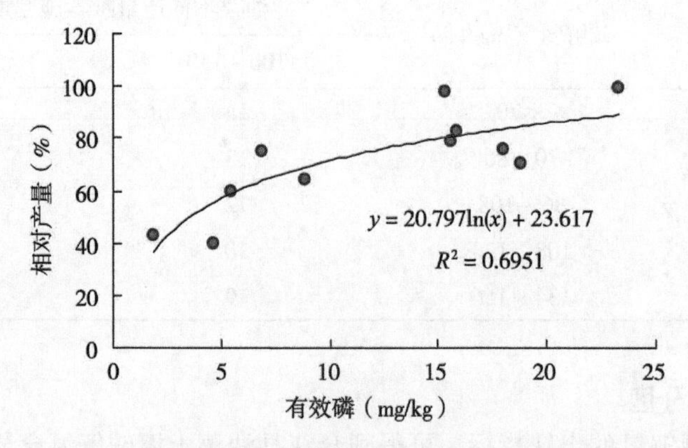

图 9-8 油菜土壤有效磷含量与相对产量相关性分析

从图 9-8 可以看出，土壤有效磷含量与缺磷区相对产量有较好的相关关系，通过计算可以得出油菜有效磷的丰缺指标（表 9-25）。

表 9-25 有效磷含量丰缺指标

肥力等级	相对产量（%）	有效磷（mg/kg）
极低	<50	<3.6
低	50~60	3.6~5.8
较低	60~70	5.8~9.3
中	70~80	9.3~15.0
高	80~90	15.0~24.3
较高	>90	>24.3

通过 3414 试验建立的最佳施肥量模型，结合农户施肥情况调查、同田大区对比校正试验，提出合江县的油菜不同产量的磷肥推荐施肥指标（表 9-26）。

表 9-26　油菜不同目标产量不同肥力等级的磷肥推荐用量

肥力等级	有效磷（mg/kg）	油菜不同产量推荐施肥量（P_2O_5 kg/亩）	
		100~150	150~200
极低	<3.6	7	8
低	3.6~5.8	6	7
较低	5.8~9.3	5	6
中	9.3~15.0	4	5
高	15.0~24.3	3	4
较高	>24.3	2	3

（二）养分丰缺分区

依据油菜土壤有效磷的丰缺指标，可得到合江县油菜土壤有效磷含量丰缺分区图，见附图55。

从附图55中可以看出，合江县油菜土壤有效磷含量分为六级，其中较低含量（5.8~9.3 mg/kg）和低含量（3.6~5.8mg/kg）分布面积最多，二者所占合江县土壤面积的比例都在40%左右；中等含量（9.3~15.0mg/kg）在合江县分布较少；而高含量（15.0~24.3mg/kg）、较高含量（>24.3mg/kg）和极低含量（<3.6mg/kg）分布较少。可见，合江县内油菜土壤有效磷含量偏低，大多处于3.6~9.3mg/kg。

（三）施肥分区

施肥推荐分区图的编制，是为了指导平衡施肥项目辐射区的施肥而研制的。结合合江县土壤有效磷含量分级和油菜相对产量及油菜不同产量的施肥指标，通过推荐施肥，可得出合江县油菜不同产量的磷肥施肥分区图，如附图56和附图57。

三、速效钾

（一）指标体系的建立

结合合江县油菜3414试验与周边县（区）油菜3414试验，共计11个试验，得到油菜试验缺钾区的相对产量与其对应的土壤速效钾含量情况如表9-27所示。

表 9-27　土壤速效钾含量与相对产量试验结果

试验点	速效钾（mg/kg）	相对产量（%）
1	53.0	95.6
2	24.0	53.6
3	47.0	72.3
4	98	73.6
5	51	72.3
6	93	69.6
7	61	61.2
8	134	98.5
9	160	94.6
10	58	62.9
11	161.8	92.6

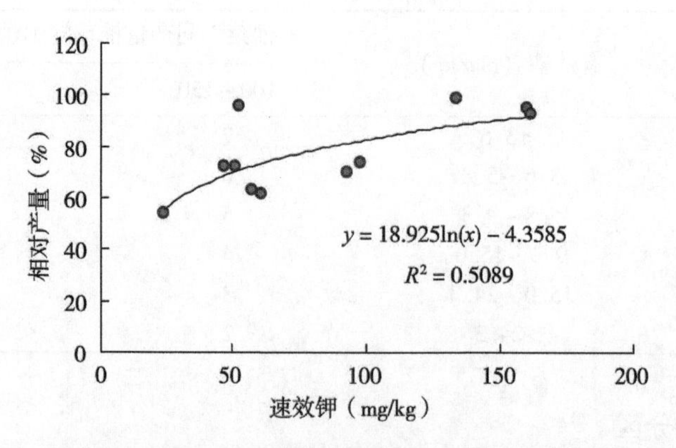

图 9－9　油菜土壤速效钾含量与相对产量相关性分析

从图 9－9 可以看出，土壤速效钾含量与缺钾区相对产量有较好的相关关系，通过计算可以得出油菜速效钾的丰缺指标（表 9－28）。

表 9－28　速效钾含量丰缺指标

肥力等级	相对产量（%）	速效钾（mg/kg）
极低	<50	<18
低	50～60	18～30
较低	60～70	30～51
中	70～80	51～86
高	80～90	86～146
较高	>90	>146

通过 3414 试验建立的最佳施肥量模型，结合农户施肥情况调查、同田大区对比校正试验，提出合江县的油菜不同产量的钾肥的推荐施肥指标（表 9－29）。

表 9－29　油菜不同目标产量不同肥力等级的钾肥推荐用量

肥力等级	速效钾（mg/kg）	油菜不同产量钾肥用量（K_2O kg/亩）	
		100～150	150～200
较低	30～51	3.5	4
中	51～86	3	3.5
高	86～146	2.5	3
较高	>146	2	2.5

（二）养分丰缺分区

依据油菜土壤速效钾的丰缺指标，可得到合江县油菜土壤速效钾含量丰缺分区图，如附图 58。

从表 9－29 可以看出，合江县油菜土壤速效钾含量分为四级，其中以高含量（86～

146mg/kg）的分布为主，占了合江县土壤总面积的一半；中等含量（51～86mg/kg）分布次之，所占面积比例也超过了45%；较高含量（>146mg/kg）和较低含量（30～51mg/kg）分布很少。可见，合江县油菜土壤速效钾含量处于中高水平。

（三）施肥分区

施肥推荐分区图的编制，是为了指导平衡施肥项目辐射区的施肥而研制的。结合合江县土壤速效钾含量分级和油菜相对产量，通过推荐施肥，可得出合江县油菜不同产量的钾肥施肥分区图，如附图59和附图60。

四、油菜配方施肥分区

依据已建立的合江县油菜土壤养分丰缺指标和油菜不同产量施肥指标，提出合江县油菜配方施肥分区以指导油菜生产（表9－30），如附图61和附图62分别为油菜在不同目标产量下的配方施肥分区图。

表9－30　油菜不同目标产量的配方施肥分区

土壤分区	油菜目标产量（kg/亩）		油菜不同产量配方：N-P-K（kg/亩）	
	普通产量	高产量	通用配方	高产配方
Ⅰ区：西北部浅中丘灰棕紫泥土区	100～150	150～250	12－6－3.5	13－6－4
Ⅱ区：中部高丘红紫泥土区	100～150	150～200	10－5－2.5	11－5－3
Ⅲ（1）区：中山峡谷红紫泥、黄壤土区	50～100	100～150	12－5.5－2.5	14－6－2.5
Ⅲ（2）区：低山窄谷红紫泥、棕紫泥土区	50～150	150～200	10－4－2	11－4.5－2.5

附　表

合江县土壤分类代码与四川省土壤分类代码对照表 1

合江土壤								地力评价	四川省第二次土壤普查分类系统							
土类		亚类		土属		土种			土种		土属		亚类		土类	
代码	名称	代码	名称	代码	名称	代码		代码	名称	代码	名称	代码	名称	代码	名称	代码
01	水稻土	011	潮土性水稻土	0112	灰棕潮土性水稻土	1	沙田	21030203	灰棕潮土	U323	渗育灰棕潮田	U32	渗育性水稻土	U3	水稻土	U
						2	油沙田	21030103	灰棕油沙田	U313						
						3	潮沙泥田	21030202	灰棕潮沙泥田	U322						
				0113	紫色潮土性水稻土	5	紫色沙田	21030303	紫色潮沙田	U333	渗育紫潮田	U33				
						6	油沙田	21030302	紫色潮沙田	U333						
						7	夹沙泥田	21030302	紫潮沙泥田	U332						
						8	大泥田	21030301	紫潮泥田	U331						
		012	紫色性水稻土	0112	灰棕紫色水稻土	9	夹沙泥田	21030602	夹沙泥田	U362	渗育紫泥田	U36				
						10	大泥田	21030601	大泥田	U361						
						15	油沙田	21030602	夹沙泥田	U362						
				0123	红棕紫色水稻土	16	夹沙泥田	21030502	棕紫夹沙泥田	U352	钙质紫泥田	U35				

合江县土壤分类代码与四川省土壤分类代码对照表 2

<table>
<tr><th colspan="8">合江土壤</th><th rowspan="2">地力评价</th><th colspan="8">四川省第二次土壤普查分类系统</th></tr>
<tr><th colspan="2">土类</th><th colspan="2">亚类</th><th colspan="2">土属</th><th colspan="2">土种</th><th colspan="2">土种</th><th colspan="2">土属</th><th colspan="2">亚类</th><th colspan="2">土类</th></tr>
<tr><th>代码</th><th>名称</th><th>代码</th><th>名称</th><th>代码</th><th>名称</th><th>代码</th><th>名称</th><th>代码</th><th>名称</th><th>代码</th><th>名称</th><th>代码</th><th>名称</th><th>代码</th><th>名称</th><th>代码</th></tr>
<tr><td rowspan="11">01</td><td rowspan="11">水稻土</td><td rowspan="10">012</td><td rowspan="10">紫色性水稻土</td><td>0123</td><td>红棕紫色水稻土</td><td>17</td><td>大泥田</td><td>21030501</td><td>棕紫泥田</td><td>U351</td><td>钙质紫泥田</td><td>U35</td><td rowspan="6">渗育性水稻土</td><td rowspan="6">U3</td><td rowspan="11">水稻土</td><td rowspan="11">U</td></tr>
<tr><td rowspan="4"></td><td rowspan="4">棕紫色水稻土</td><td>21</td><td>夹沙泥田</td><td>21030602</td><td>夹沙泥田</td><td>U362</td><td rowspan="3">渗育紫泥田</td><td rowspan="3">U36</td></tr>
<tr><td>22</td><td>大泥田</td><td>21030601</td><td>大泥田</td><td>U361</td></tr>
<tr><td>24</td><td>油沙田</td><td>21030602</td><td>夹沙泥田</td><td>U362</td></tr>
<tr><td>23</td><td>黄泥田</td><td>21030803</td><td>沙黄泥田</td><td>U383</td><td>黄泥田</td><td>U38</td></tr>
<tr><td></td><td>红紫色水稻土</td><td>27</td><td>红沙泥田</td><td>21030702</td><td>酸性沙泥田</td><td>U372</td><td>酸紫泥田</td><td>U37</td></tr>
<tr><td>0124</td><td>棕紫色水稻土</td><td>20</td><td>沙田</td><td>21030602</td><td>钙质紫沙田</td><td>U222</td><td>淹育钙质紫泥田</td><td>U22</td><td rowspan="2">淹育性水稻土</td><td rowspan="2">U2</td></tr>
<tr><td>0126</td><td>红紫色水稻土</td><td>26</td><td>红沙田</td><td>21020102</td><td>红紫沙田</td><td>U212</td><td>淹育紫泥田</td><td>U21</td></tr>
<tr><td rowspan="2">0127</td><td rowspan="2">酸性黄紫色水稻土</td><td>29</td><td>松毛沙田</td><td>21010601</td><td>红紫泥田</td><td>U161</td><td rowspan="2">酸紫泥田</td><td rowspan="2">U16</td><td rowspan="3">潴育性水稻土</td><td rowspan="3">U1</td></tr>
<tr><td>30</td><td>蕨基沙田</td><td>21010602</td><td>黄紫酸沙泥田</td><td>U162</td></tr>
<tr><td>013</td><td>黄壤性水稻土</td><td>0133</td><td>老冲积黄泥水稻土</td><td>31</td><td>小土黄泥田</td><td>21010702</td><td>小土黄泥田</td><td>U172</td><td>潴育黄泥田</td><td>U17</td></tr>
</table>

合江县土壤分类代码与四川省土壤分类代码对照表 3

合江土壤								地力评价	四川省第二次土壤普查分类系统							
土类		亚类		土属		土种			土种		土属		亚类		土类	
代码	名称	代码	名称	代码	名称	代码	名称	代码	名称	代码	名称	代码	名称	代码	名称	代码
01	水稻土	013	黄壤性水稻土	0133	老冲积黄泥水稻土	32	黄泥田	21010702	铁杆子黄泥田	U171	潴育黄泥田	U17	潴育性水稻土	U1	水稻土	U
						33	死黄泥田	21010704	死黄泥田	U174						
		012	紫色性水稻土	0122	灰棕紫色水稻土	11	黄泥田	21010602	黄紫酸沙泥田	U162	潴育酸性紫泥田	U16				
						12	沙田	21010604	紧口沙田	U164						
						13	白鳝泥田	21010603	假白鳝泥田	U163						
				0123	红棕紫色水稻土	18	黄泥田	21010402	夹黄紫泥田	U141	潴育钙质紫泥田	U14				
				0112	灰棕潮土性水稻土	4	鸭屎泥田	21040104	鸭屎泥田	U414	潜育潮田	U41	潜育性水稻土	U4		
				0122	灰棕紫色水稻土	14	鸭屎泥田	21040202	鸭屎紫沙泥田	U422	潜育紫泥田	U42				
				0124	棕紫色水稻土	25	鸭屎泥田	21040301	钙质鸭屎紫沙泥田	U431	潜育钙质紫泥田	U43				
				0132	红棕紫色水稻土	19	硝田	21040603	硝田	U463	矿毒田	U46				
				0126	红紫色水稻土	28	黄泡泥田	21040403	烂黄泥田	U433	潜育黄泥田	U44				

合江县土壤分类代码与四川省土壤分类代码对照表 4

合江土壤								地力评价	四川省第二次土壤普查分类系统							
土类		亚类		土属		土种			土种		土属		亚类		土类	
代码	名称	代码	名称	代码	名称	代码	名称	代码	名称	代码	名称	代码	名称	代码	名称	代码
02	潮土	021	潮土	0212	灰棕潮土	34	白沙土	11020101	河沙土	K211	冲积灰棕沙土	K21	新积土	K1	新积土	K
						35	潮沙泥土	18010302	钙质灰棕潮沙泥土	K132	钙质灰棕潮沙泥土	K13				
						36	油沙土	18010302	钙质灰棕潮沙泥土	K132						
				0213	紫色潮土	37	紫沙土	11010301	新积钙质紫沙土	K131	新积钙质紫沙土					
						38	夹沙泥土	18010302	紫潮沙泥土	K132	紫潮泥土					
						39	大泥土	10810301	紫潮泥土	K123						
						40	油沙土	10810302	紫潮沙泥土	K122						
03	紫色土	031	酸性紫色土	0311	红紫泥土	41	红沙土	14010203	酸紫沙土	N123	酸紫泥土	N12	酸性紫色土	N1	紫色土	N
						42	红沙泥土	14010202	酸紫沙泥土	N122						
						43	黄泡泥土	14010204	酸紫黄泥土	N124						
				0312	酸性黄紫泥土	45	蕨基沙土	14010206	中层酸紫沙泥土	N126						

合江县土壤分类代码与四川省土壤分类代码对照表 5

合江土壤								地力评价	四川省第二次土壤普查分类系统							
土类		亚类		土属		土种			土种		土属		亚类		土类	
代码	名称	代码	名称	代码	名称	代码	名称	代码	名称	代码	名称	代码	名称	代码	名称	代码
03	紫色土	031	酸性紫色土	0312	酸性黄紫泥土	46	松毛沙土	14010205	厚层酸紫沙泥土	N125	酸紫泥土	N12	酸性紫色土	N1	紫色土	N
		032	中性紫色土	0322	灰棕紫色土	47	斑鸠沙土	14020103	灰棕石骨土	N213	灰棕紫泥土	N21	中性紫色土	N2		
						48	夹沙泥土	14020102	灰棕紫沙泥土	N212						
						49	大泥土	14020101	灰棕紫泥土	N211						
						50	沙土	14020105	灰棕黄紫泥土	N215						
						51	黄泥土	14020104	灰棕紫沙土	N214						
						52	白鳝泥土	14020105	灰棕黄紫泥土	N215						
						53	黑油沙土	14020102	灰棕沙泥土	N212						
		033	石灰性紫色土	0331	红棕紫泥土	54	红石骨子土	14030203	红棕石骨土	N323	红棕紫色土	N32	石灰性紫色土	N3		
						55	红沙大土	14030201	红棕紫泥土	N321						
						56	黄泥土	14030205	红棕紫黄泥土	N325						

合江县土壤分类代码与四川省土壤分类代码对照表 6

合江土壤								地力评价	四川省第二次土壤普查分类系统							
土类		亚类		土属		土种			土种		土属		亚类		土类	
代码	名称	代码	名称	代码	名称	代码	名称	代码	名称	代码	名称	代码	名称	代码	名称	代码
03	紫色土	033	石灰性紫色土	0332	棕紫泥土	57	石骨子土	14030103	棕紫石骨土	N313	棕紫泥土	N31	石灰性紫色土	N3	紫色土	N
						58	大泥土	14030101	棕紫泥土	N311						
						59	黄泥土	14030105	棕紫黄泥土	N315						
						60	沙土	14030104	棕紫沙土	N314						
						61	夹沙泥土	14030102	棕紫沙泥土	N312						
						62	油沙土	14030102	棕紫沙泥土	N312						
04	黄壤	041	黄壤	0411	老冲积黄壤	63	卵石黄泥土	3010404	卵石黄泥土	C144	老冲积黄泥土	C14	黄壤	c1	黄壤	c
						64	小土黄泥土	3010402	面黄泥土	C142						
						65	黄泥土	3010401	卵石黄泥土	C141						
						66	死黄泥土	3010405	厚层卵石黄泥土	C145						

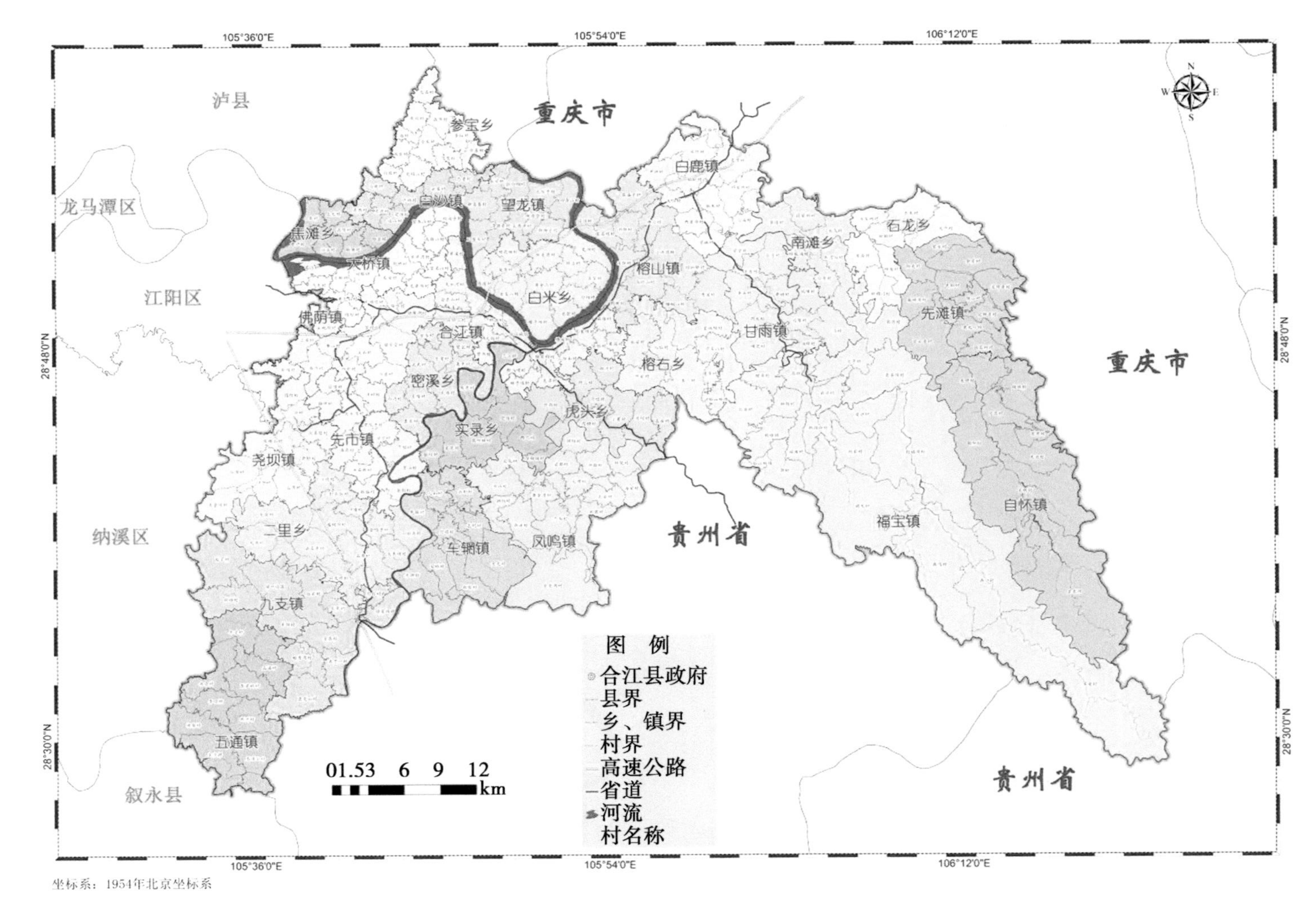

附图1 合江县村级行政区域图

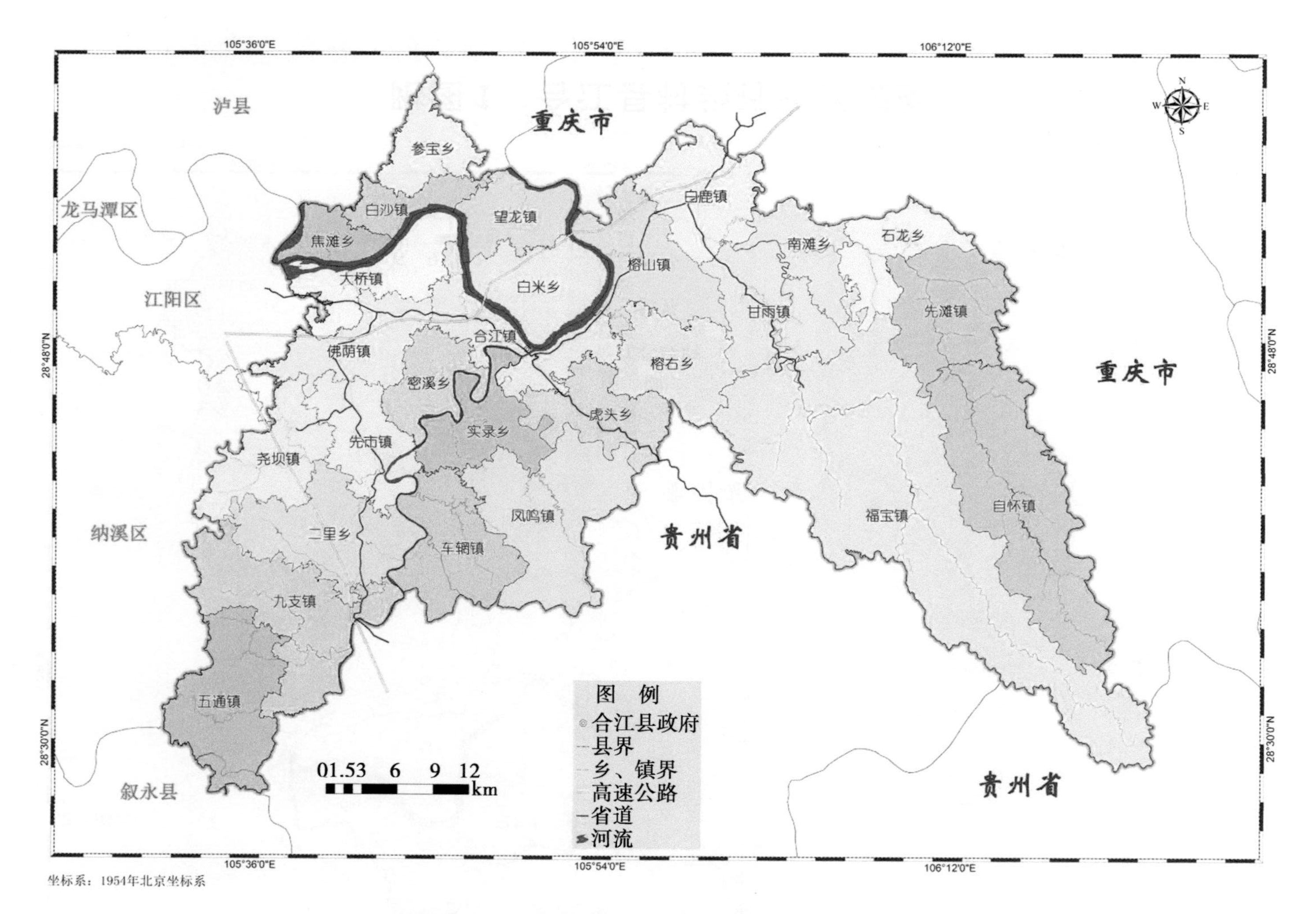

附图 2　合江镇乡镇行政区划图

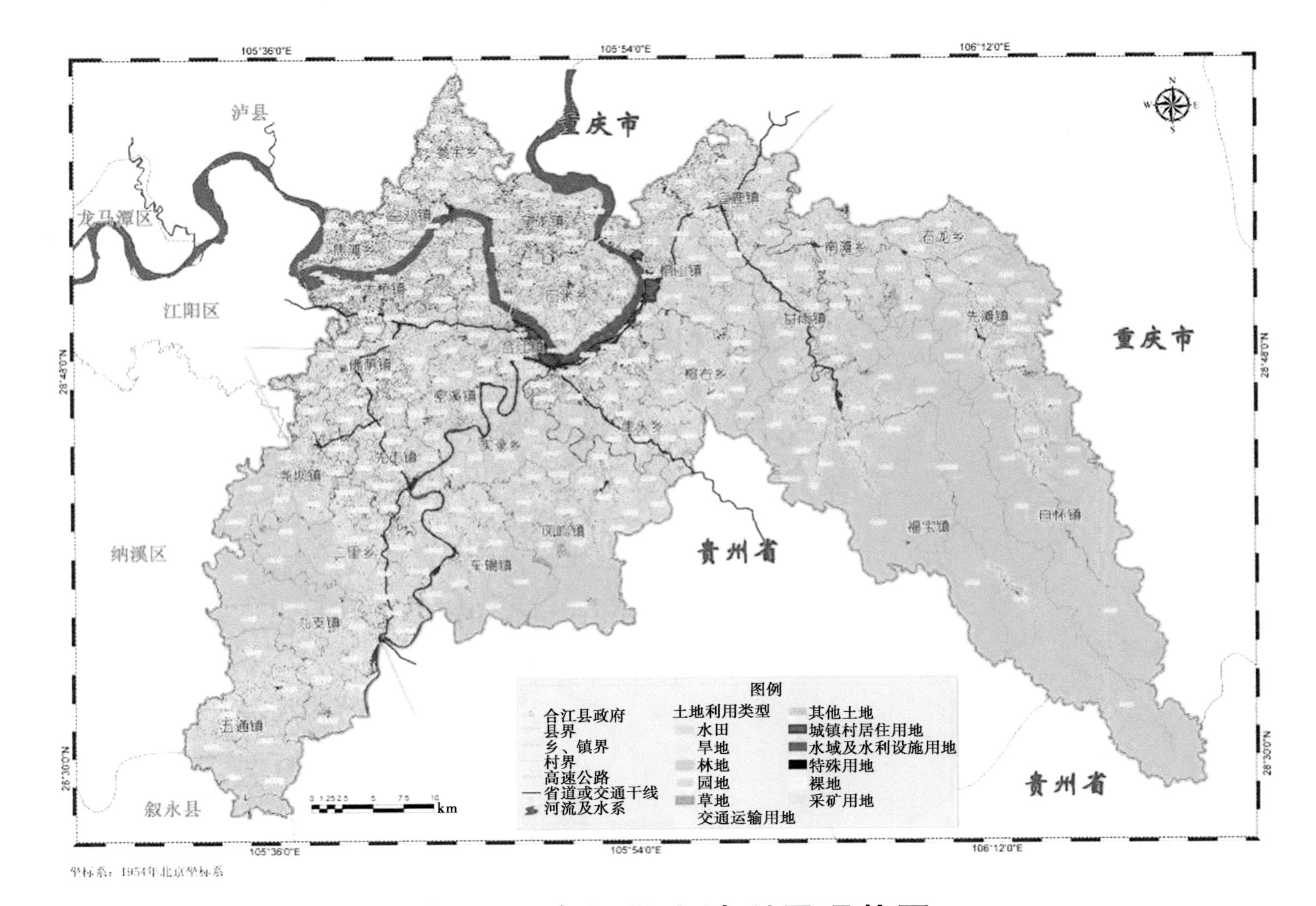

附图3　合江县土地利用现状图

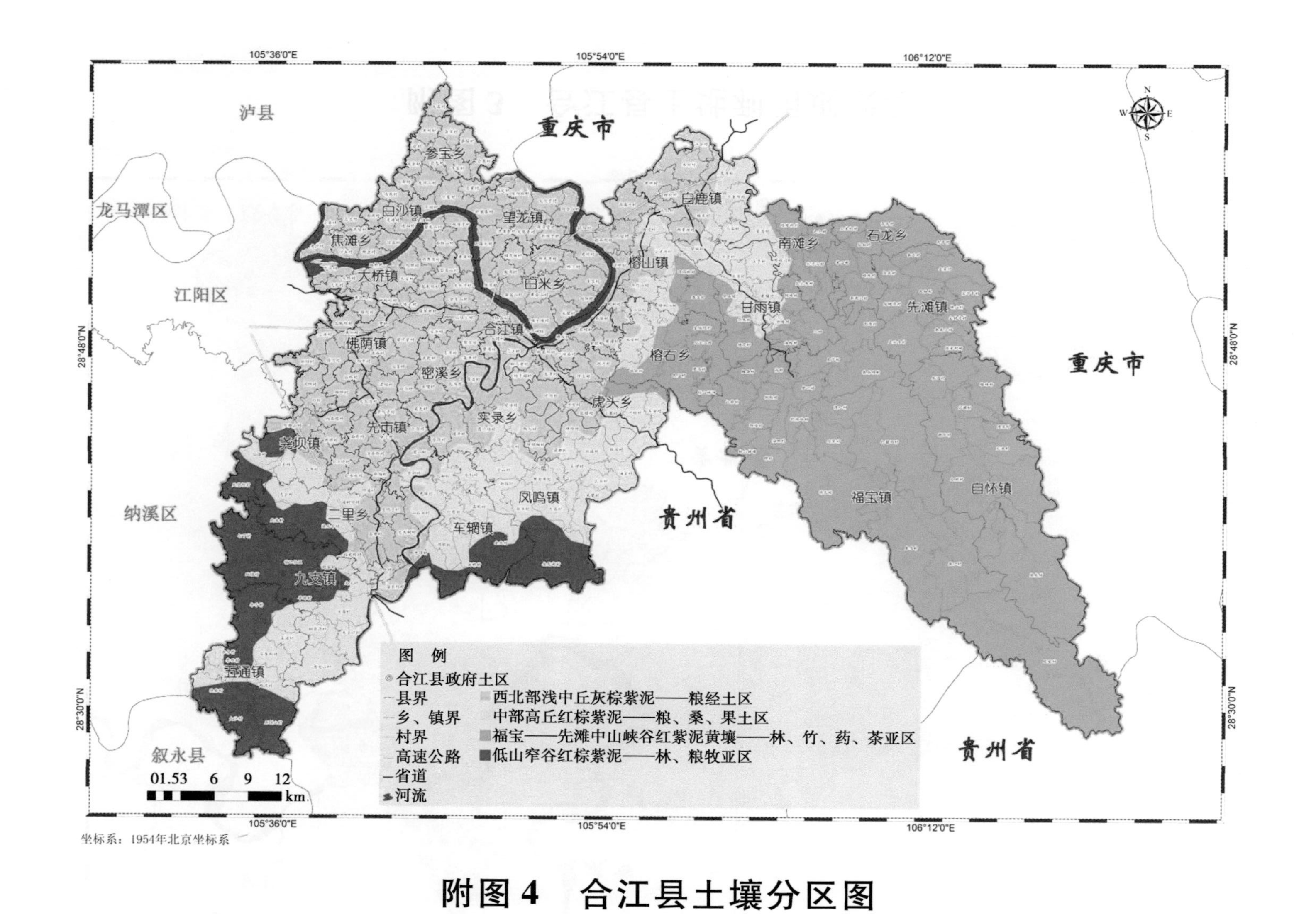

附图 4　合江县土壤分区图

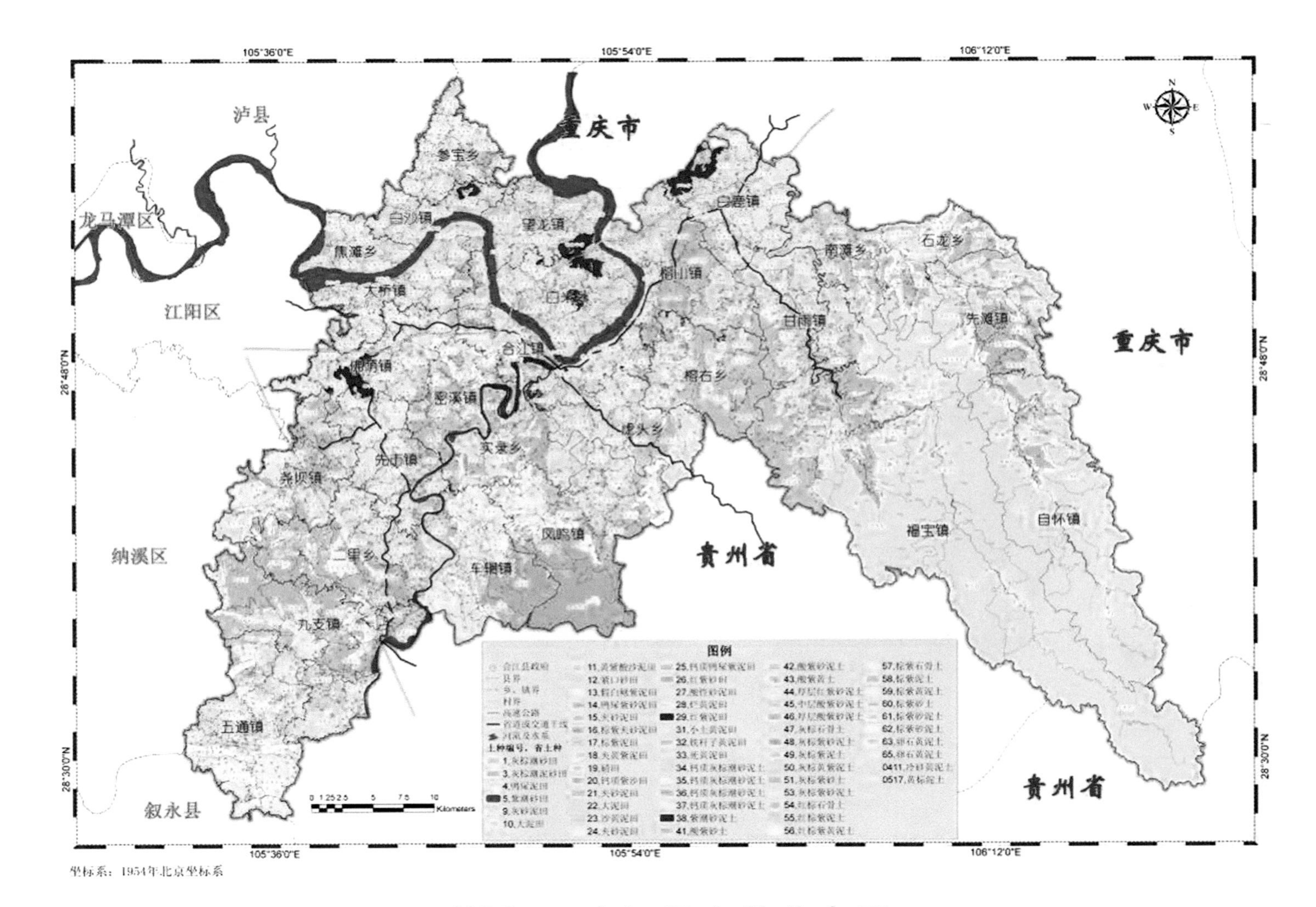

附图5　合江县土种分布图

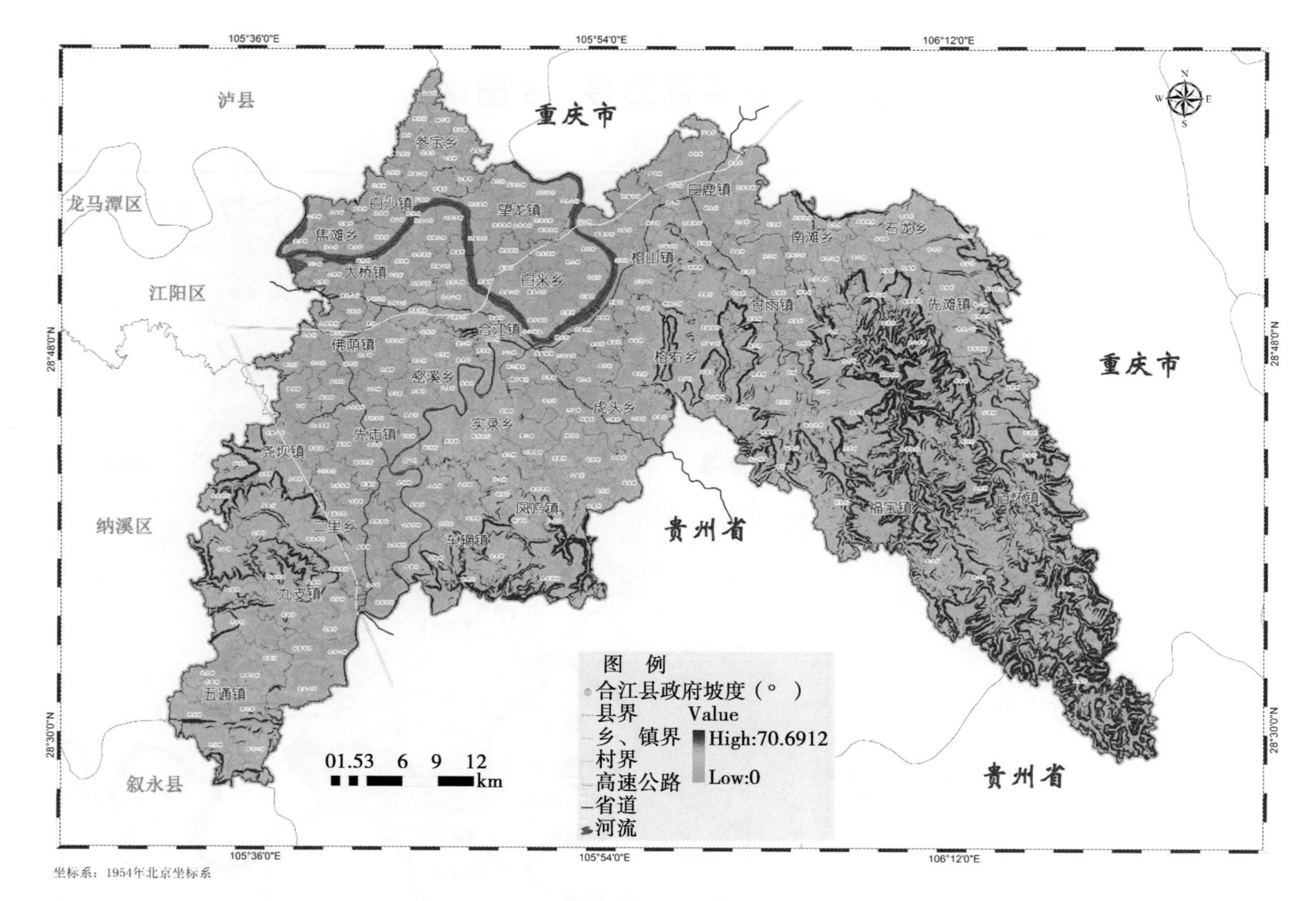

105°36'0"E
105°54'0"E
106°12'0"E
28°48'0"N
28°30'0"N
泸县
龙马潭区
江阳区
纳溪区
叙永县
重庆市
贵州省
参宝乡
白沙镇
望龙镇
焦滩乡
大桥镇
白米乡
合江镇
佛荫镇
密溪乡
实录乡
先市镇
尧坝镇
二里乡
九支镇
五通镇
车辋镇
凤鸣镇
虎头乡
榕右乡
榕山镇
白鹿镇
甘雨镇
南滩乡
石龙乡
先滩镇
福宝镇
自怀镇
N
S
W
E
图 例
合江县政府坡度（° ）
县界
乡、镇界
村界
高速公路
省道
河流
Value
High:70.6912
Low:0
01.53 6 9 12
km
坐标系：1954年北京坐标系

附图6　合江县坡度图

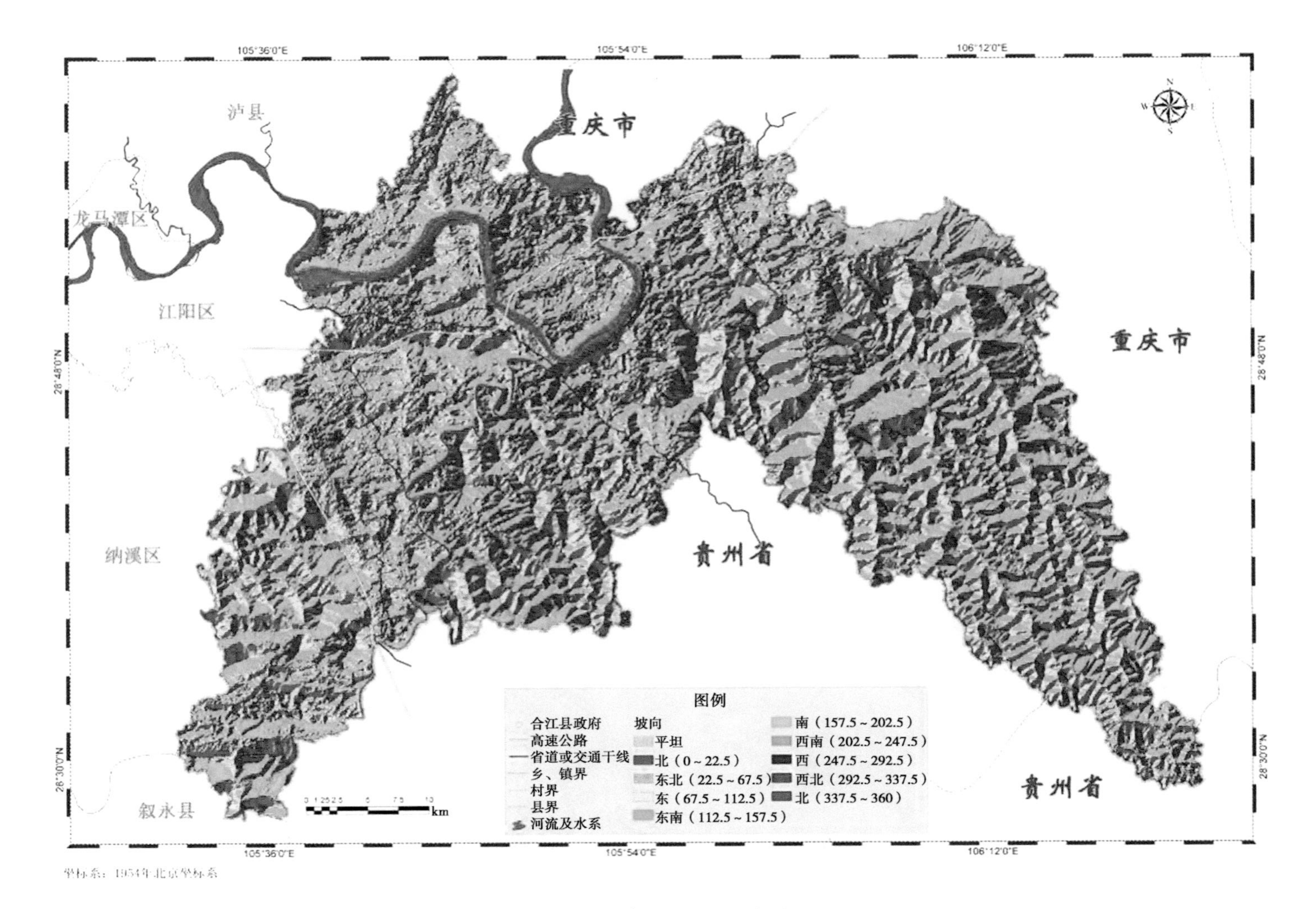

105°36'0"E
105°54'0"E
106°12'0"E
28°48'0"N
28°30'0"N
泸县
龙马潭区
江阳区
纳溪区
叙永县
重庆市
重庆市
贵州省
贵州省
图例
合江县政府
高速公路
省道或交通干线
乡、镇界
村界
县界
河流及水系
坡向
平坦
北（0～22.5）
东北（22.5～67.5）
东（67.5～112.5）
东南（112.5～157.5）
南（157.5～202.5）
西南（202.5～247.5）
西（247.5～292.5）
西北（292.5～337.5）
北（337.5～360）
0 1.25 2.5 5 7.5 10
km
坐标系：1954年北京坐标系

附图7　合江县坡向图

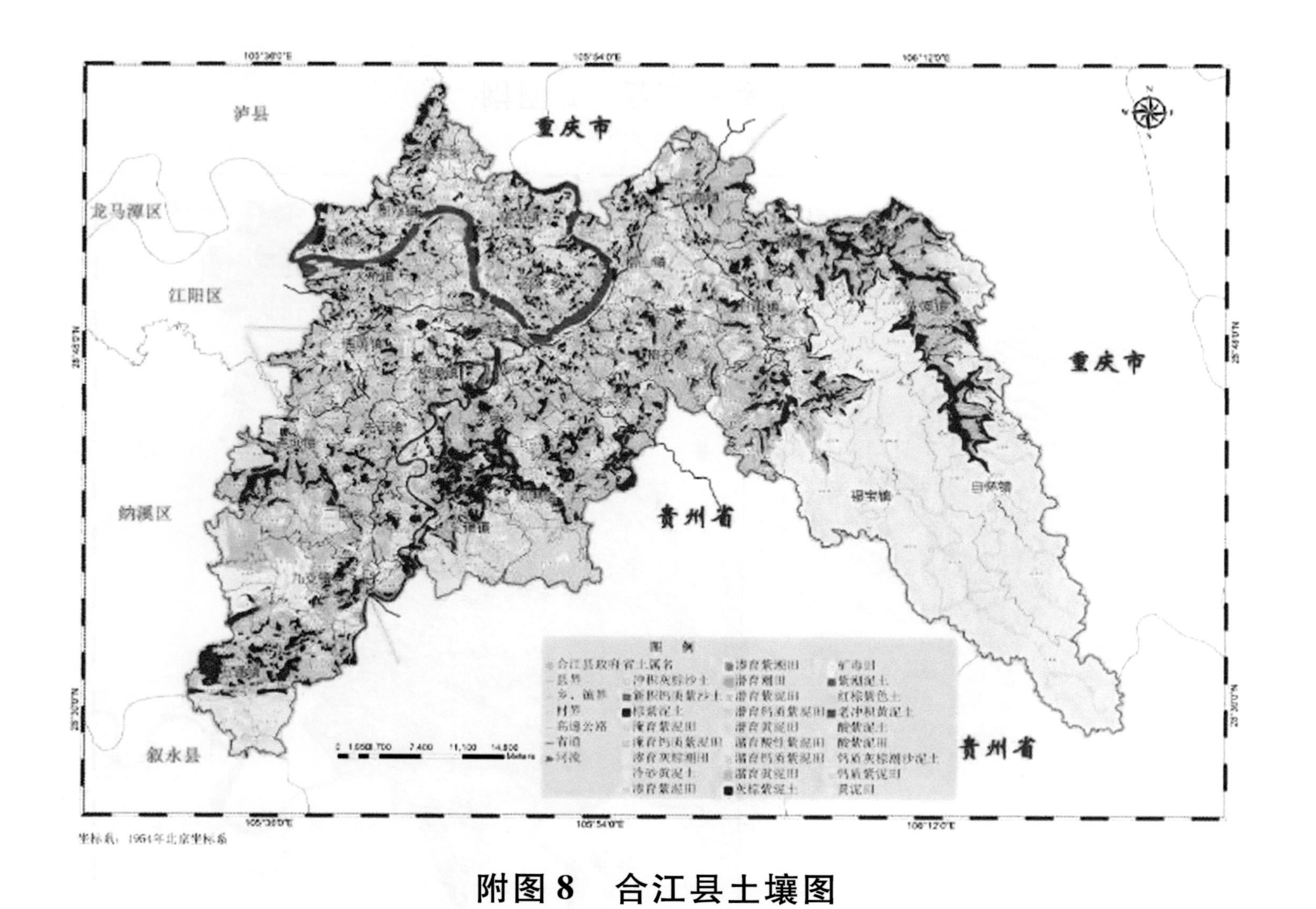

附图8　合江县土壤图

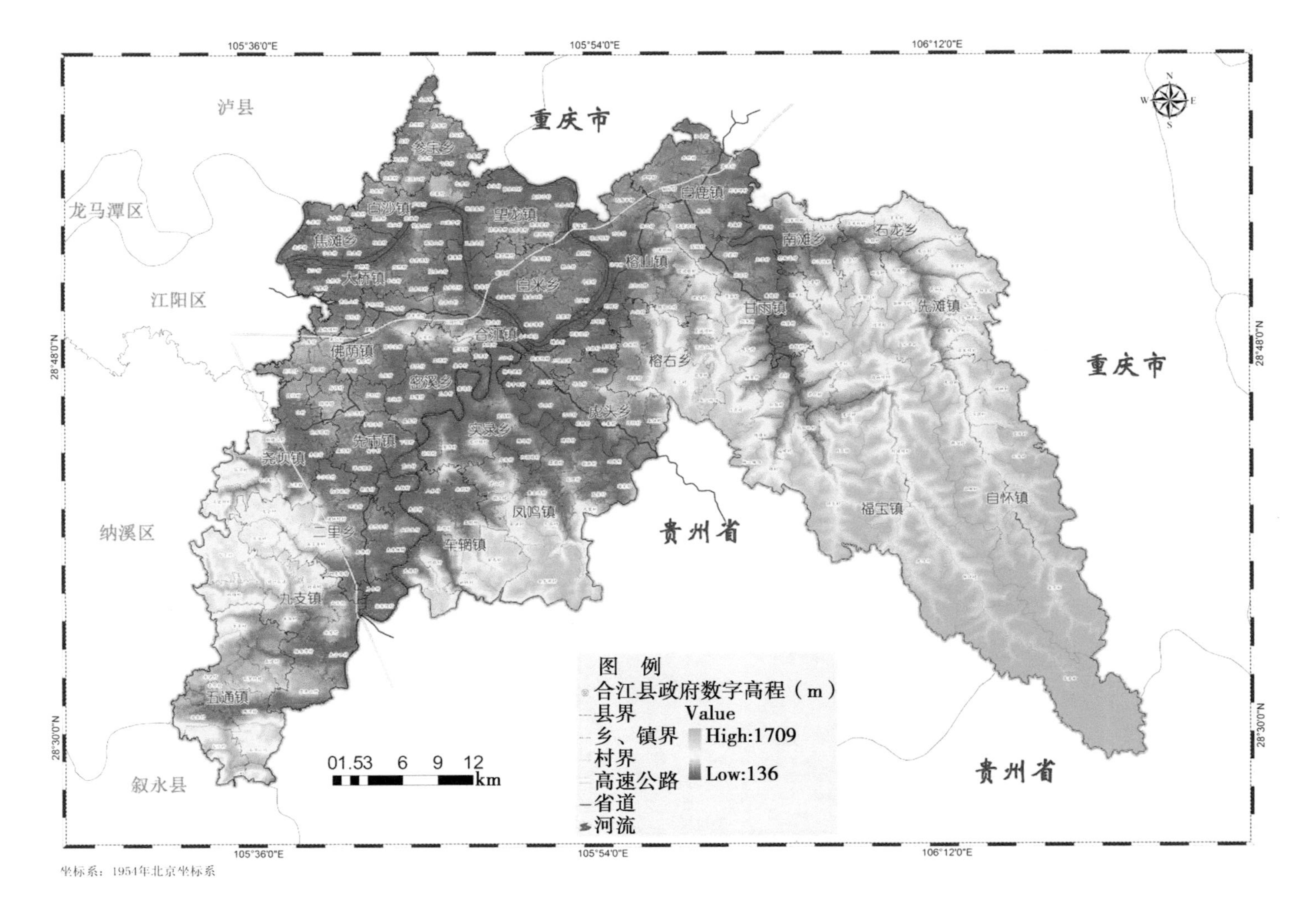

附图9 合江县数字高程模型图

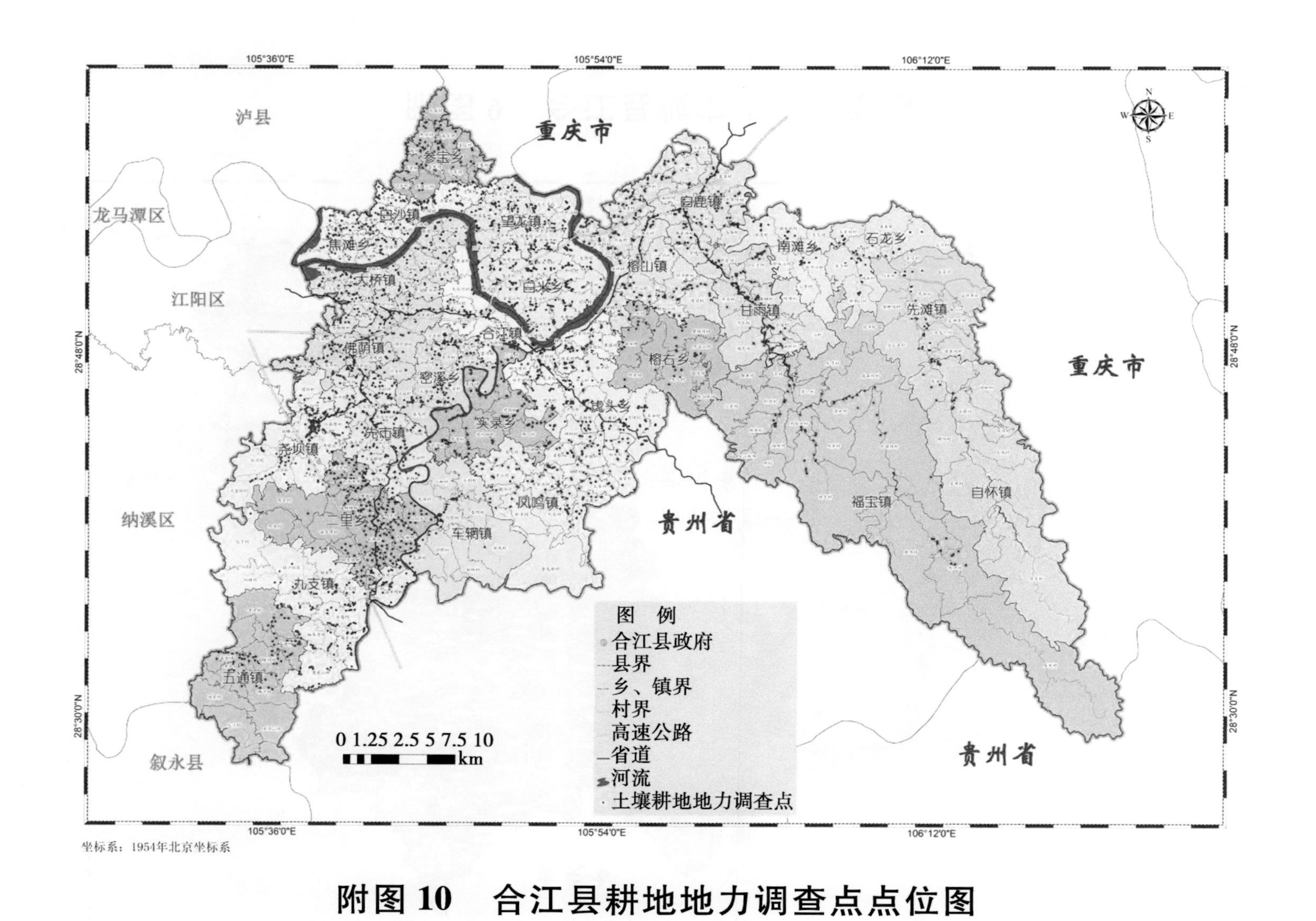

附图 10 合江县耕地地力调查点点位图

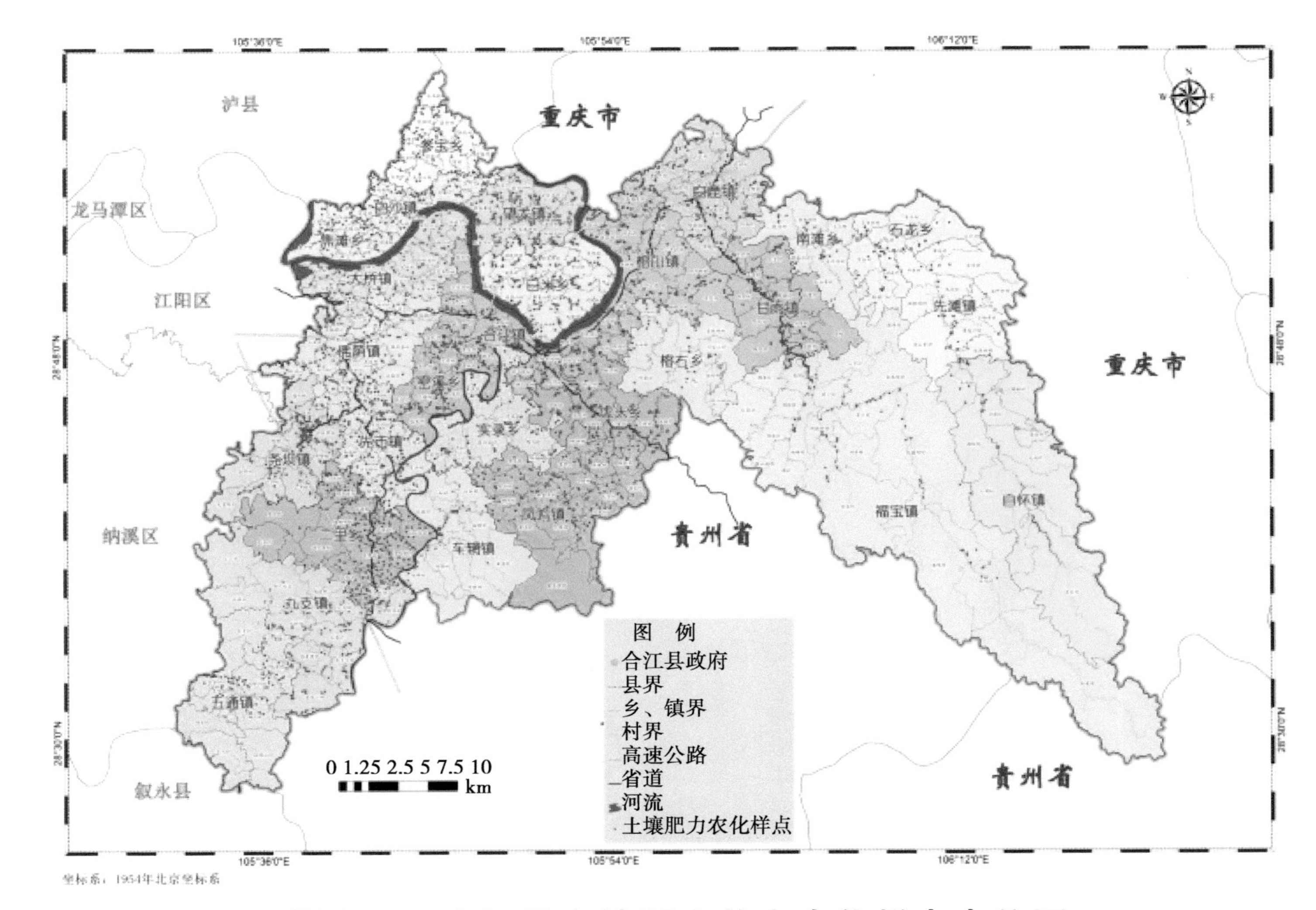

附图 11　合江县土壤肥力普查农化样点点位图

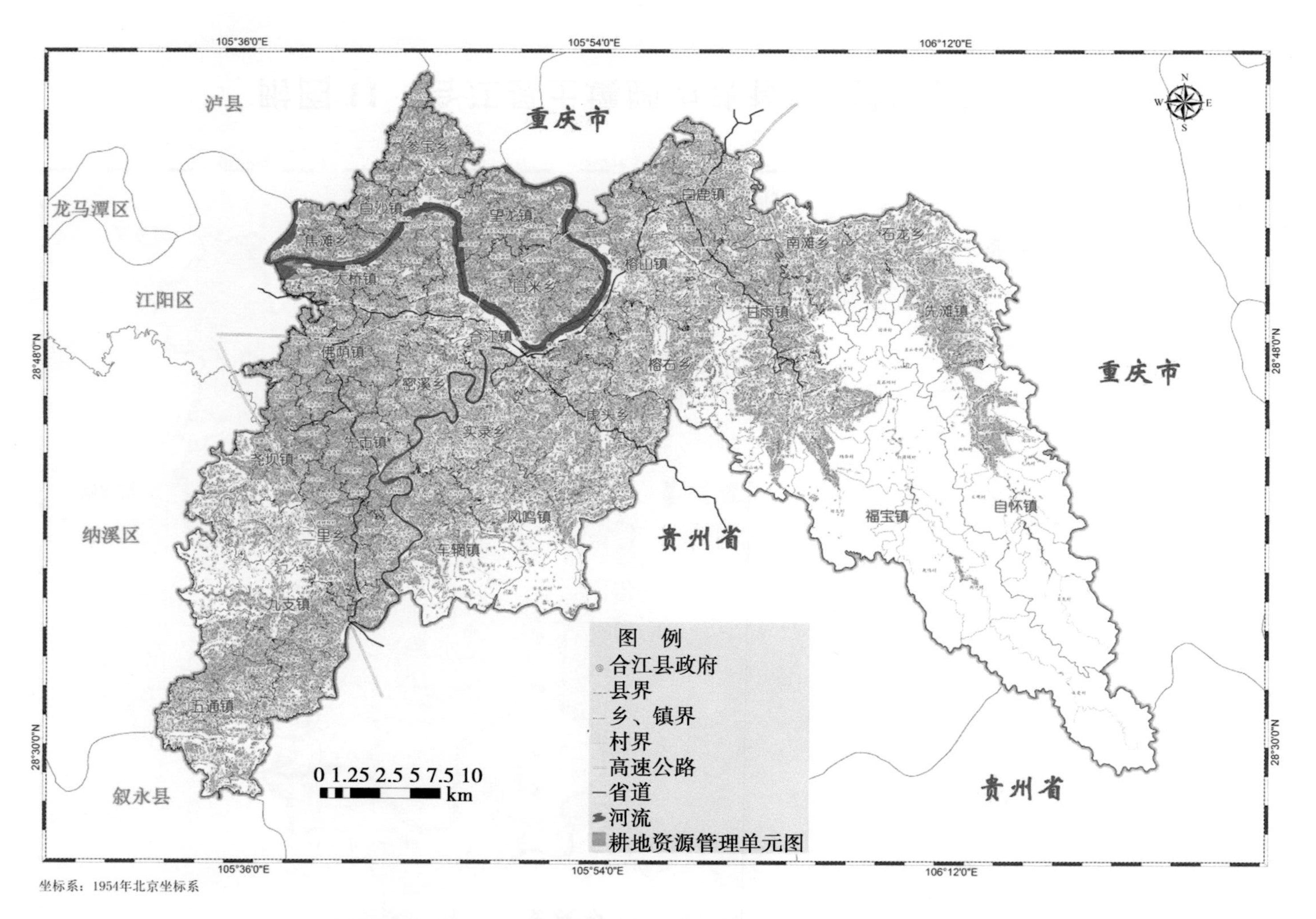

附图 12 合江县耕地资源管理单元图

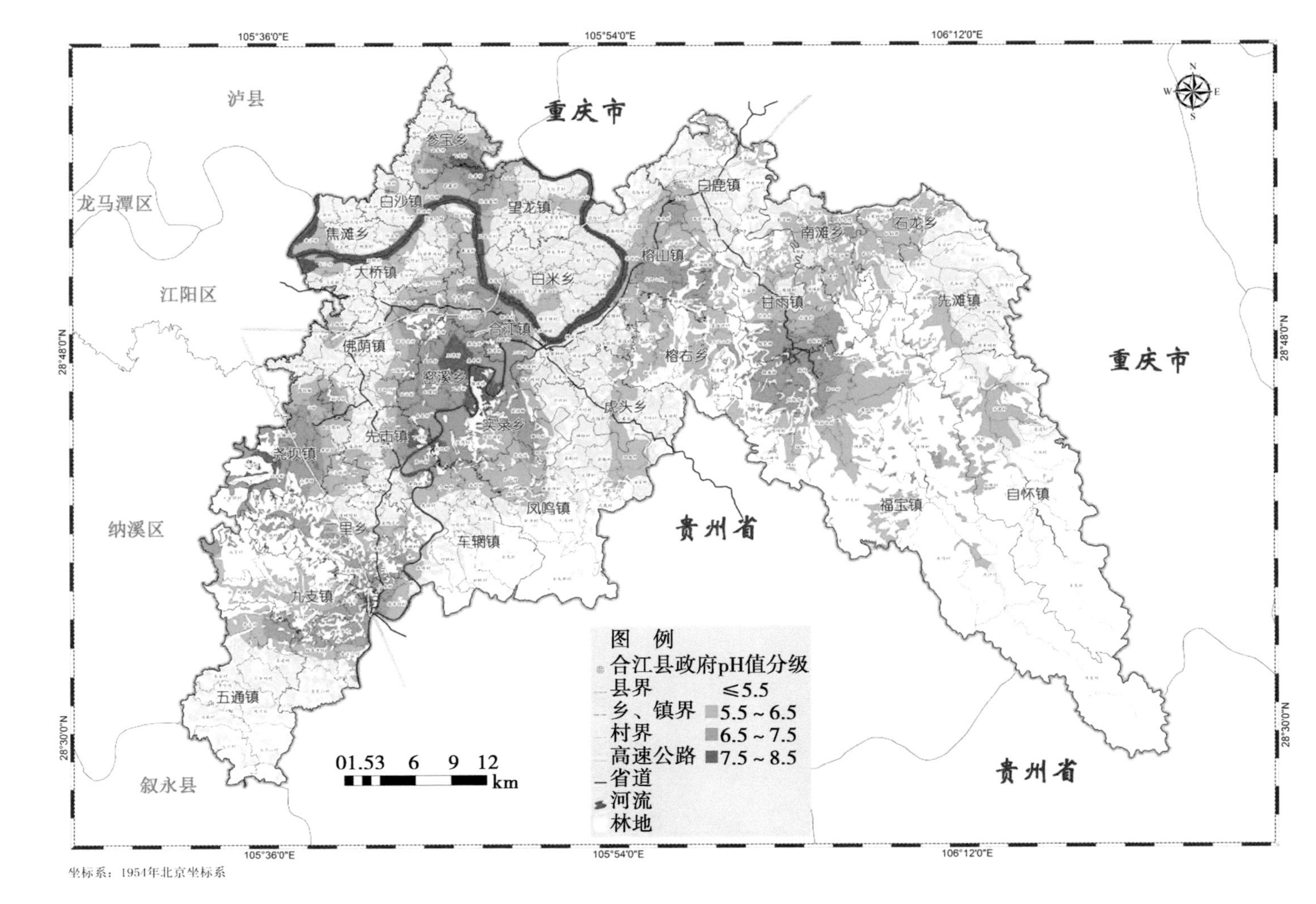

附图 13 合江县 pH 值分级图

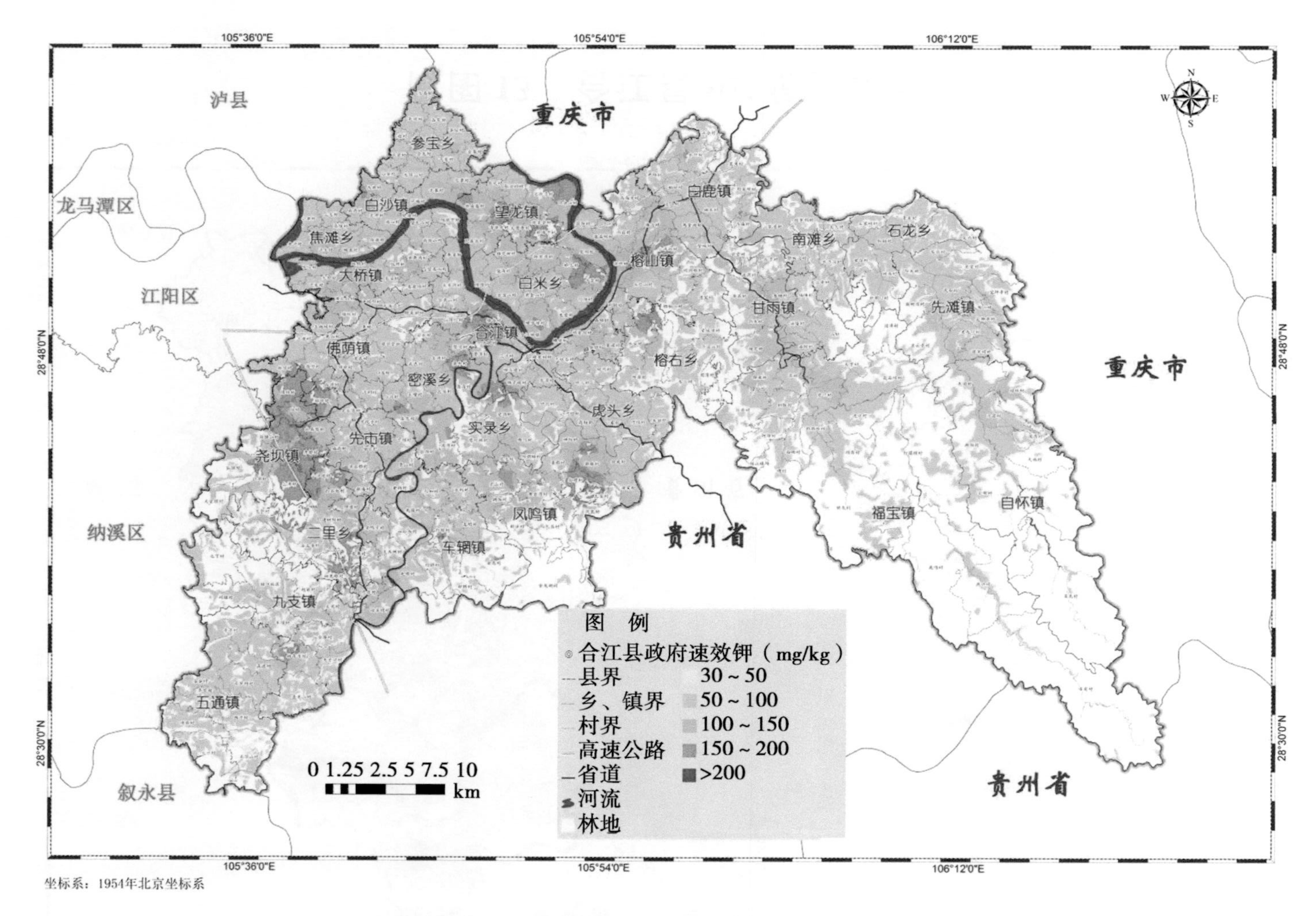

附图14 合江县土壤速效钾分级图

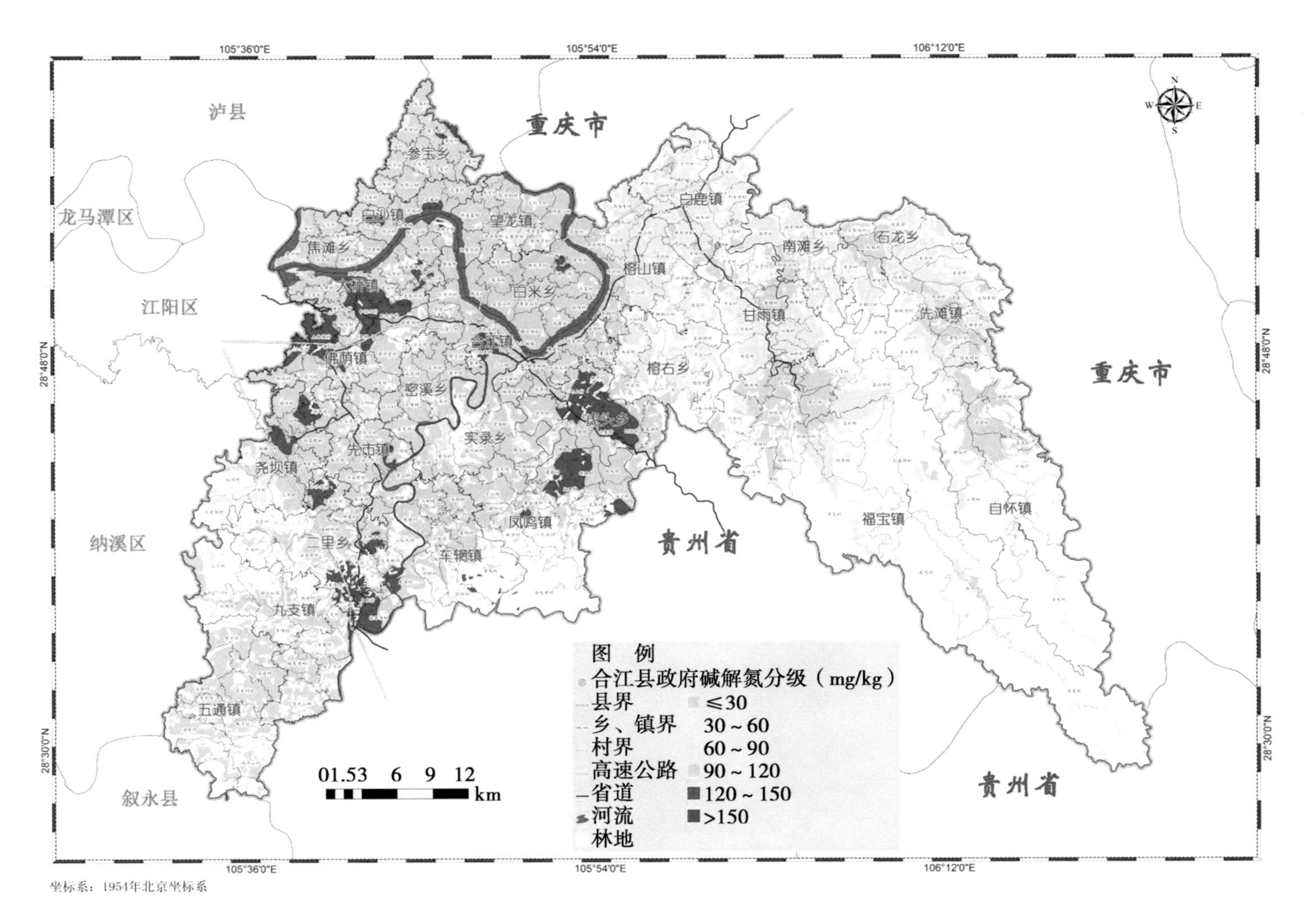

附图 15　合江县土壤碱解氮分级图

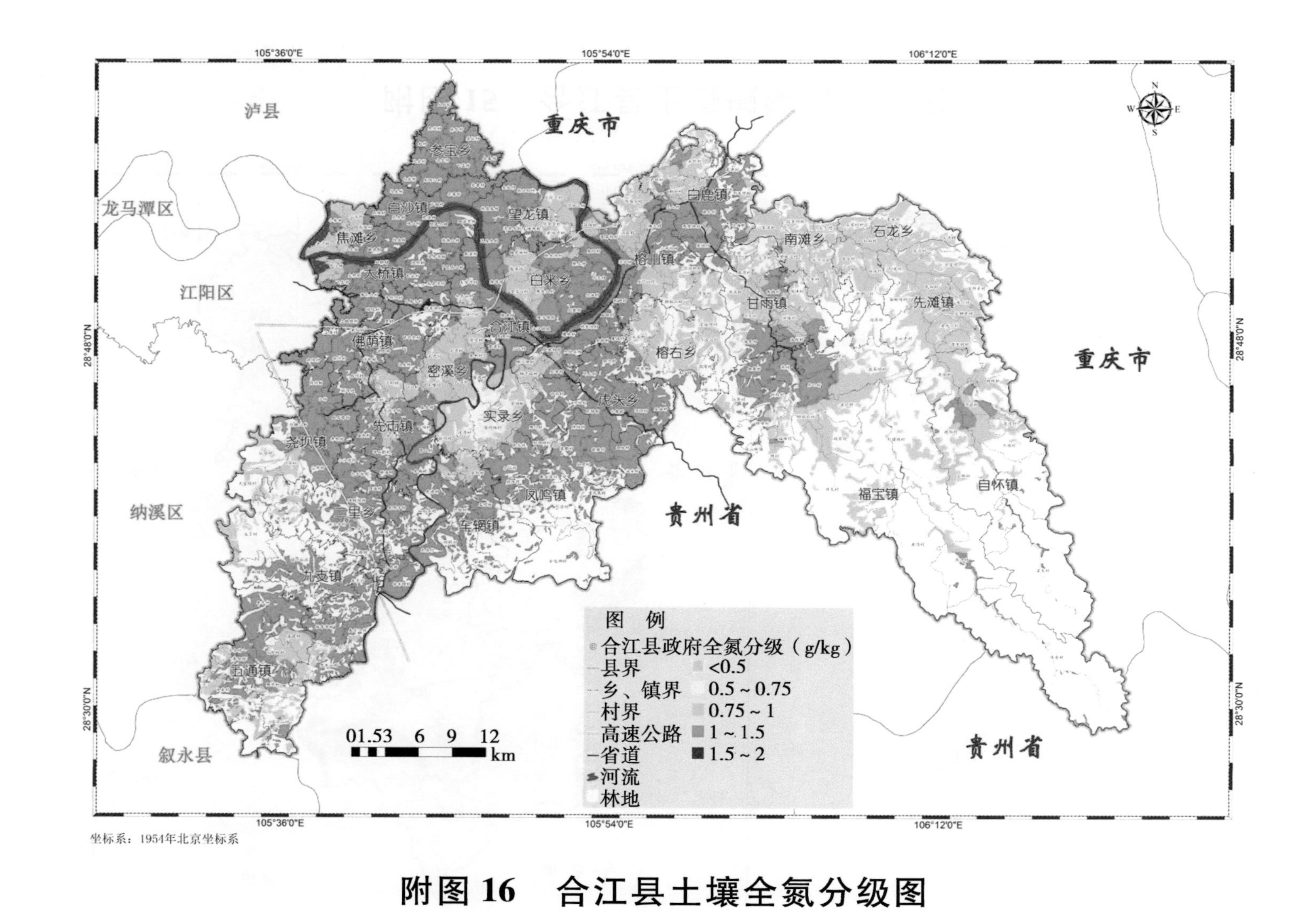

附图 16　合江县土壤全氮分级图

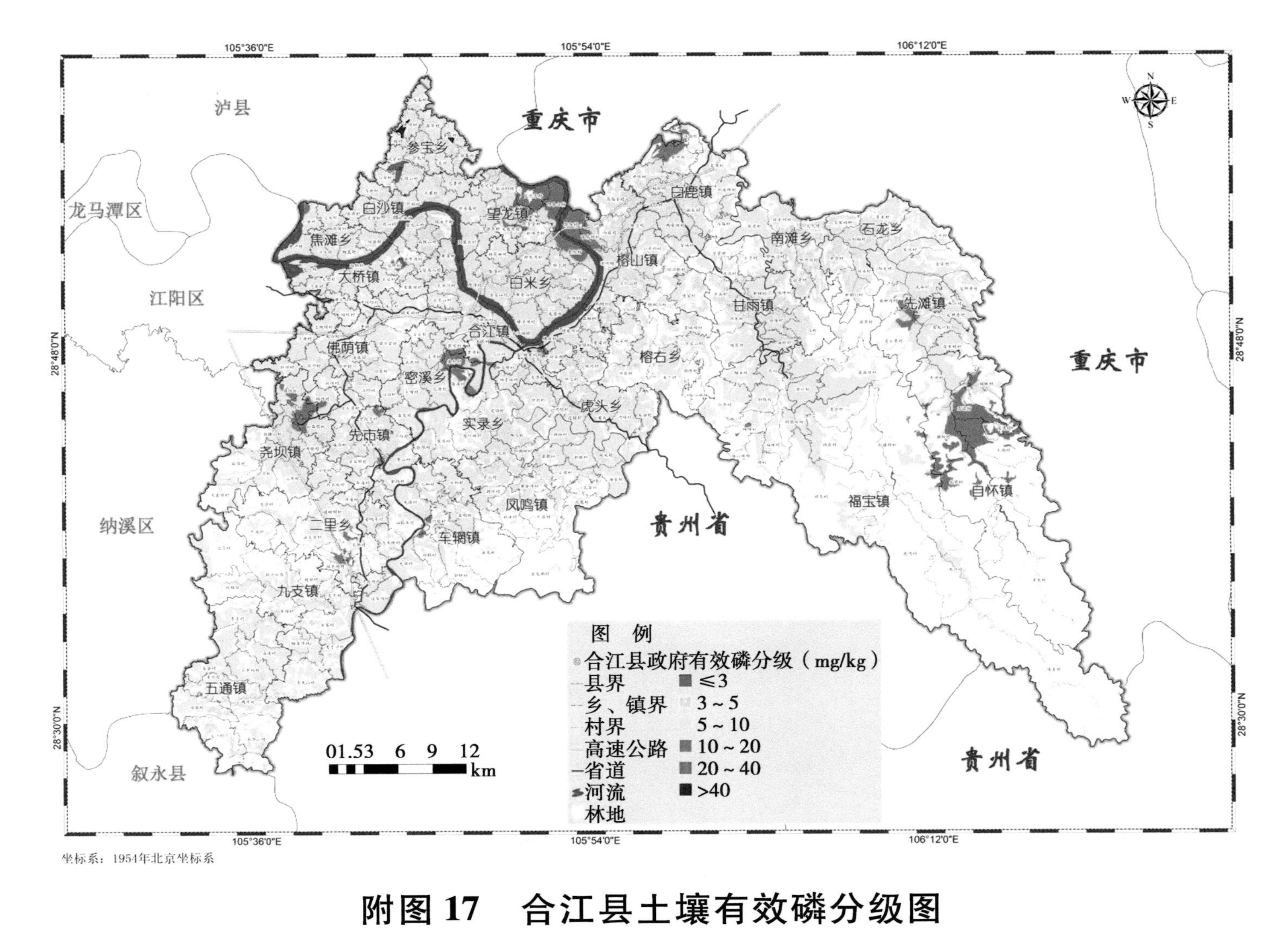

附图 17　合江县土壤有效磷分级图

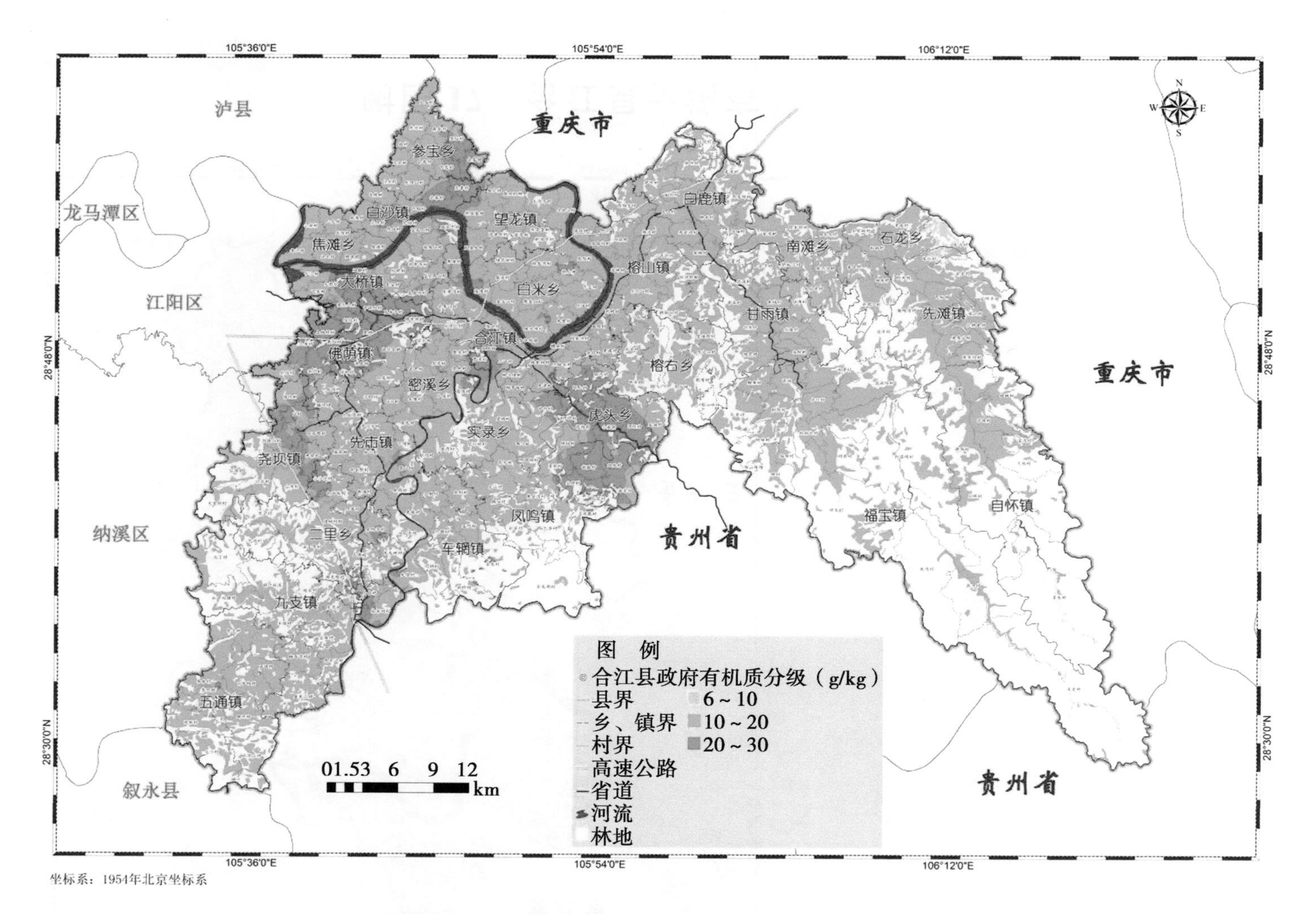

附图18 合江县土壤有机质分级图

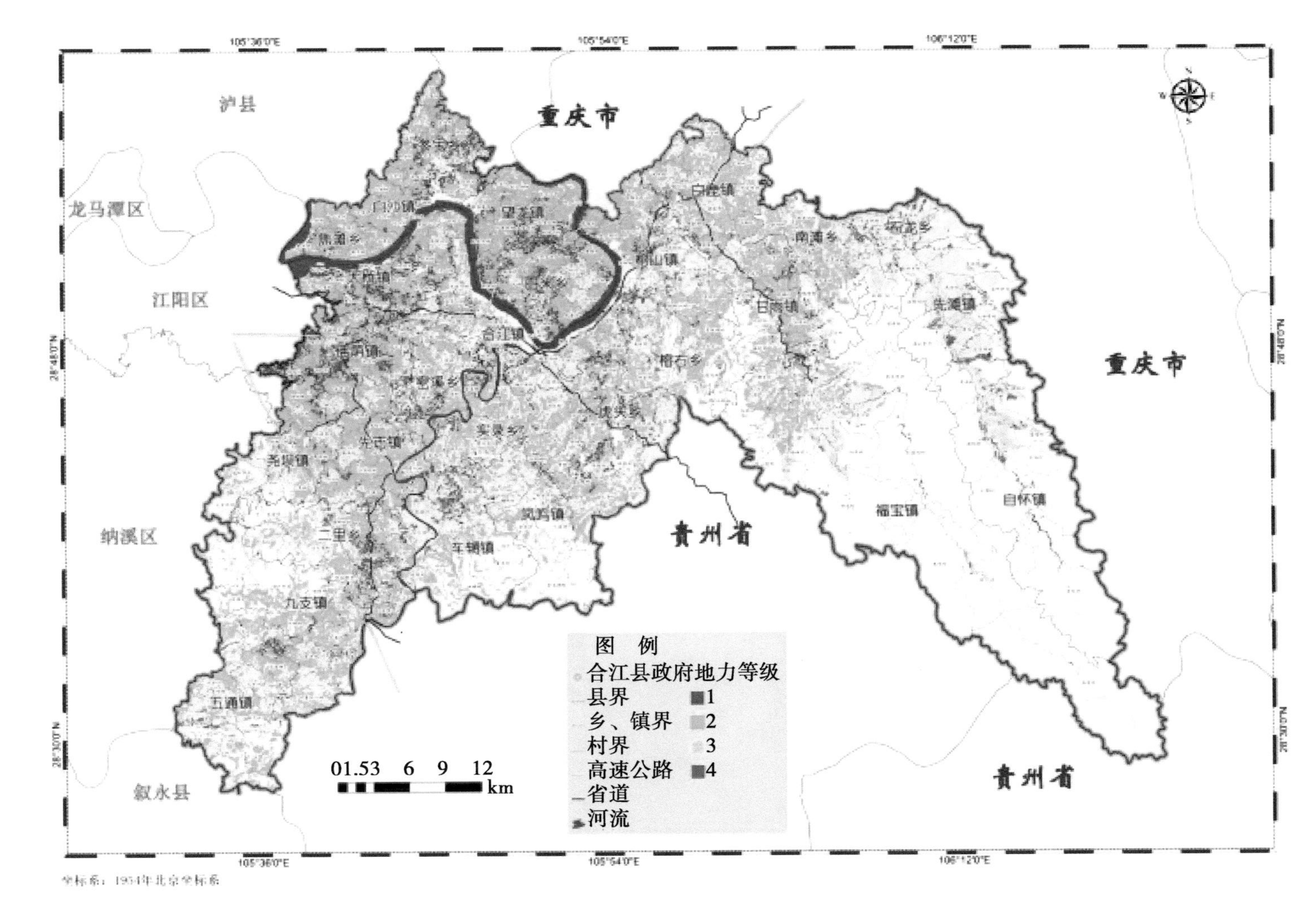

附图 19　合江县耕地地力评价等级图

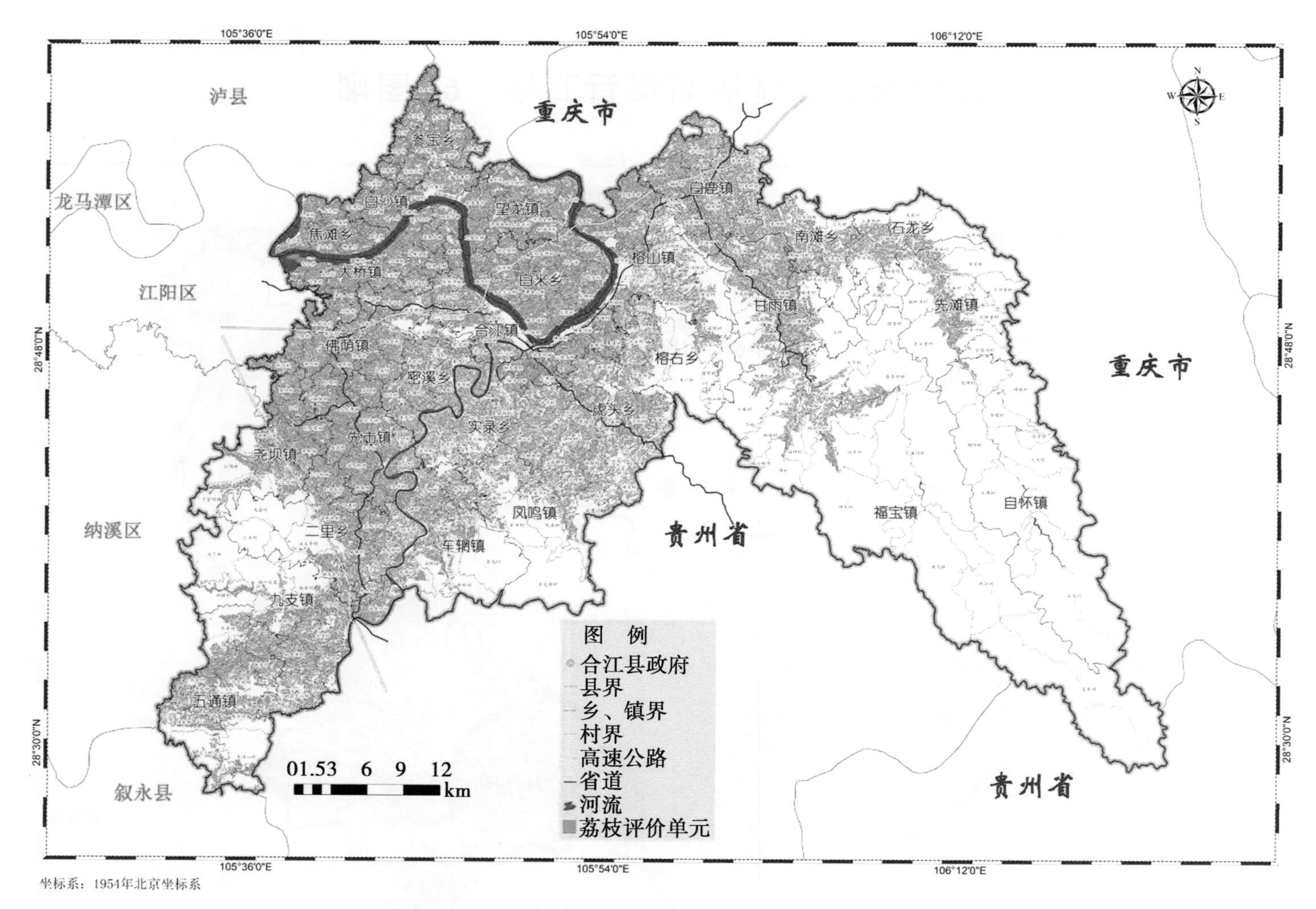

附图 20　合江县荔枝适宜性评价单元图

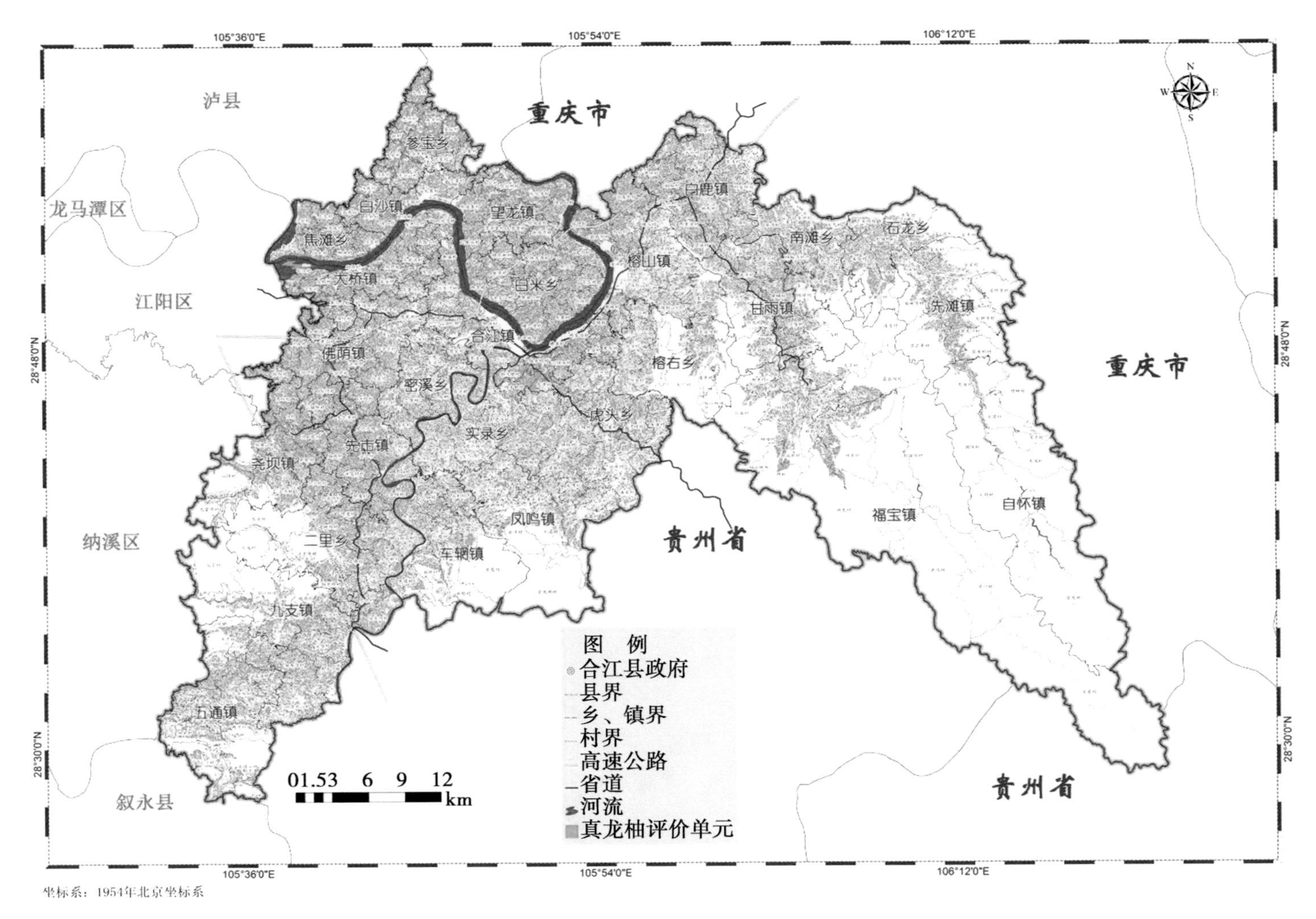

附图21　合江县真龙柚适宜性评价单元图

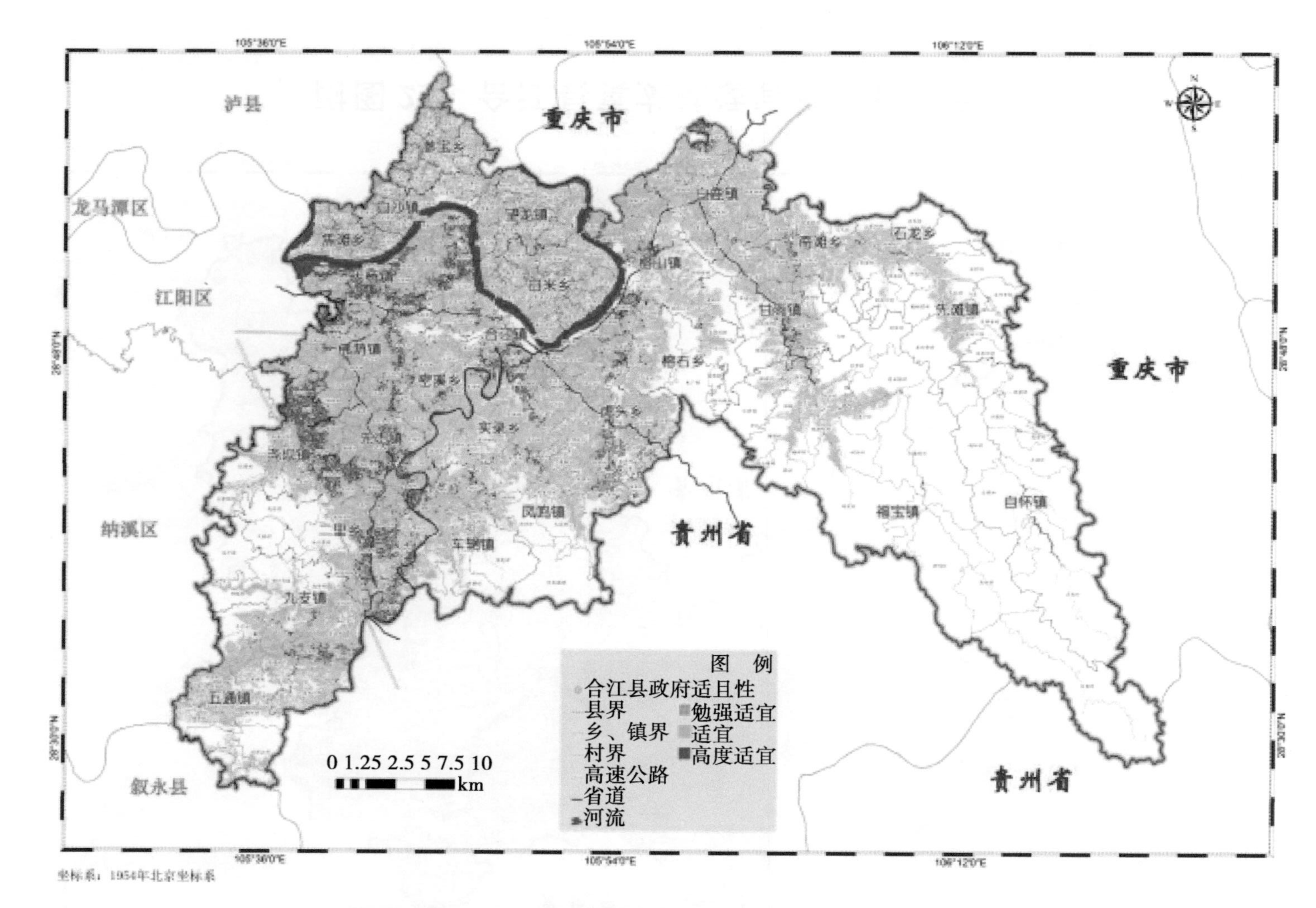

附图 22 合江县荔枝适宜性评价结果图

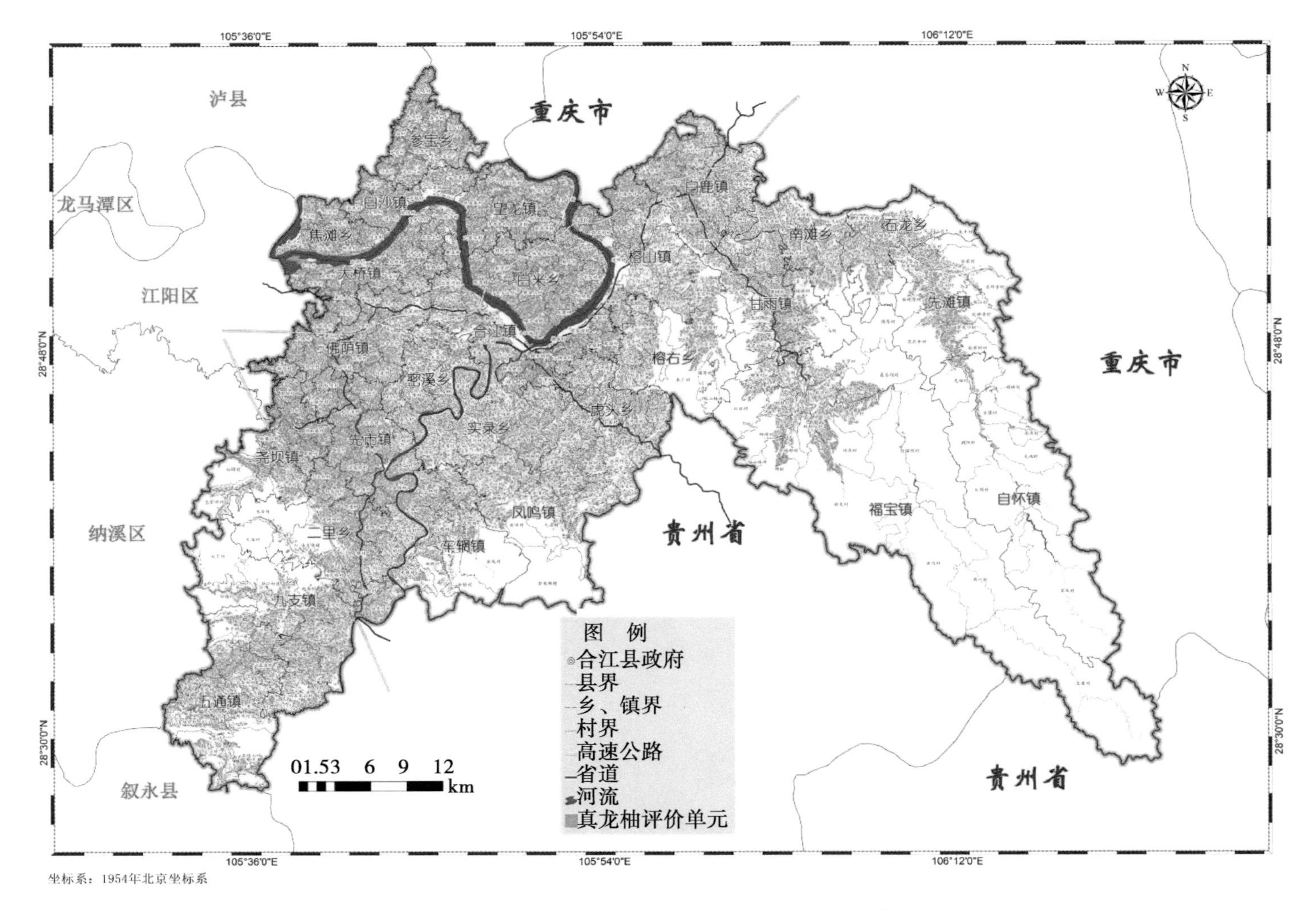

附图23　合江县真龙柚适宜性评价结果图

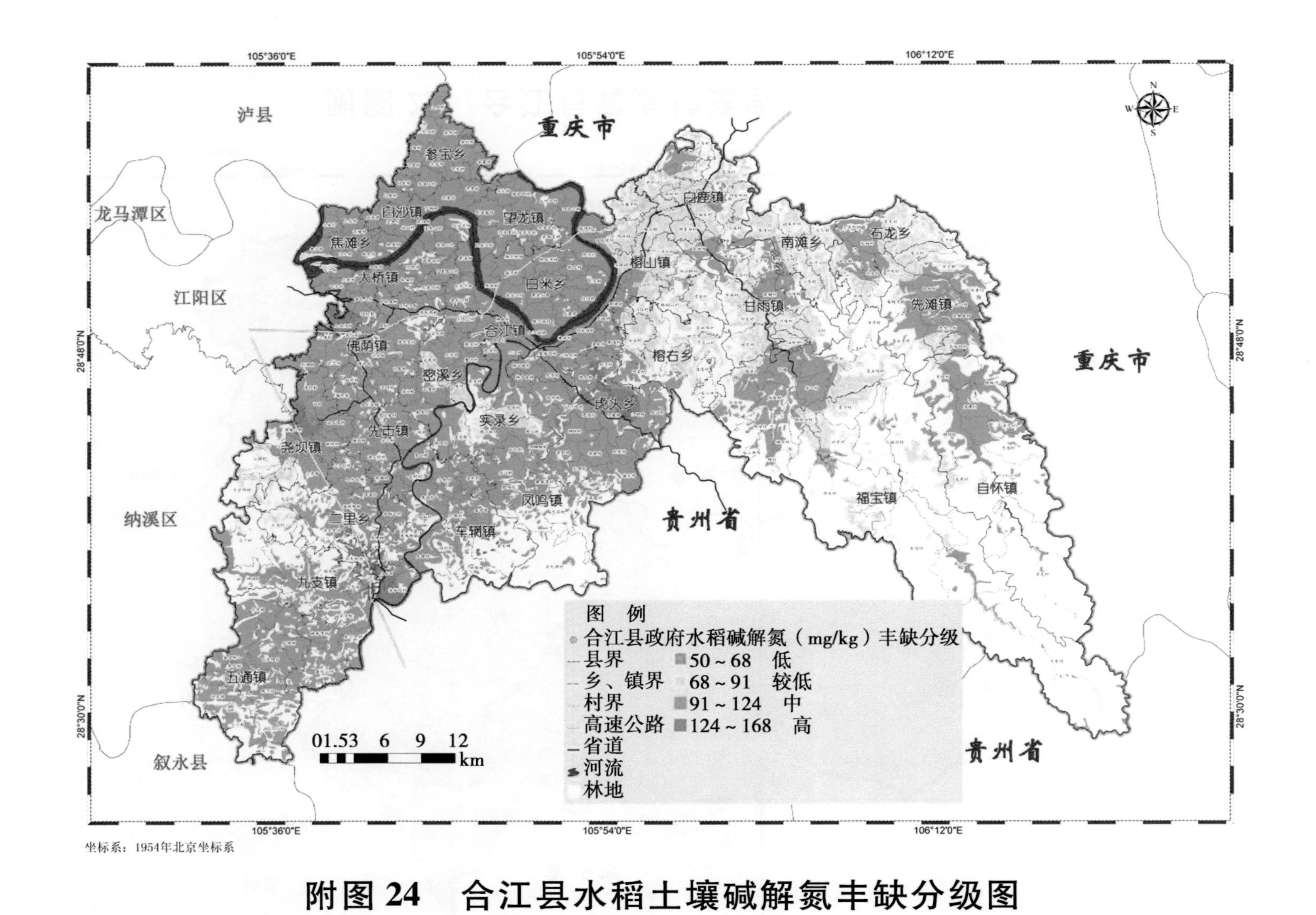

附图 24　合江县水稻土壤碱解氮丰缺分级图

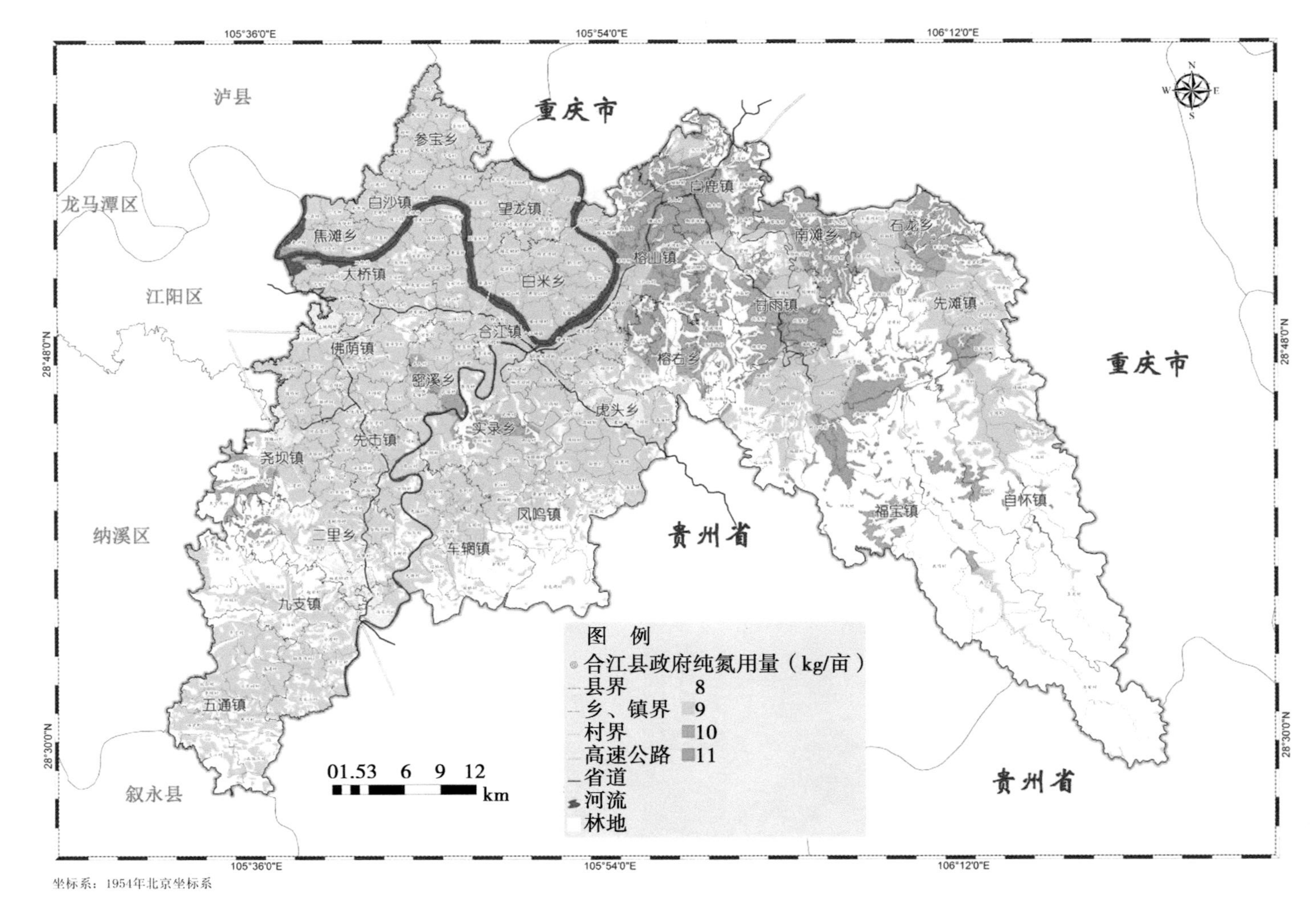

附图25　合江县水稻亩产450～550kg氮肥施肥分区图

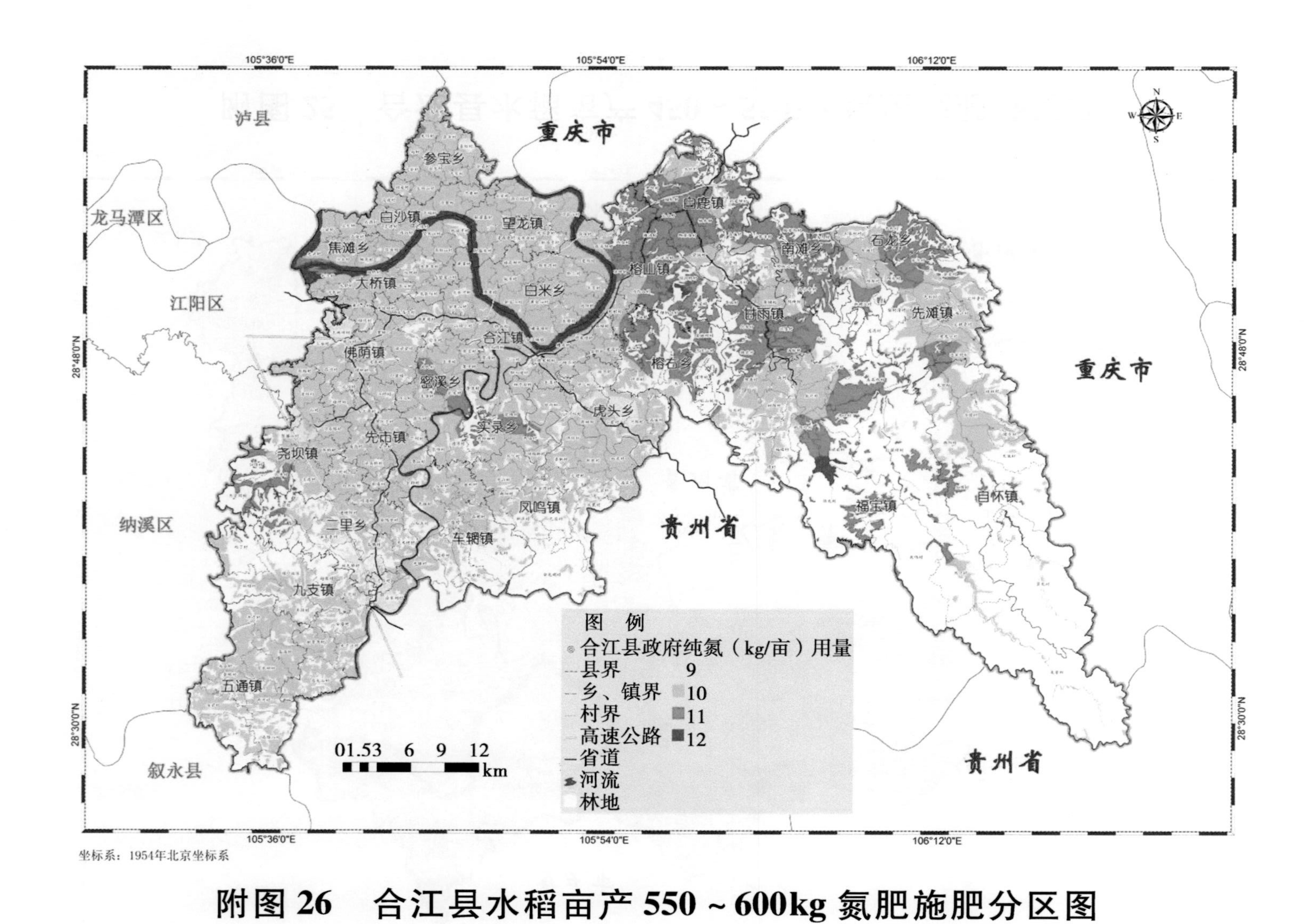

附图 26　合江县水稻亩产 550～600kg 氮肥施肥分区图

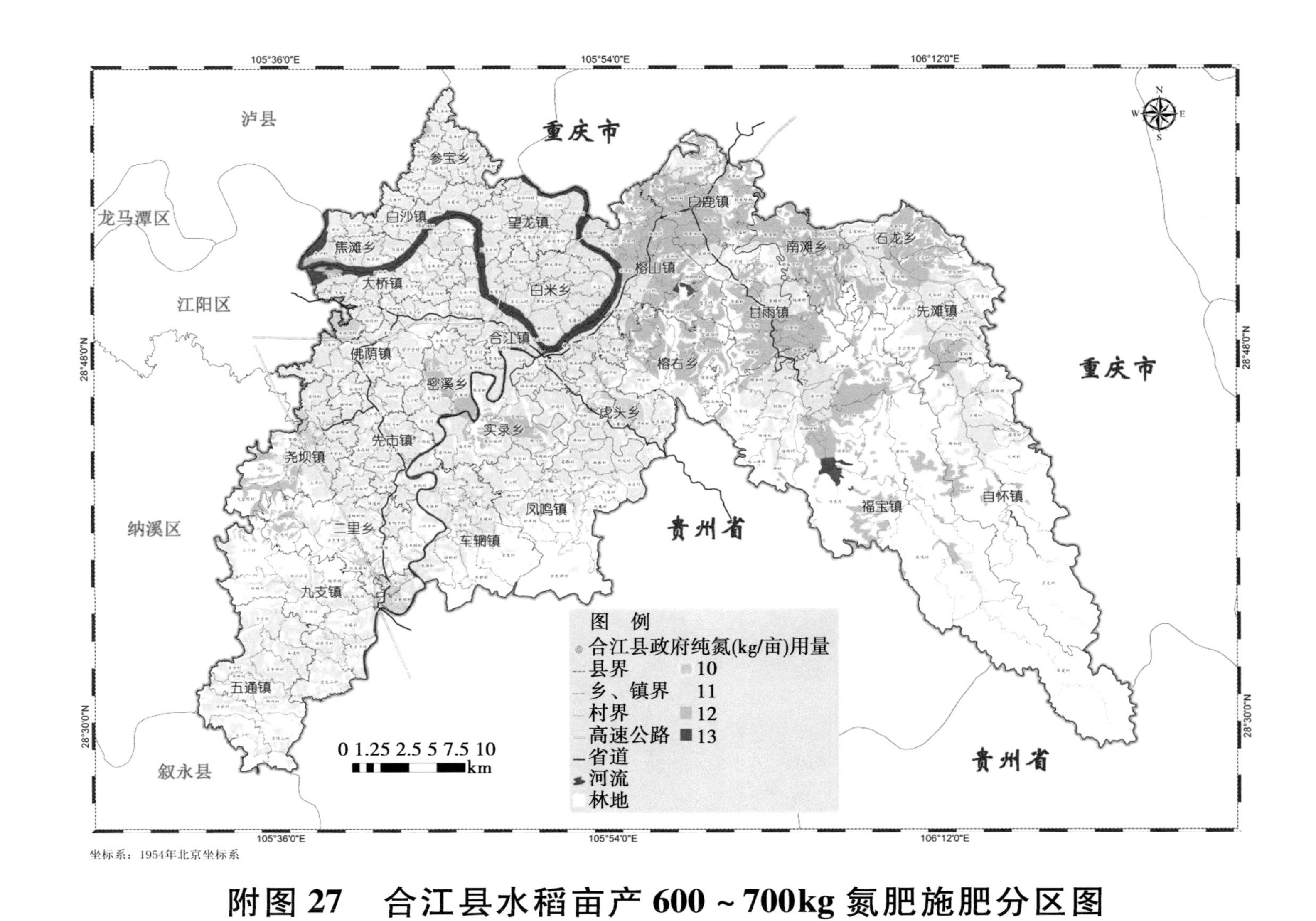

附图 27　合江县水稻亩产 600 ~ 700kg 氮肥施肥分区图

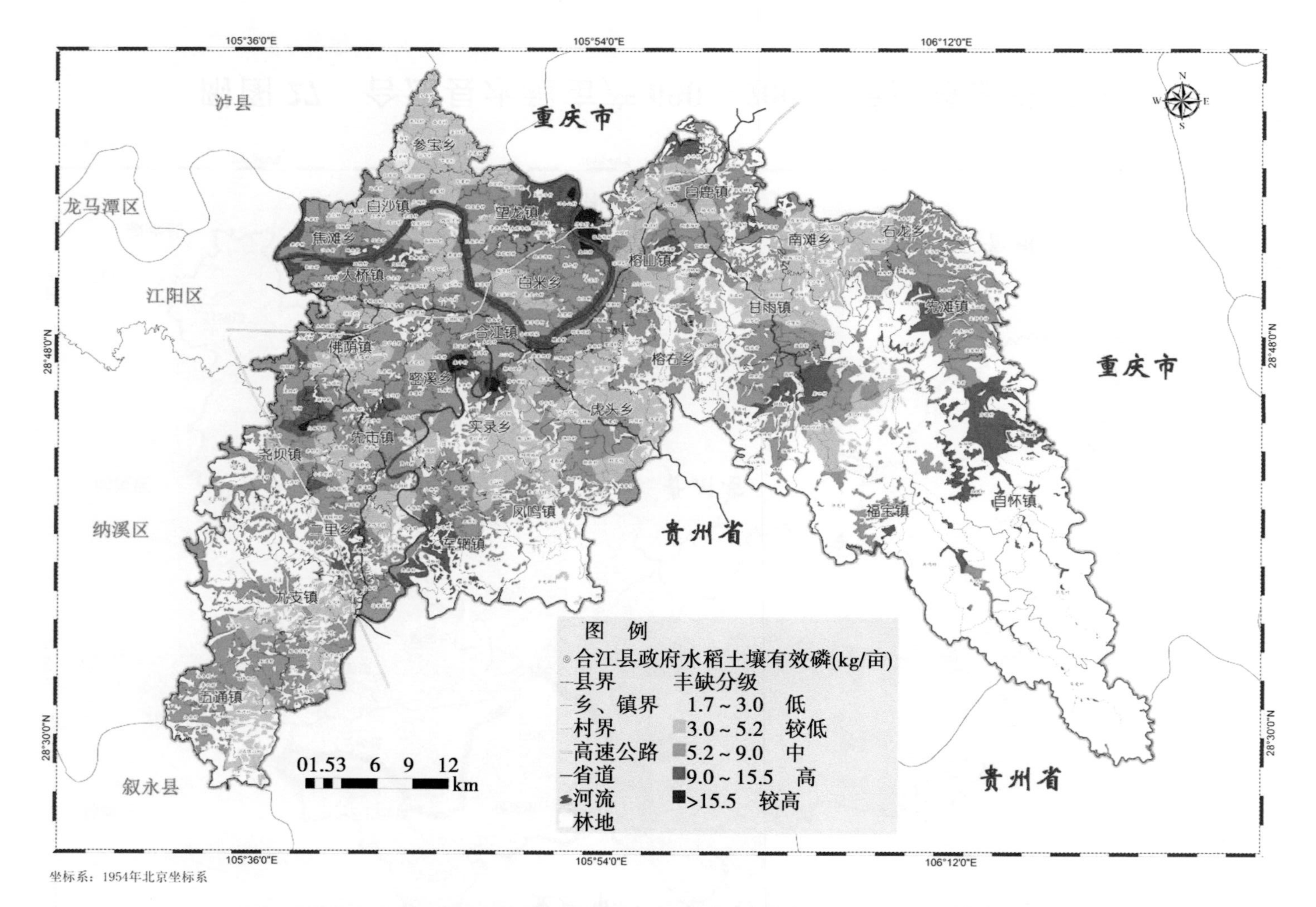

附图28 合江县水稻土壤有效磷丰缺分级图

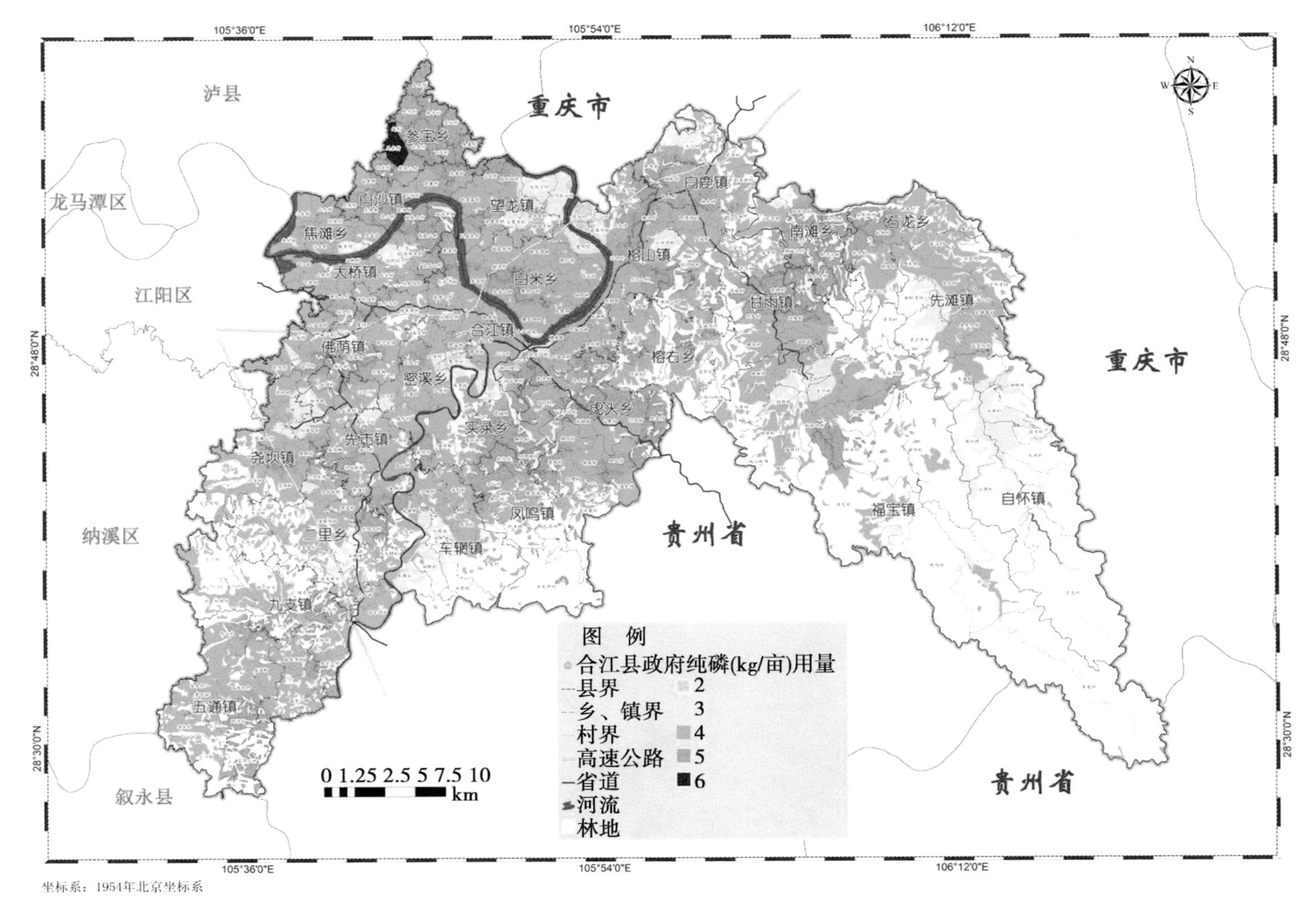

附图 29　合江县水稻亩产 450 ~ 550kg 磷肥施肥分区图

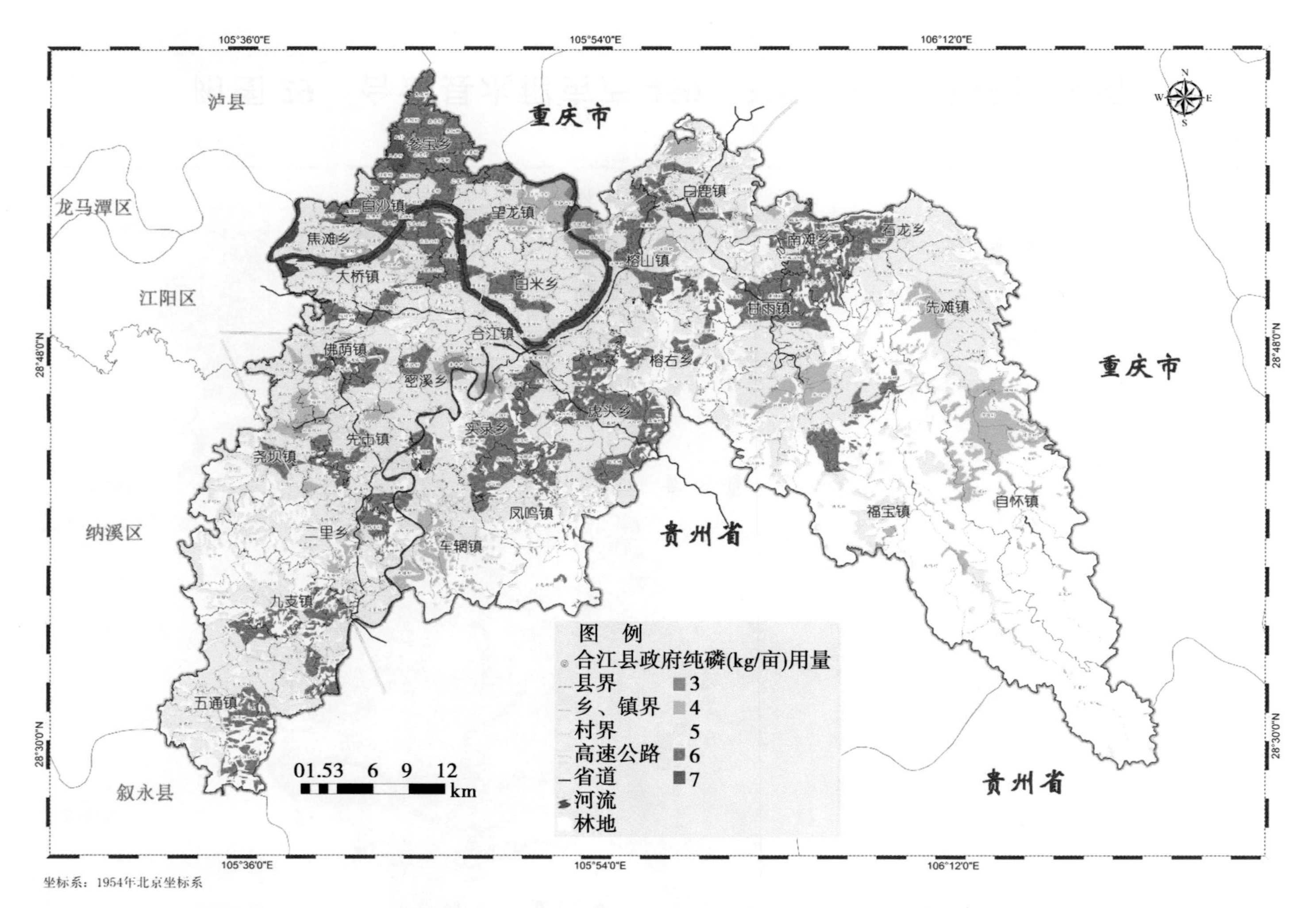

附图30 合江县水稻亩产550～600kg磷肥施肥分区图

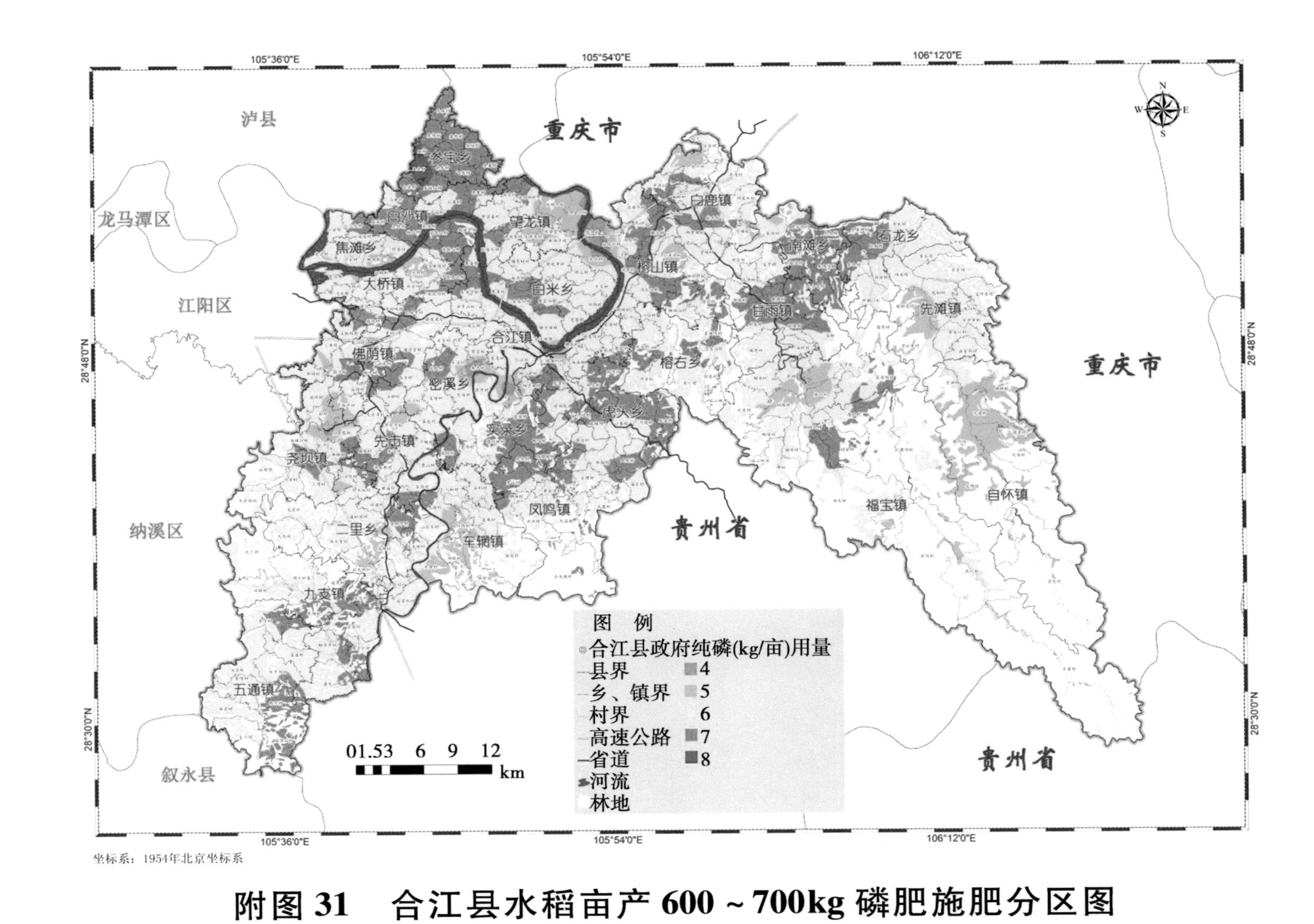

附图 31　合江县水稻亩产 600 ~ 700kg 磷肥施肥分区图

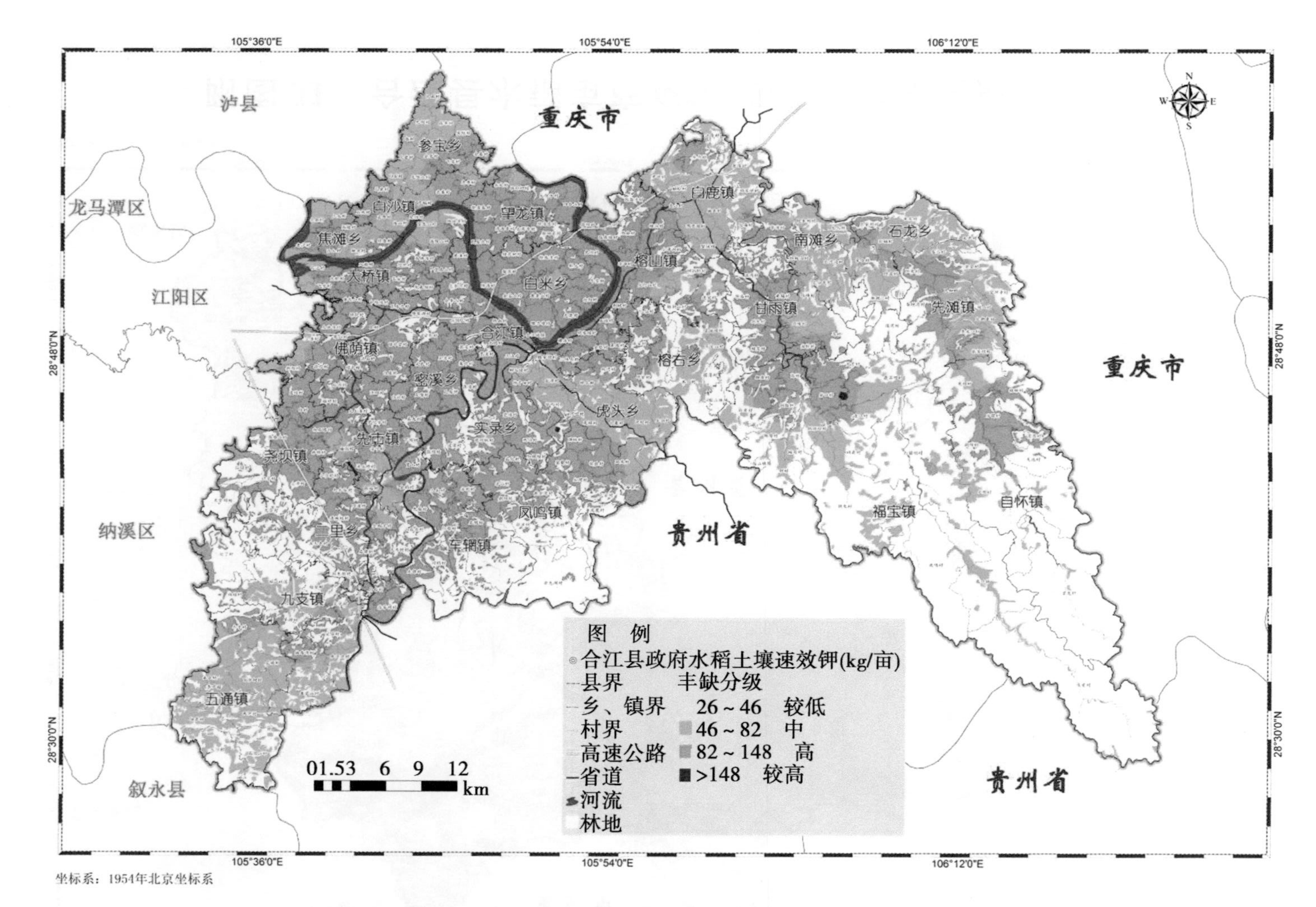

附图32 合江县水稻土壤速效钾丰缺分区图

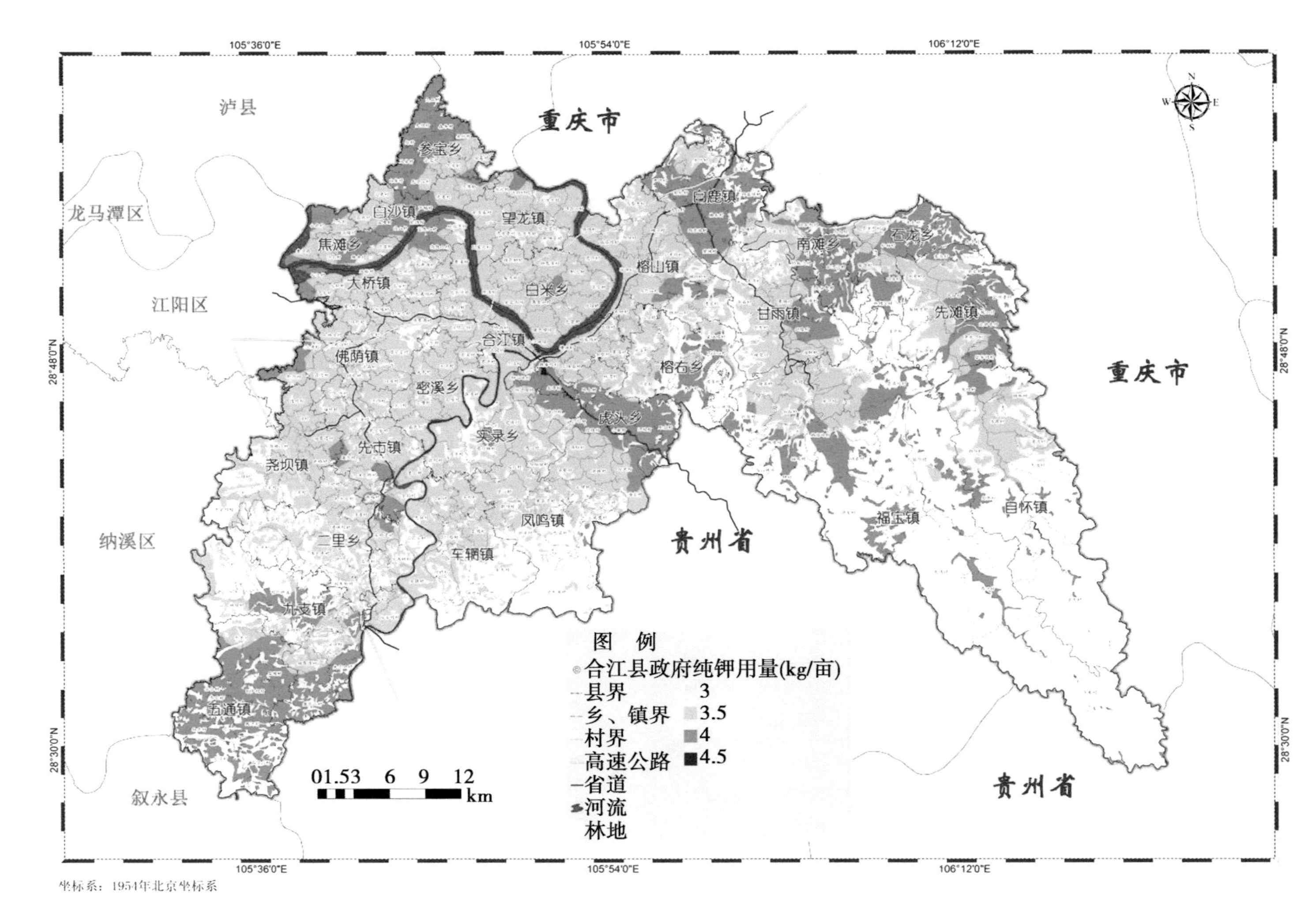

附图 33　合江县水稻亩产 450～550kg 钾肥施肥分区图

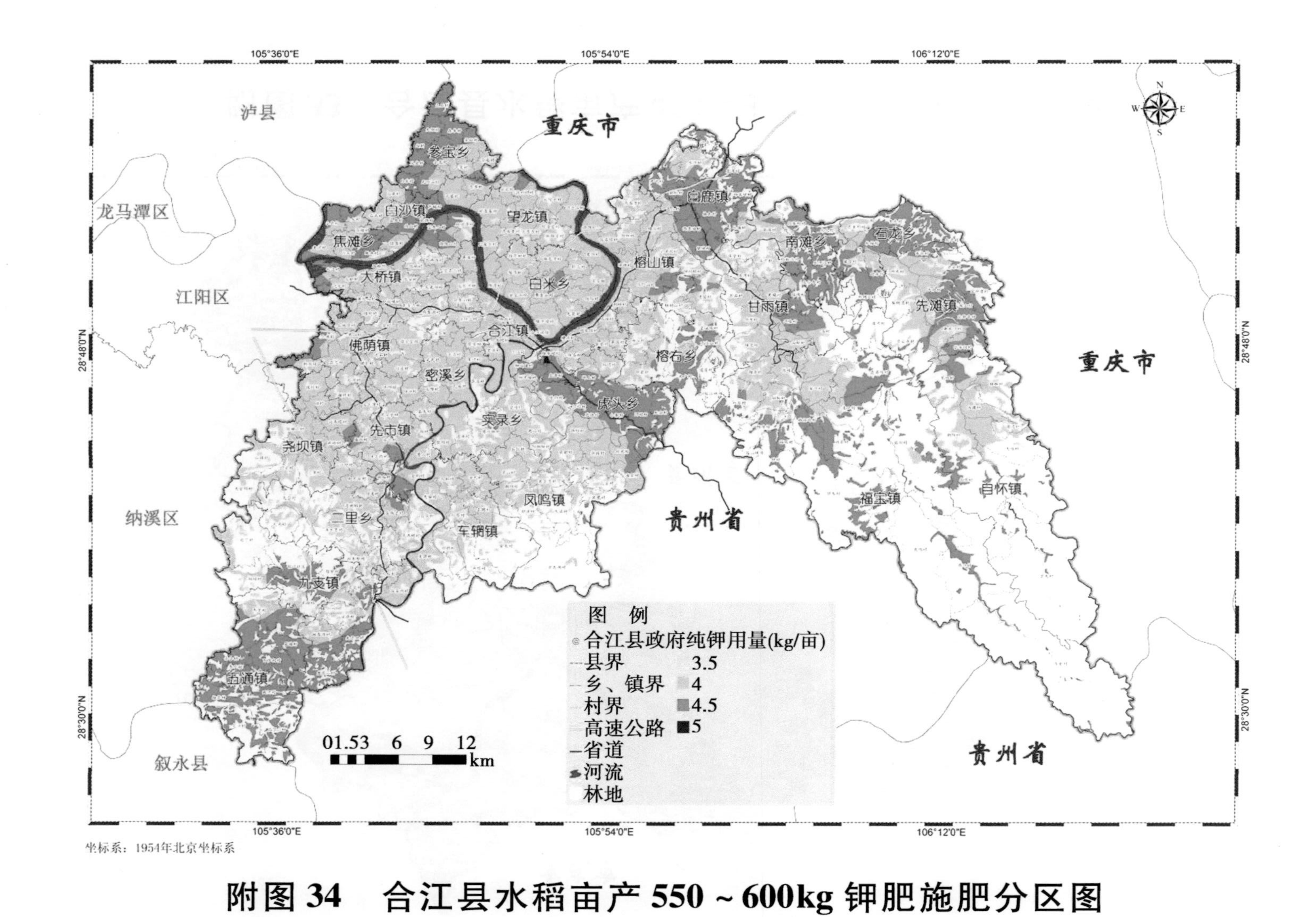

附图 34　合江县水稻亩产 550～600kg 钾肥施肥分区图

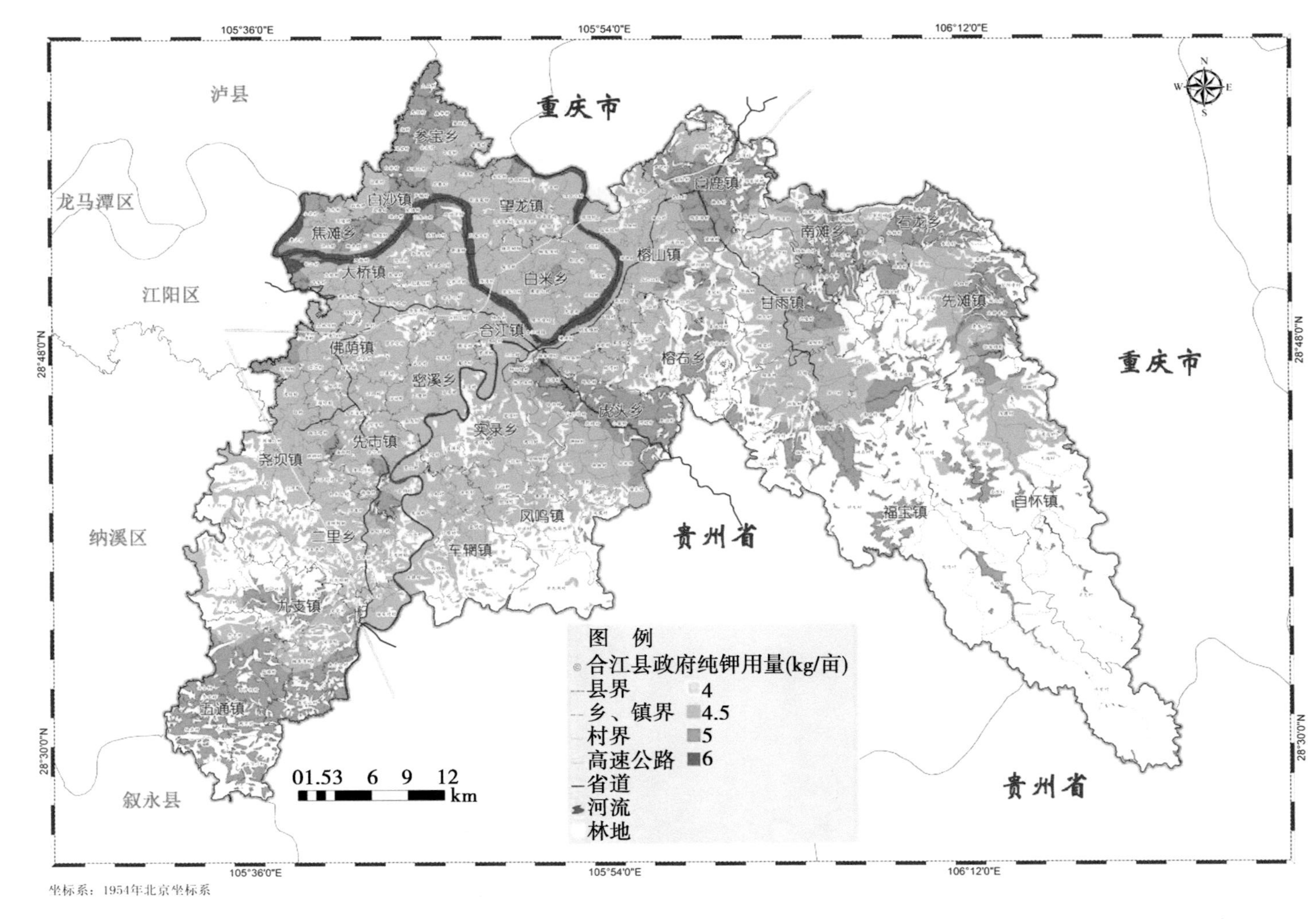

附图35 合江县水稻亩产600～700kg钾肥施肥分区图

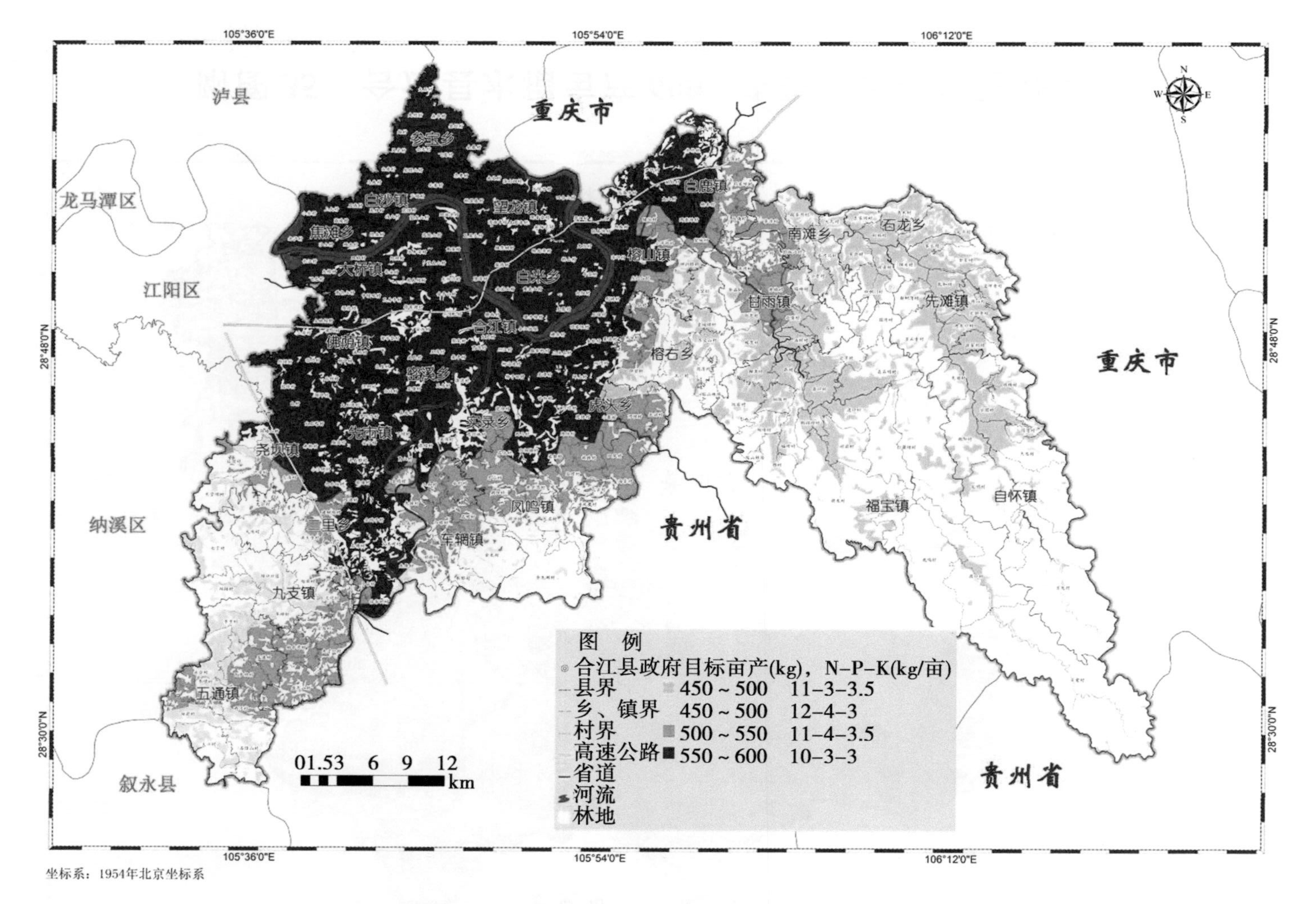

附图 36 合江县水稻通用配方施肥分区图

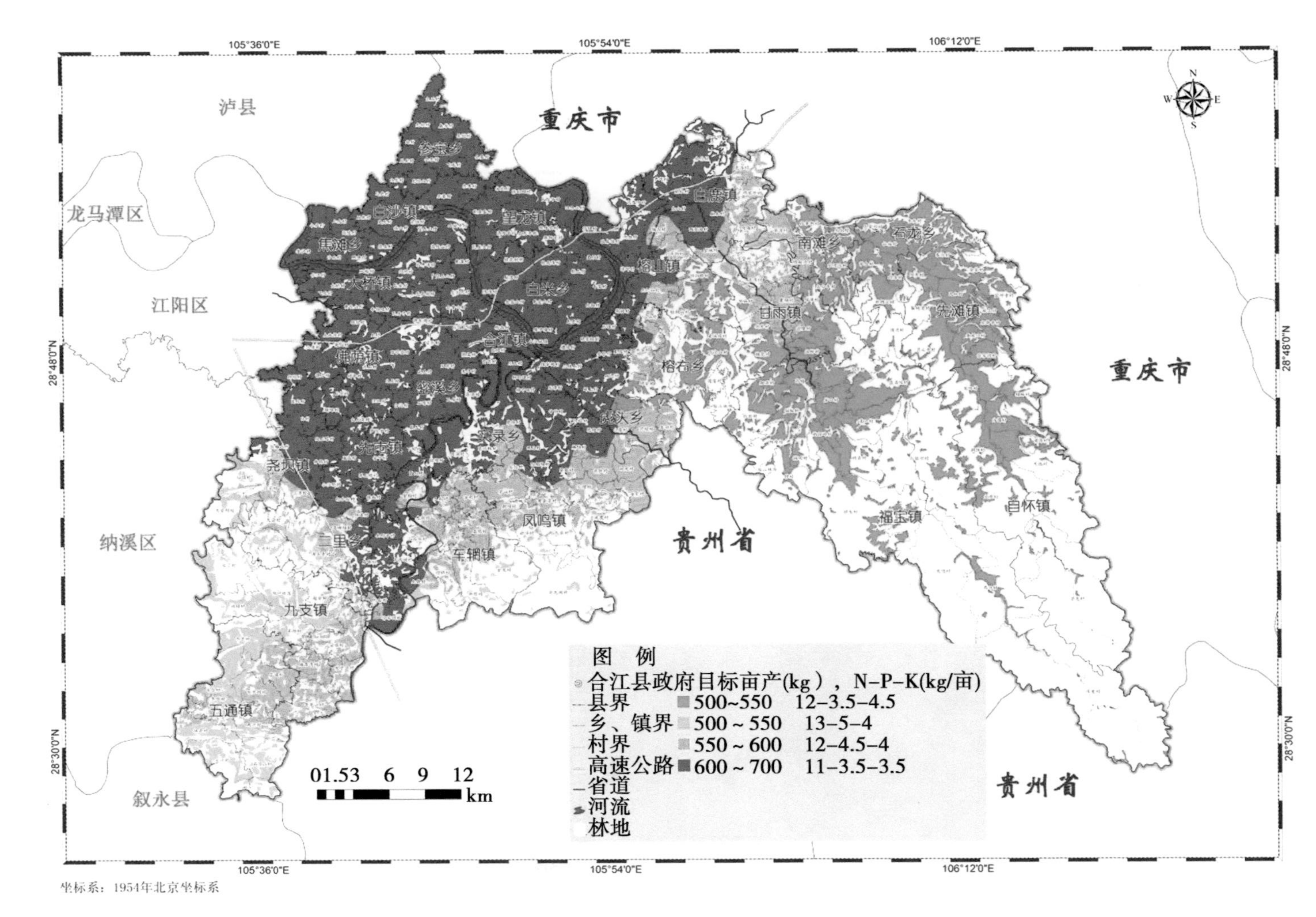

附图 37　合江县水稻高产配方施肥分区图

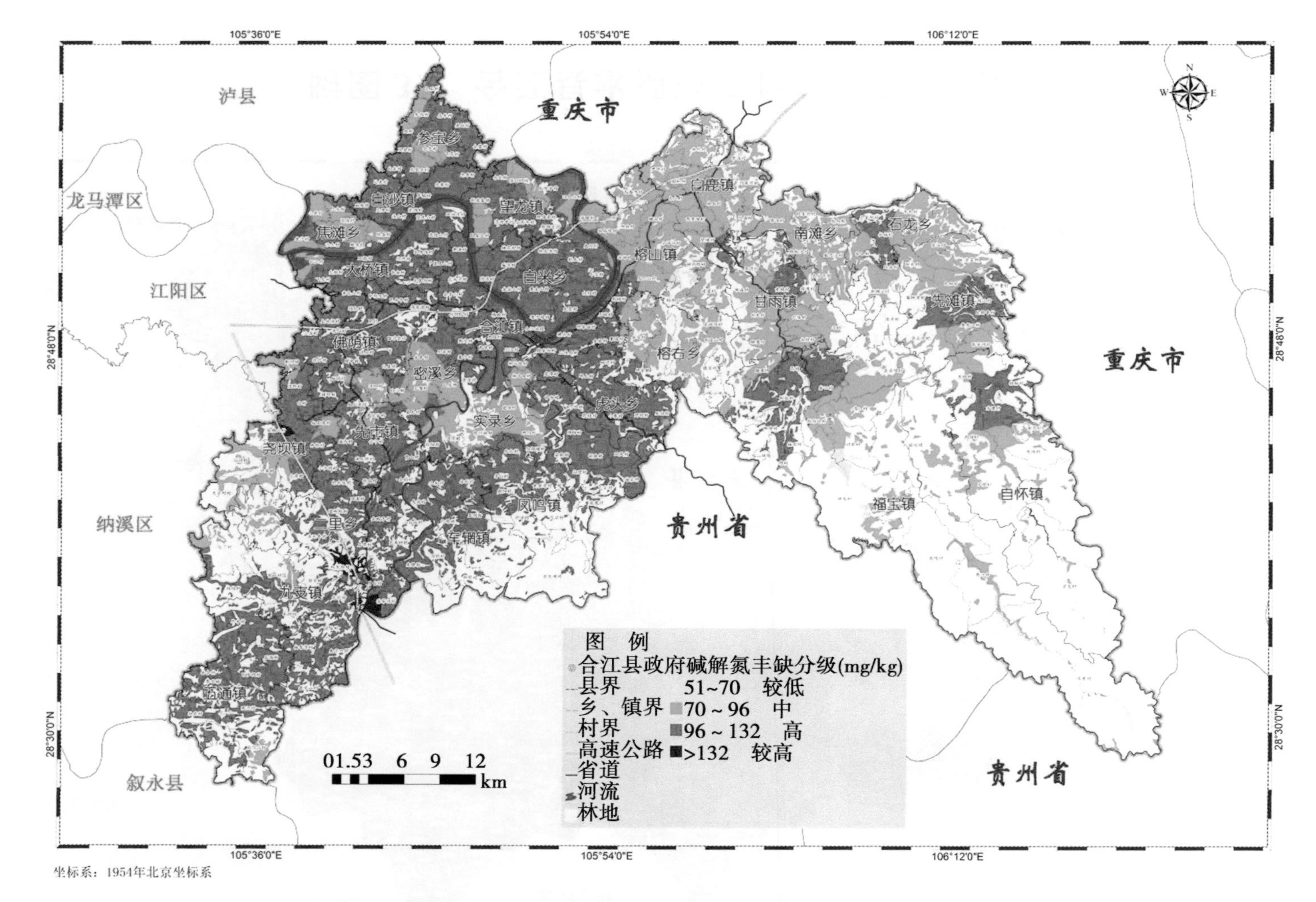

附图38 合江县玉米土壤碱解氮丰缺分区图

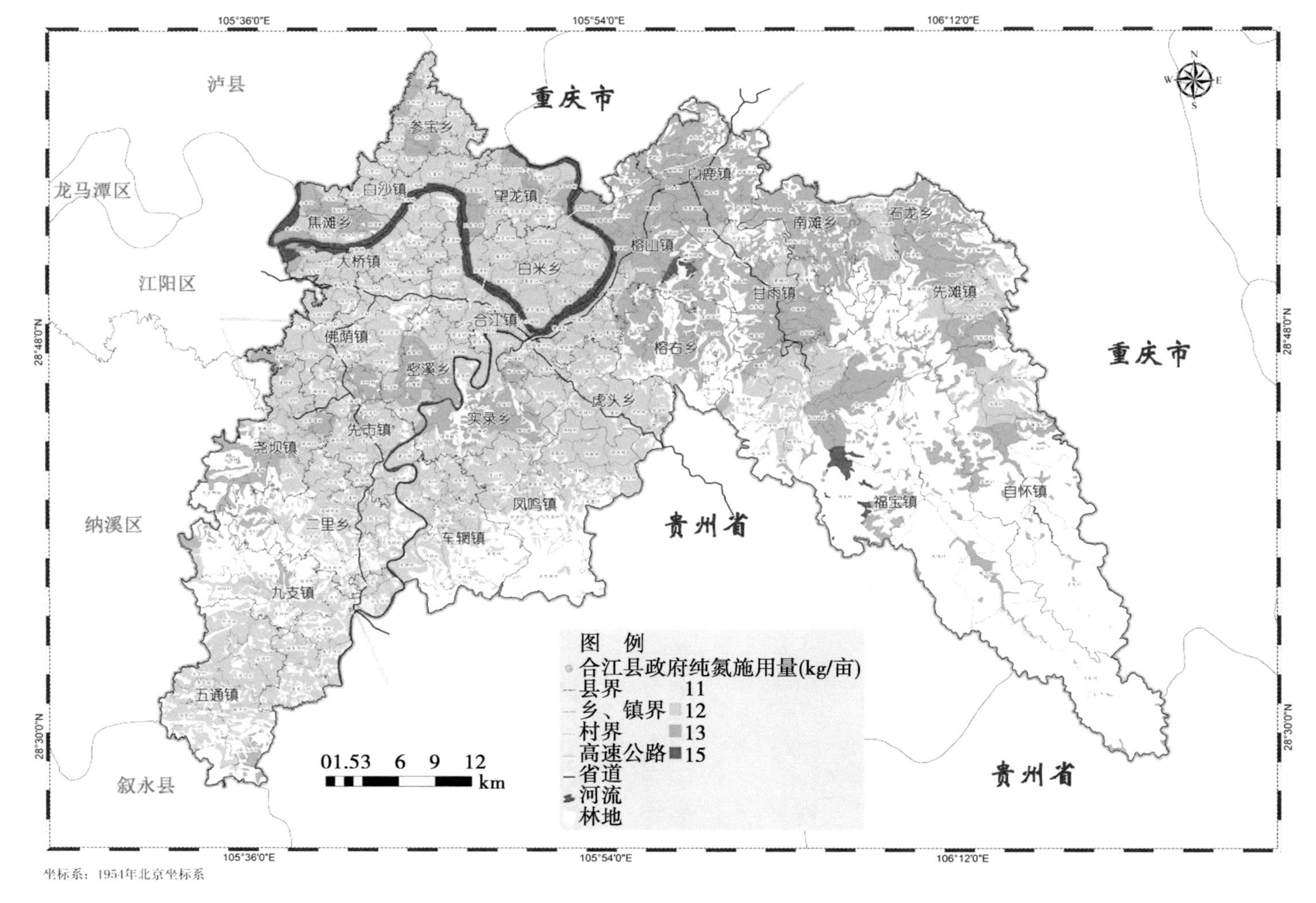

附图39 合江县玉米亩产300～350kg氮肥施肥分区图

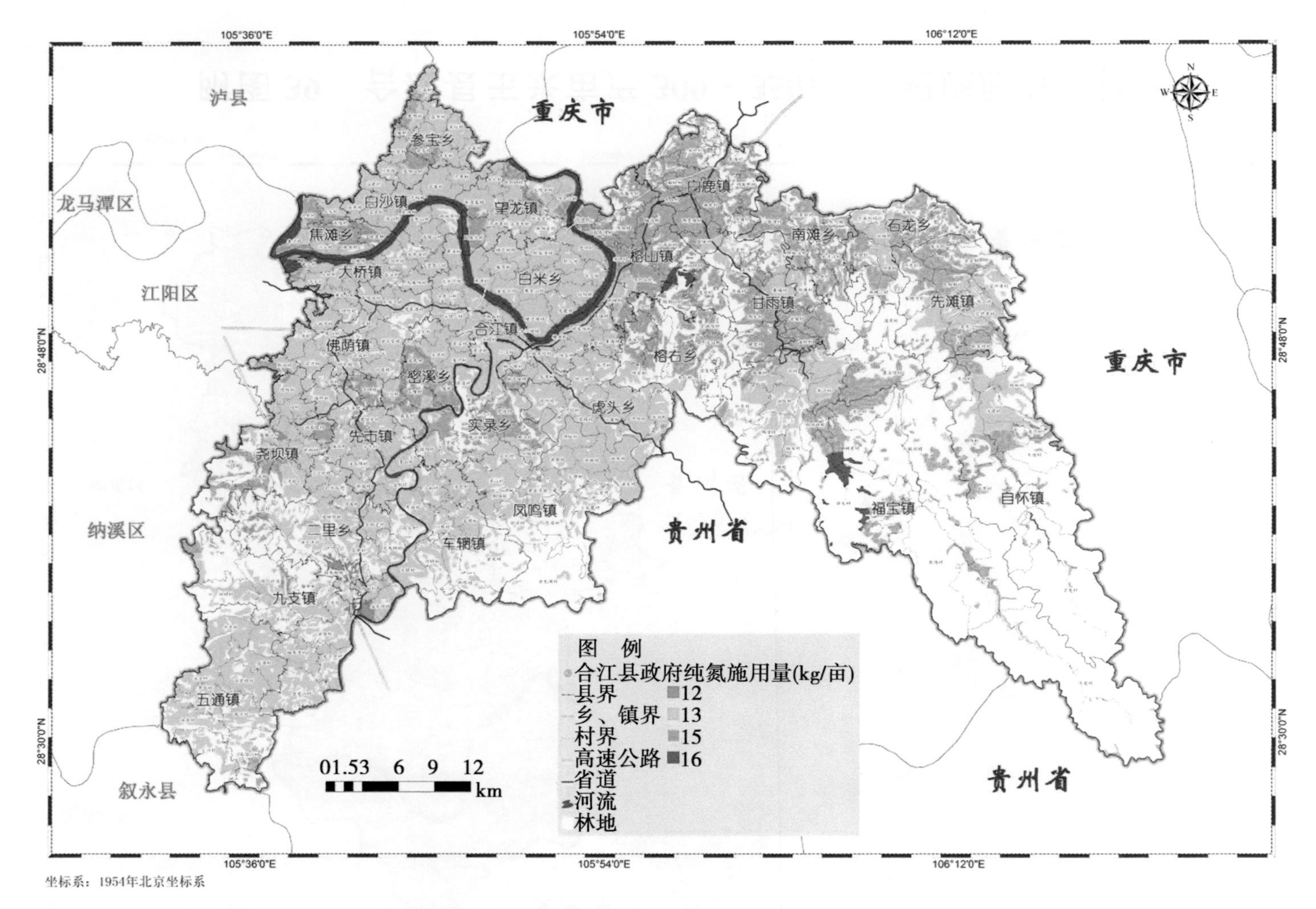

附图 40　合江县玉米高产 350～400kg 氮肥施肥分区图

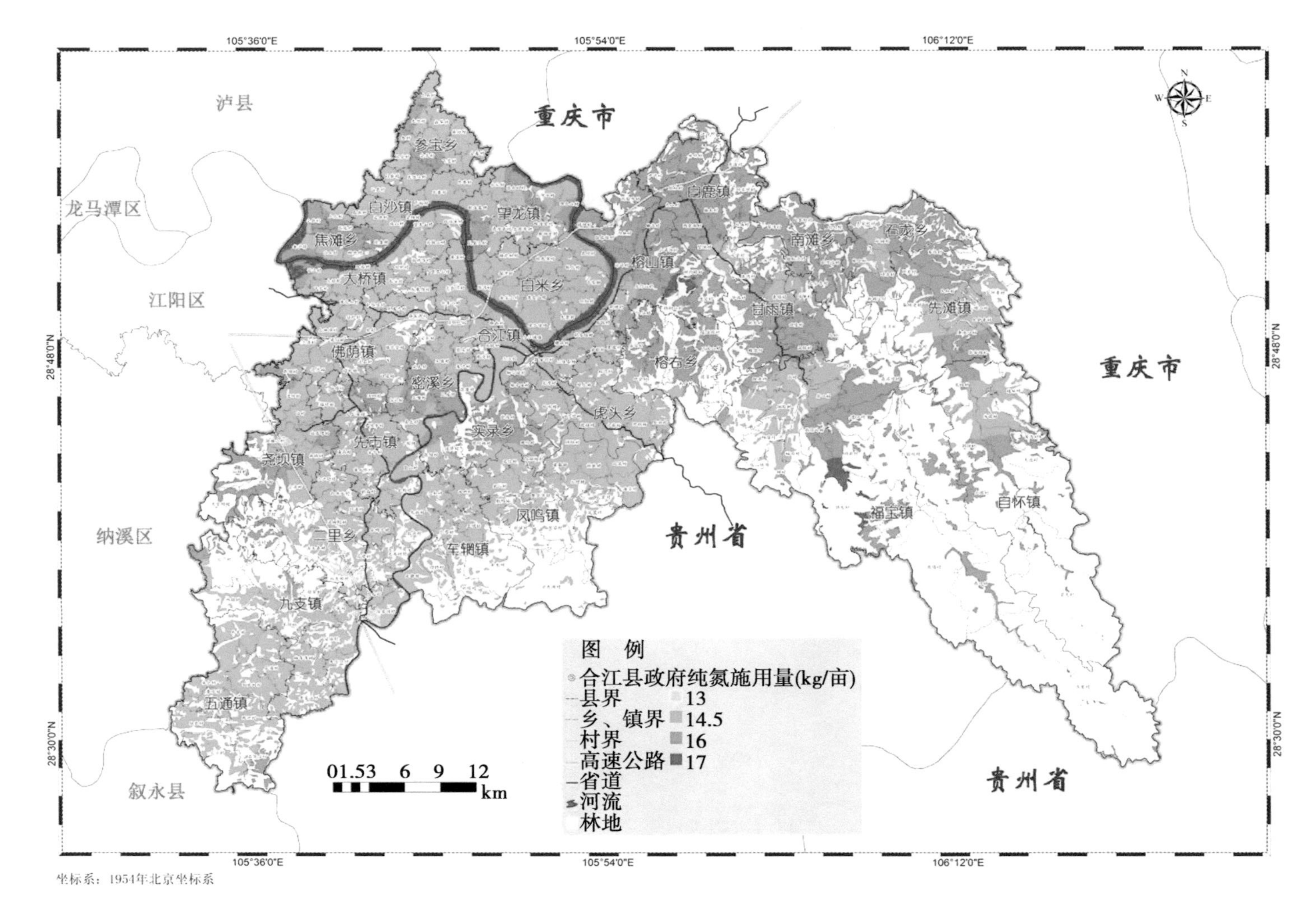

附图 41 合江县玉米高产 400～450kg 氮肥施肥分区图

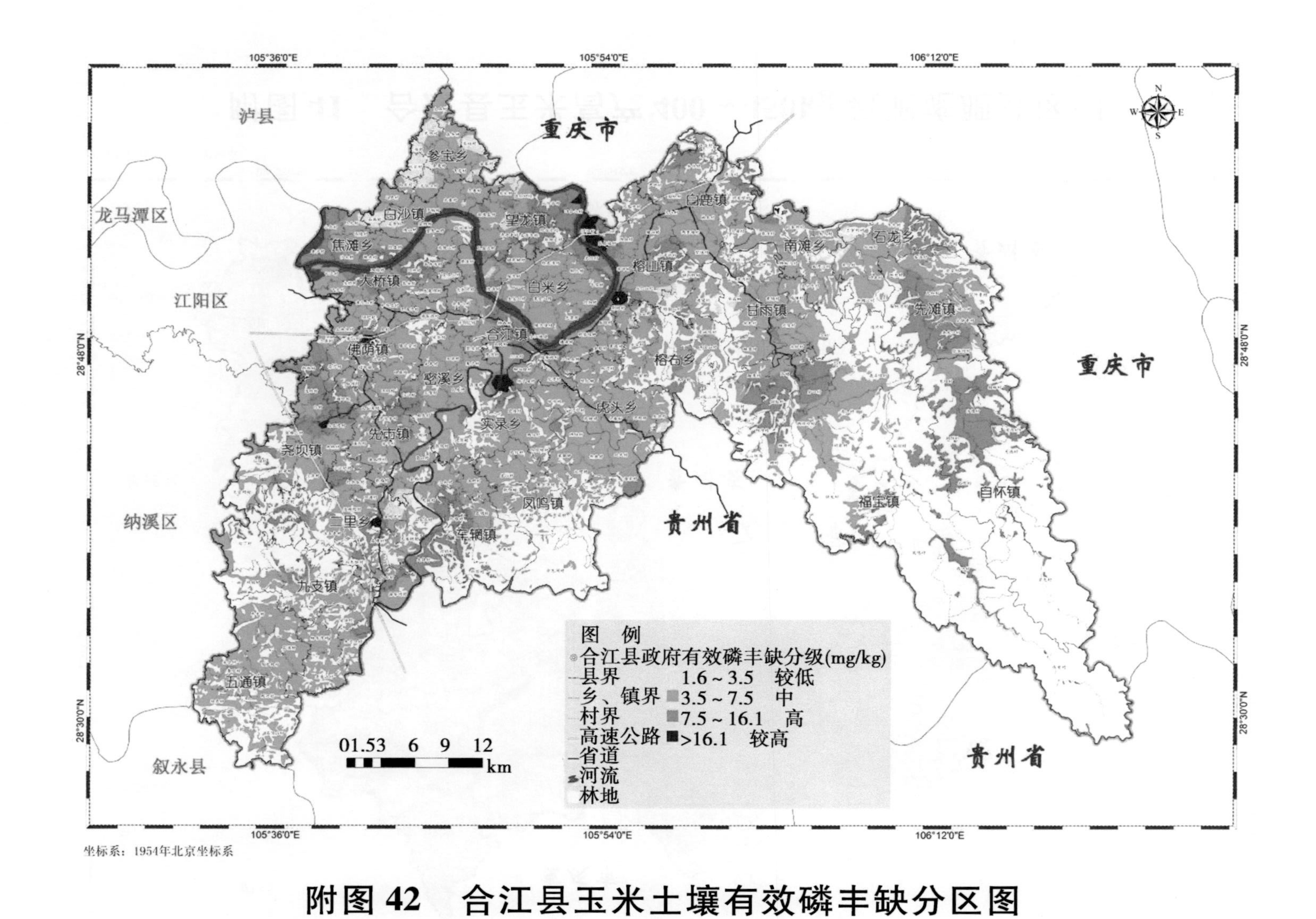

附图 42 合江县玉米土壤有效磷丰缺分区图

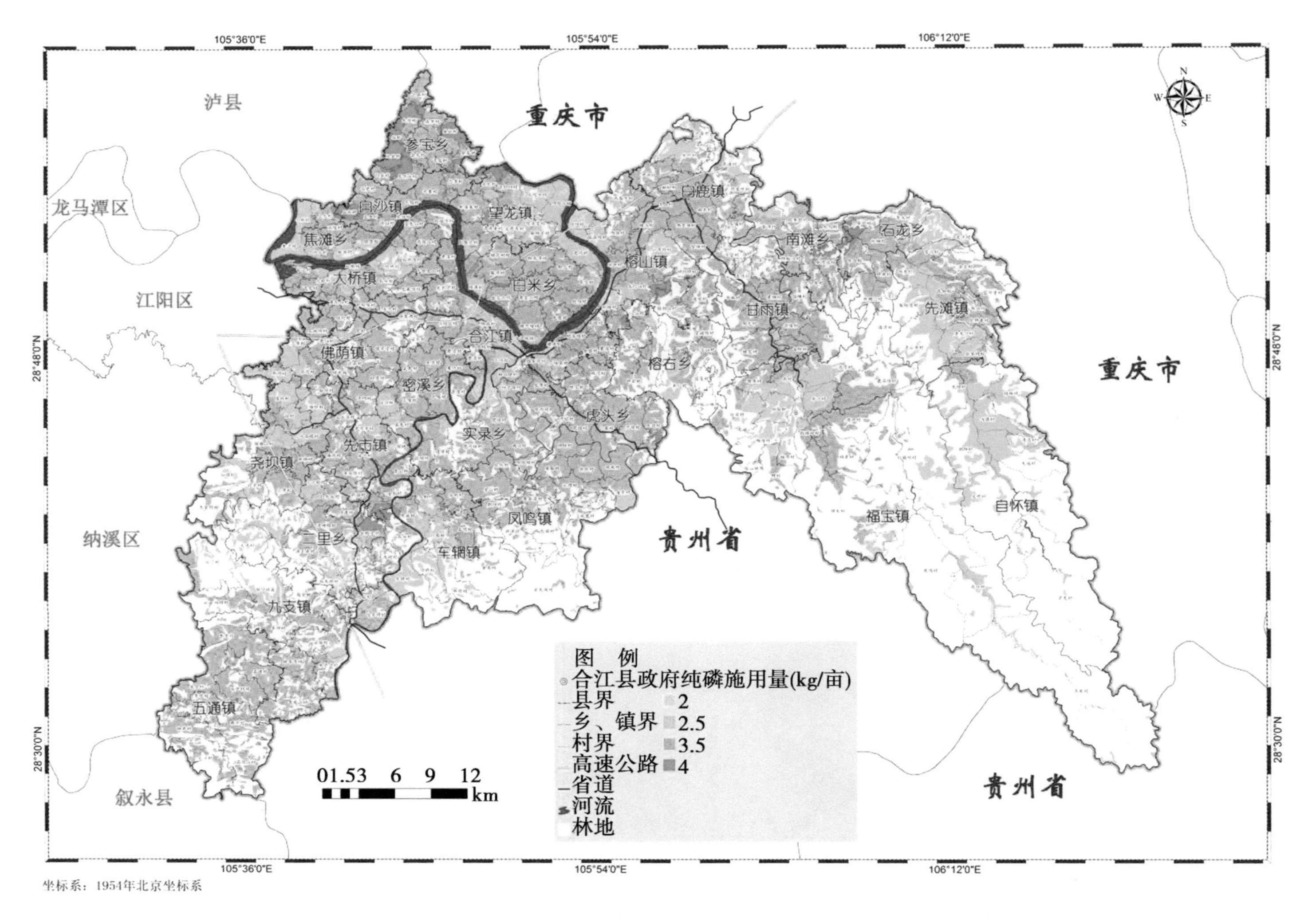

附图 43 合江县玉米亩产 300 ~ 350kg 磷肥施肥分区图

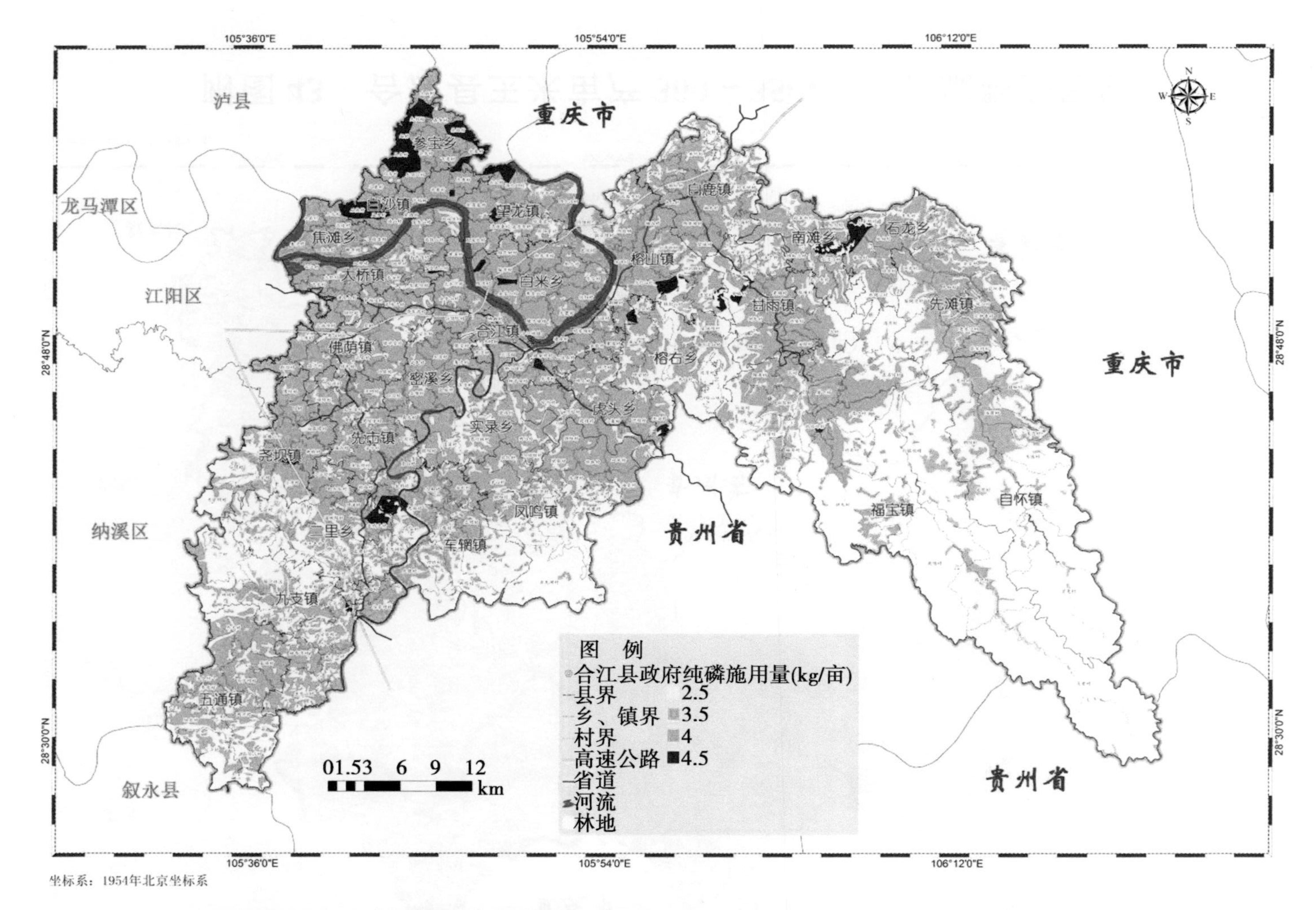

附图 44　合江县玉米亩产 350～400kg 磷肥施肥分区图

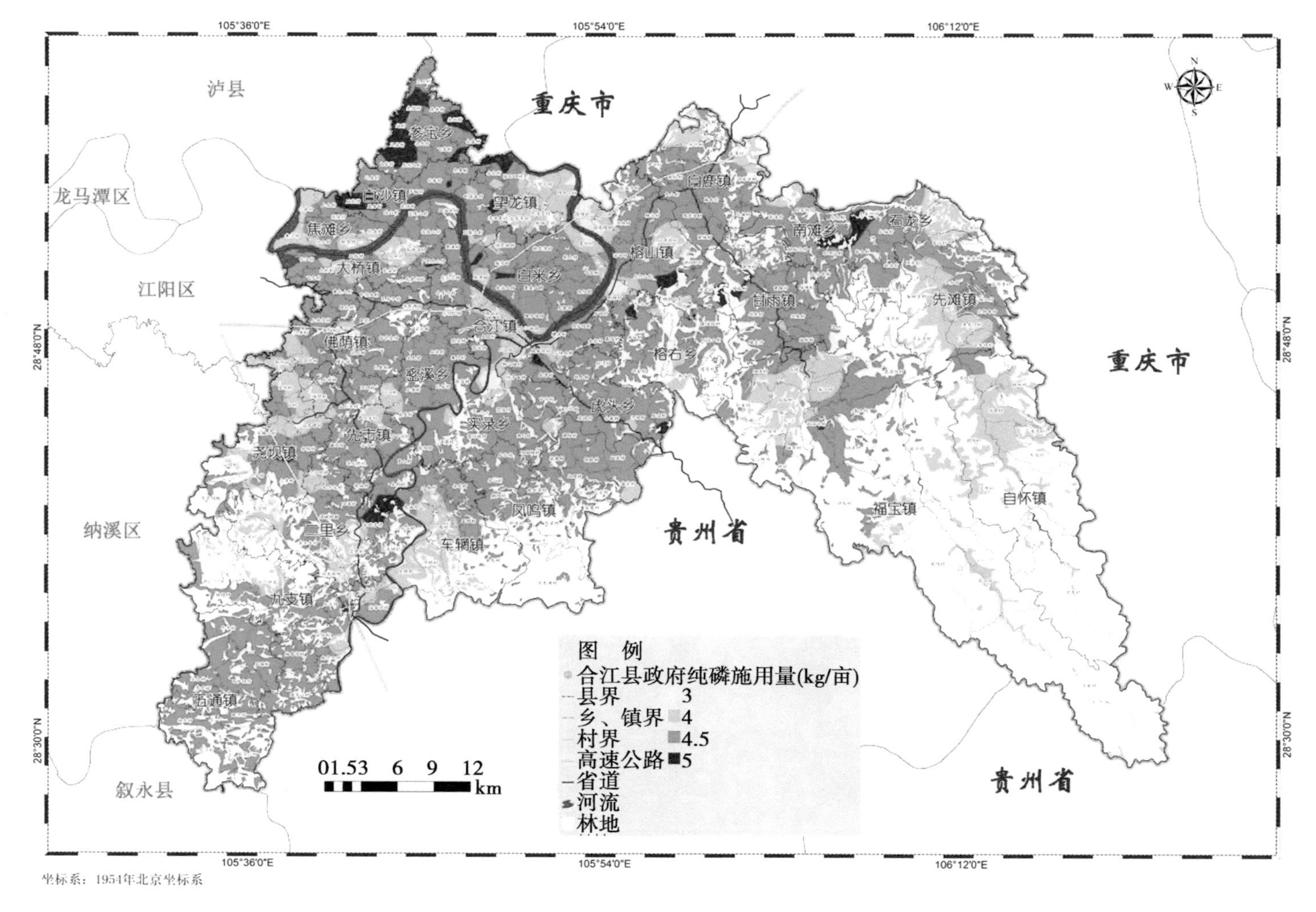

附图45 合江县玉米亩产400～450kg磷肥施肥分区图

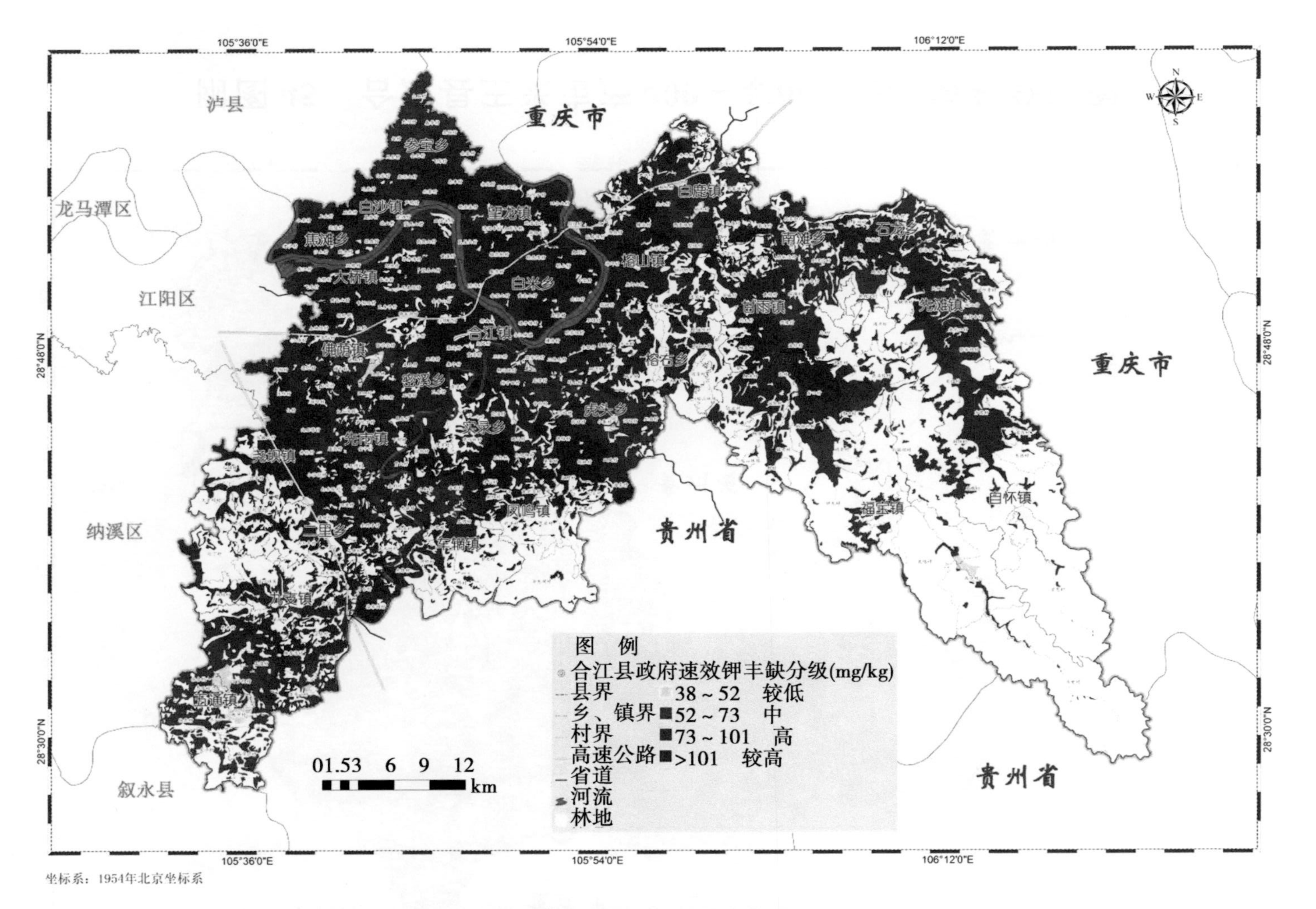

附图 46　合江县玉米土壤速效钾丰缺分区图

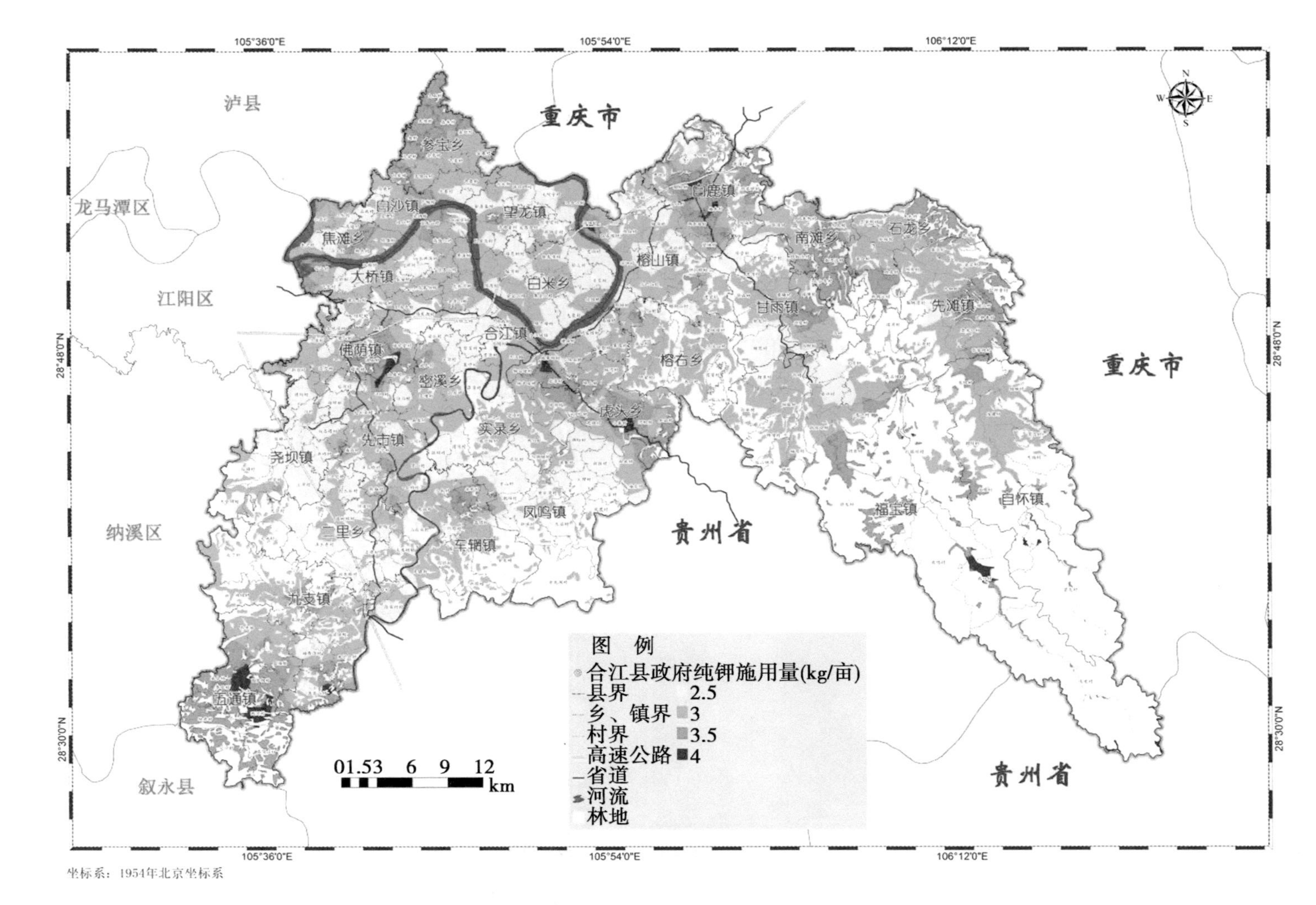

附图 47 合江县玉米亩产 300～350kg 钾肥推荐施肥分区图

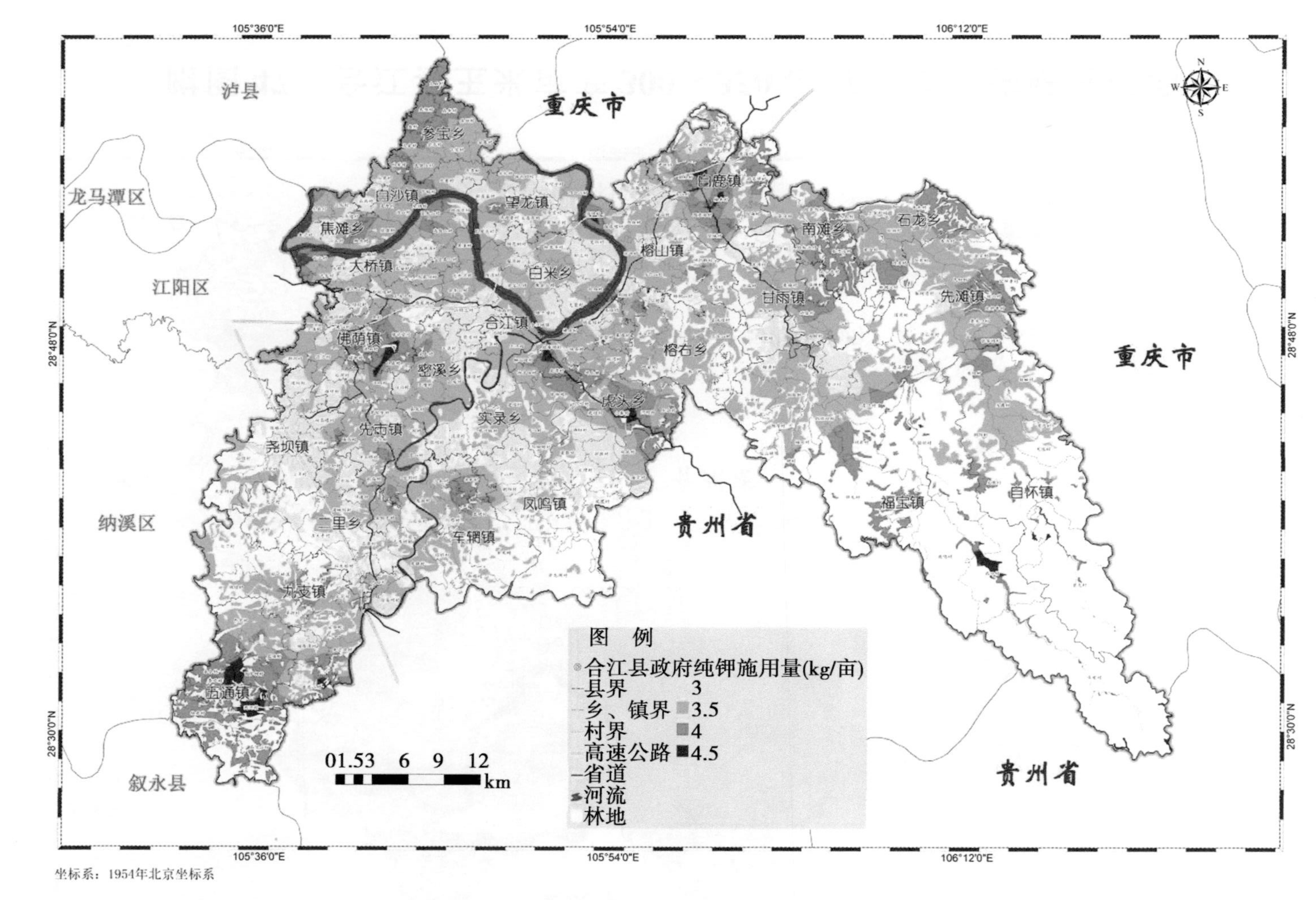

附图48 合江县玉米亩产350～400kg钾肥推荐施肥分区图

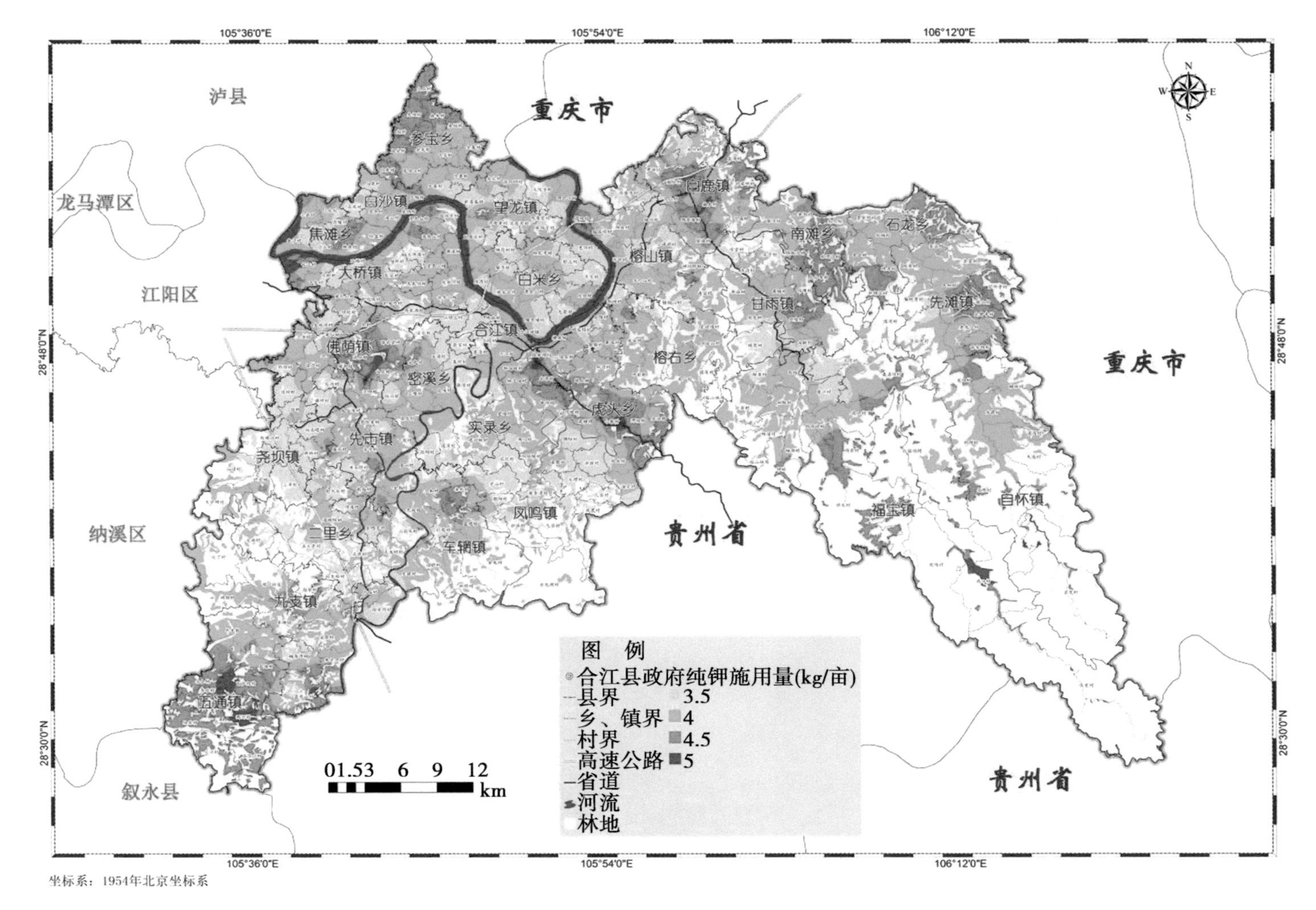

附图 49　合江县玉米亩产 400～450kg 钾肥推荐施肥分区图

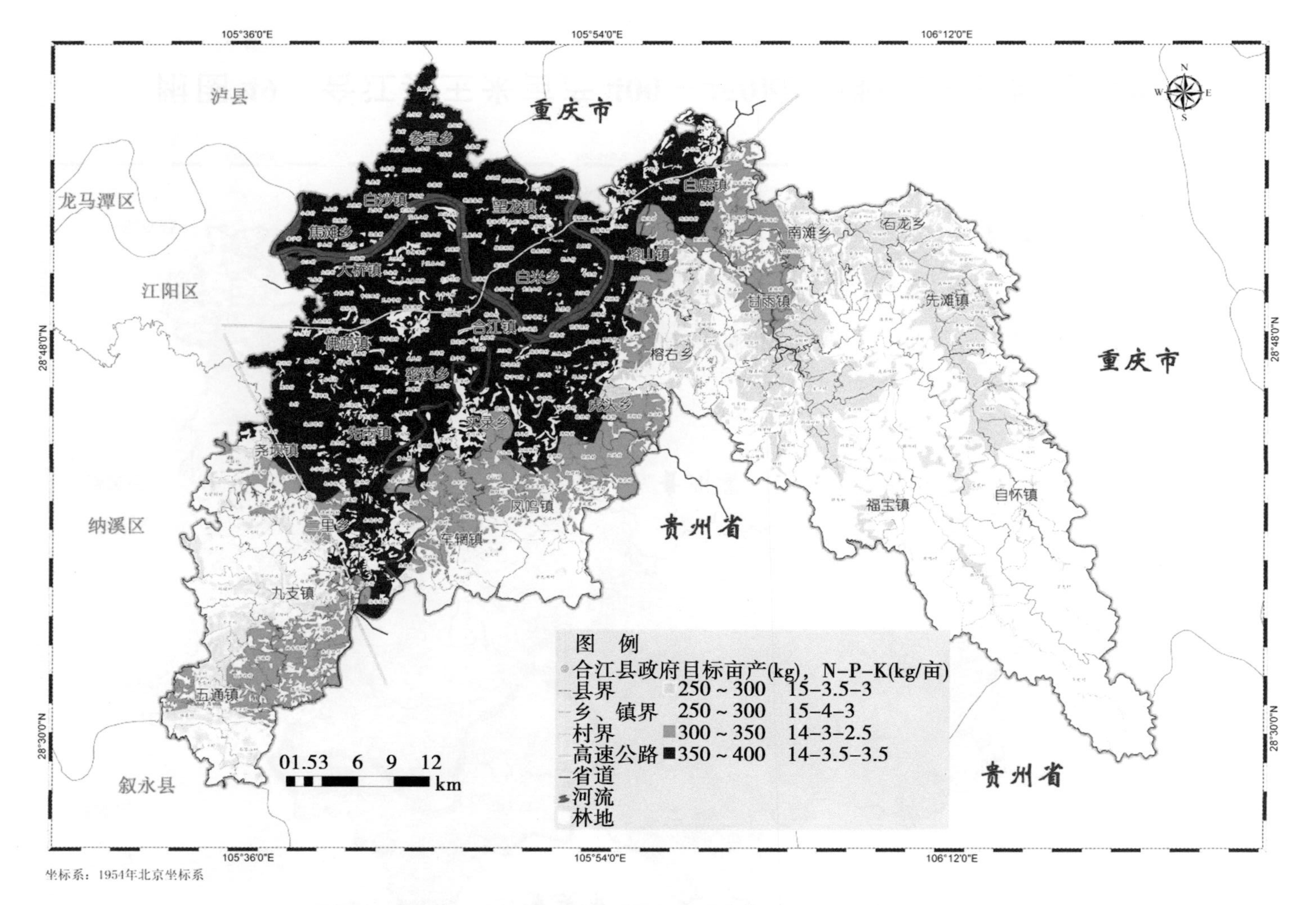

附图 50　合江县玉米通用配方施肥分区图

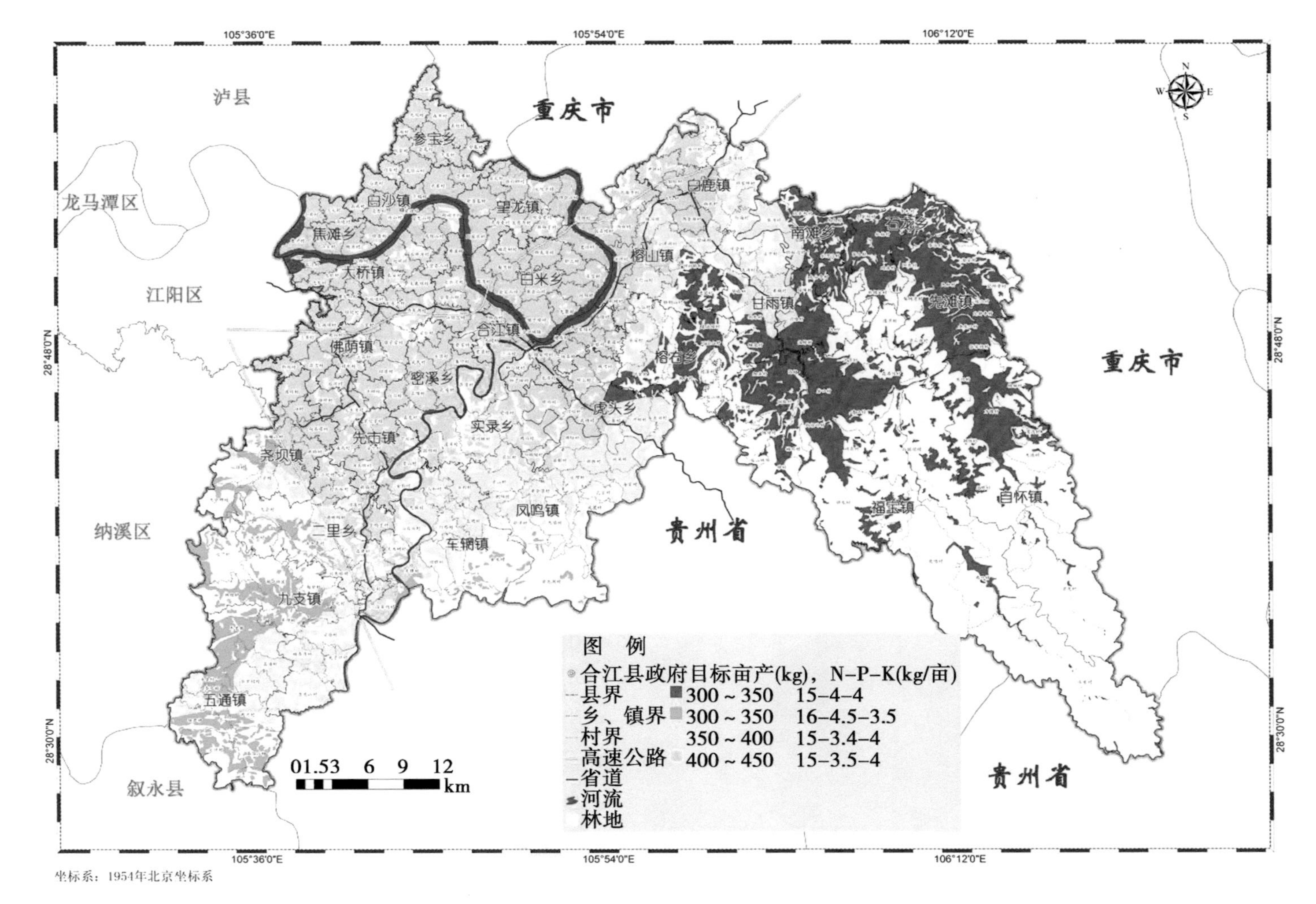

附图51　合江县玉米高产配方施肥分区图

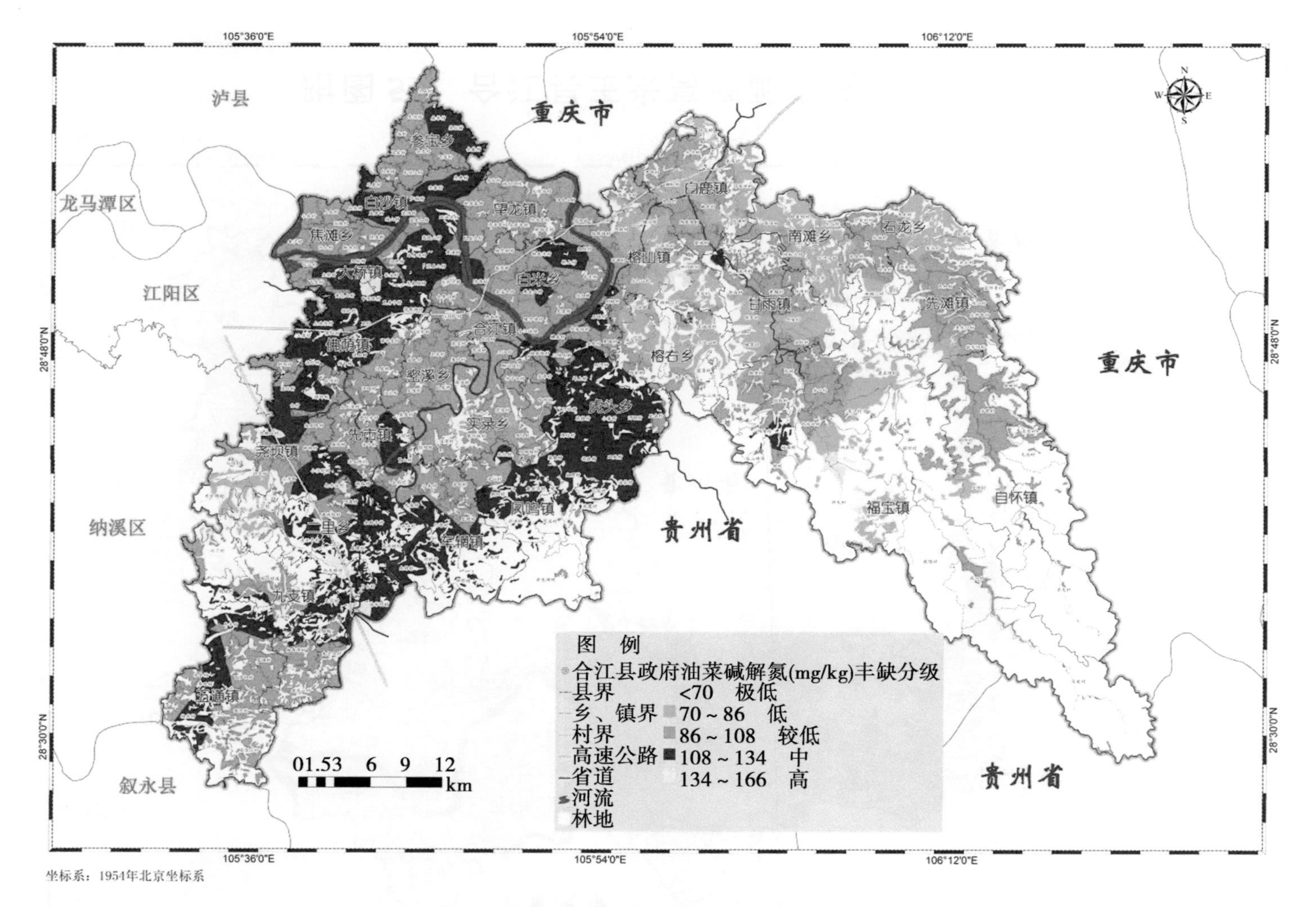

附图 52 合江县油菜土壤碱解氮丰缺分区图

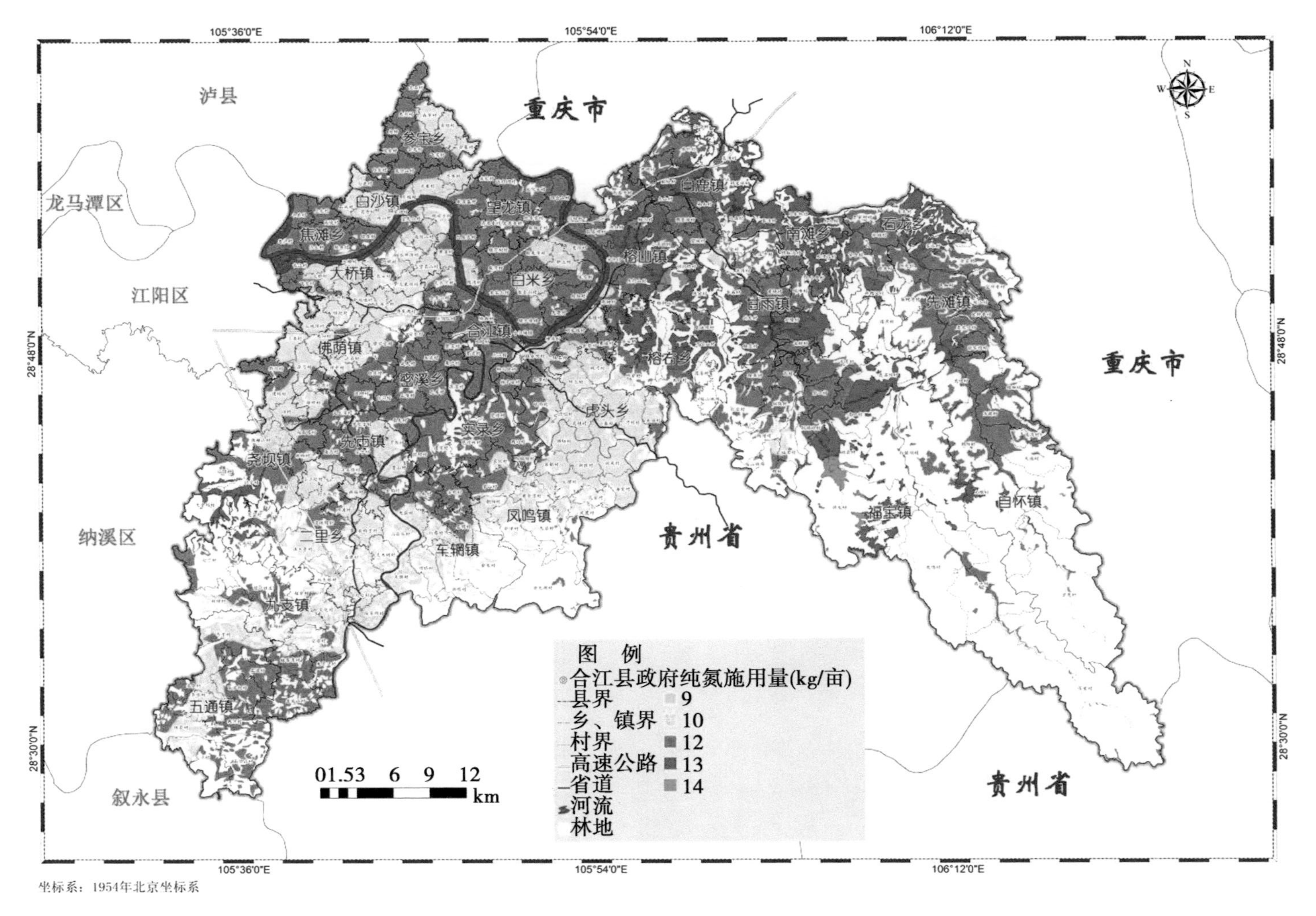

附图53　合江县油菜亩产100～150kg氮肥施肥分区图

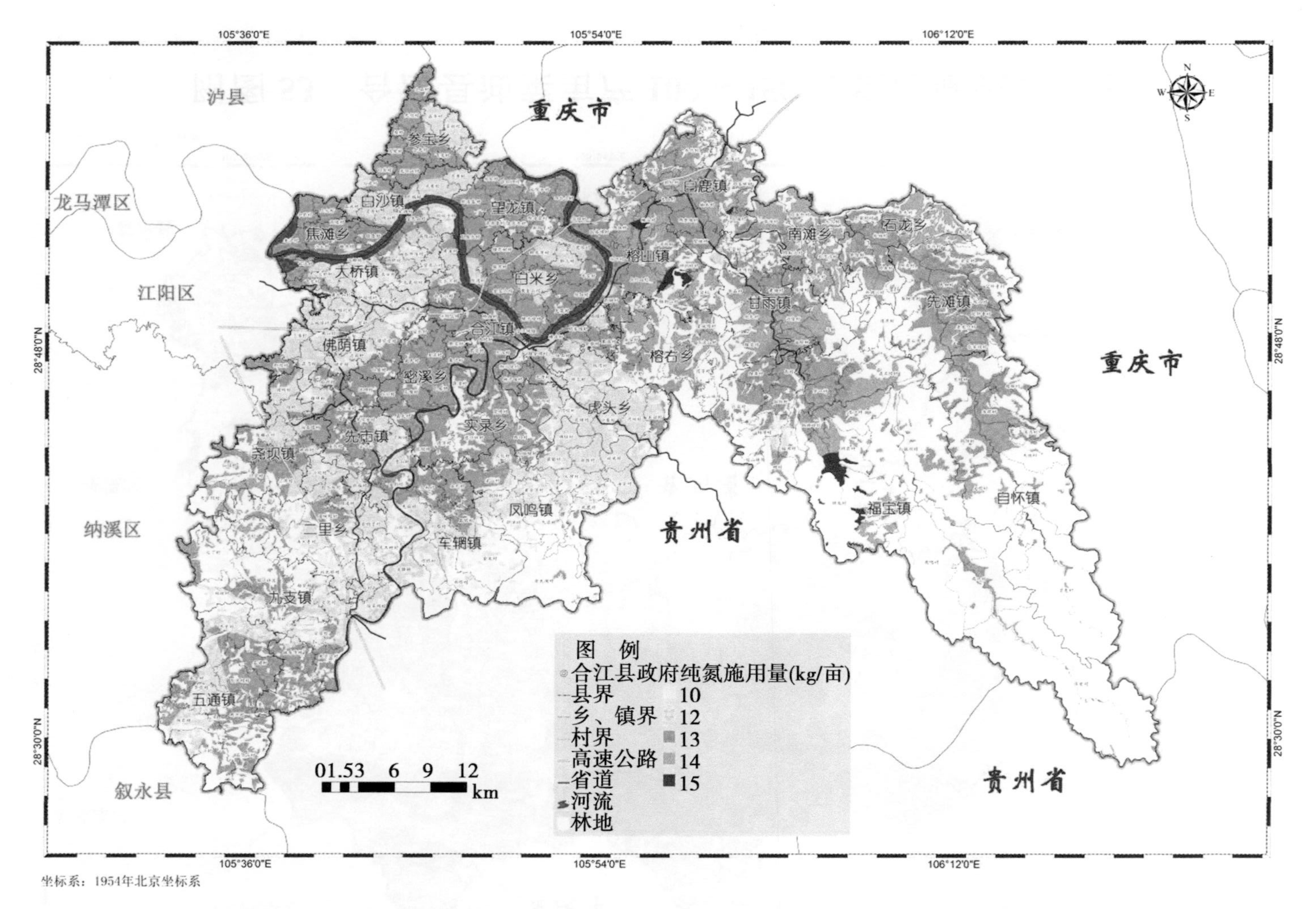

附图54 合江县油菜亩产150～200kg氮肥施肥分区图

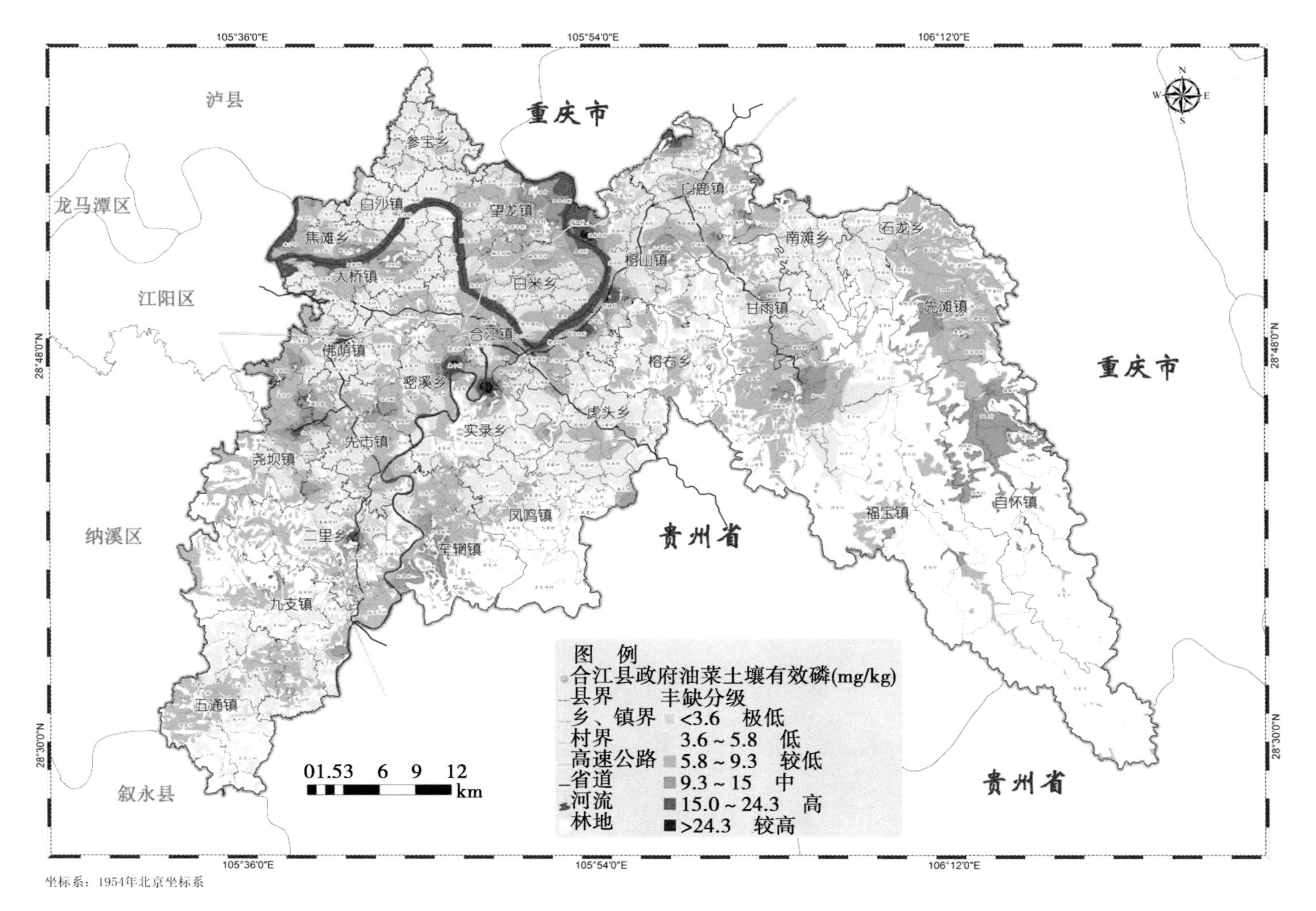

附图 55　合江县油菜土壤有效磷丰缺分区图

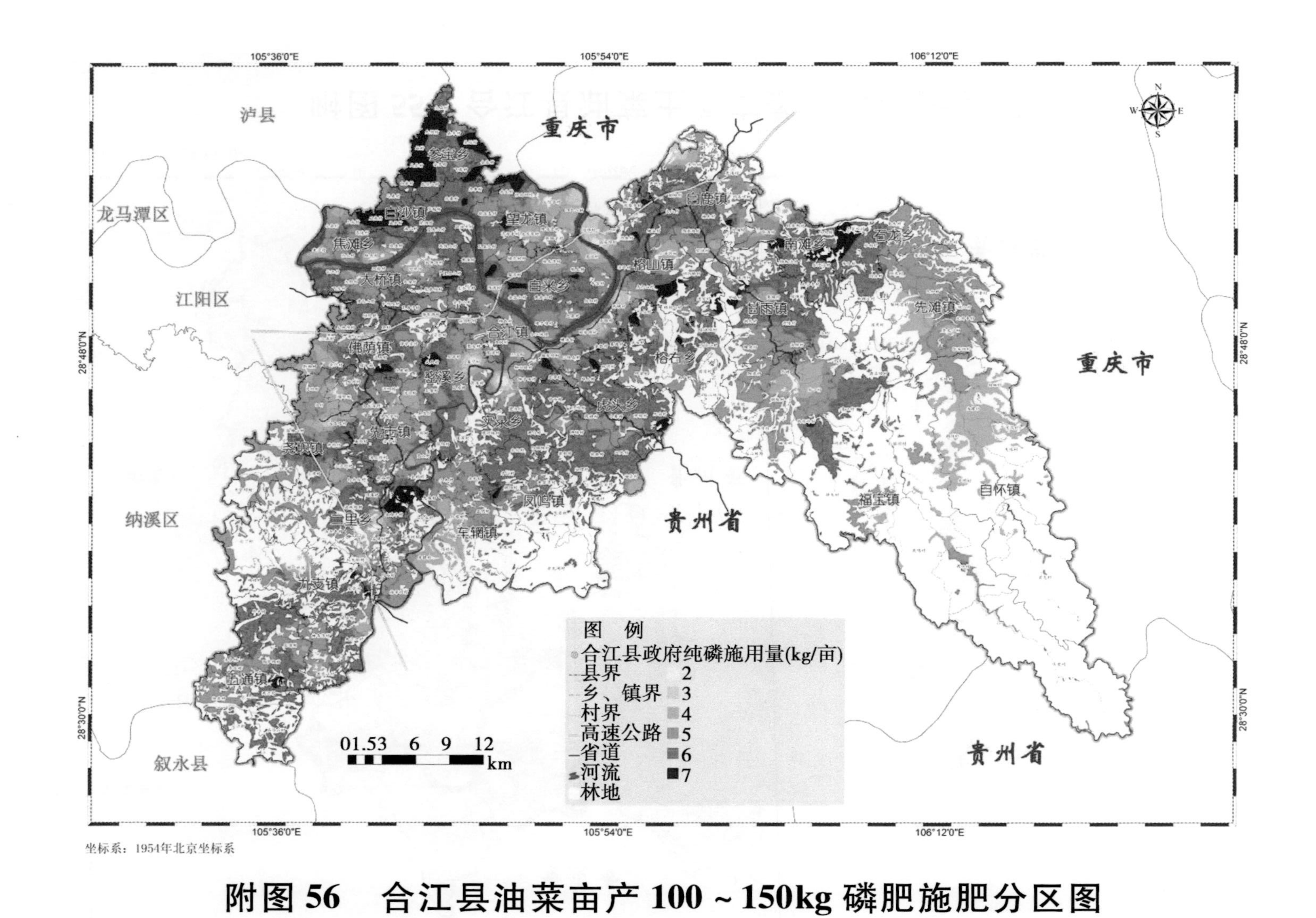

附图 56 合江县油菜亩产 100～150kg 磷肥施肥分区图

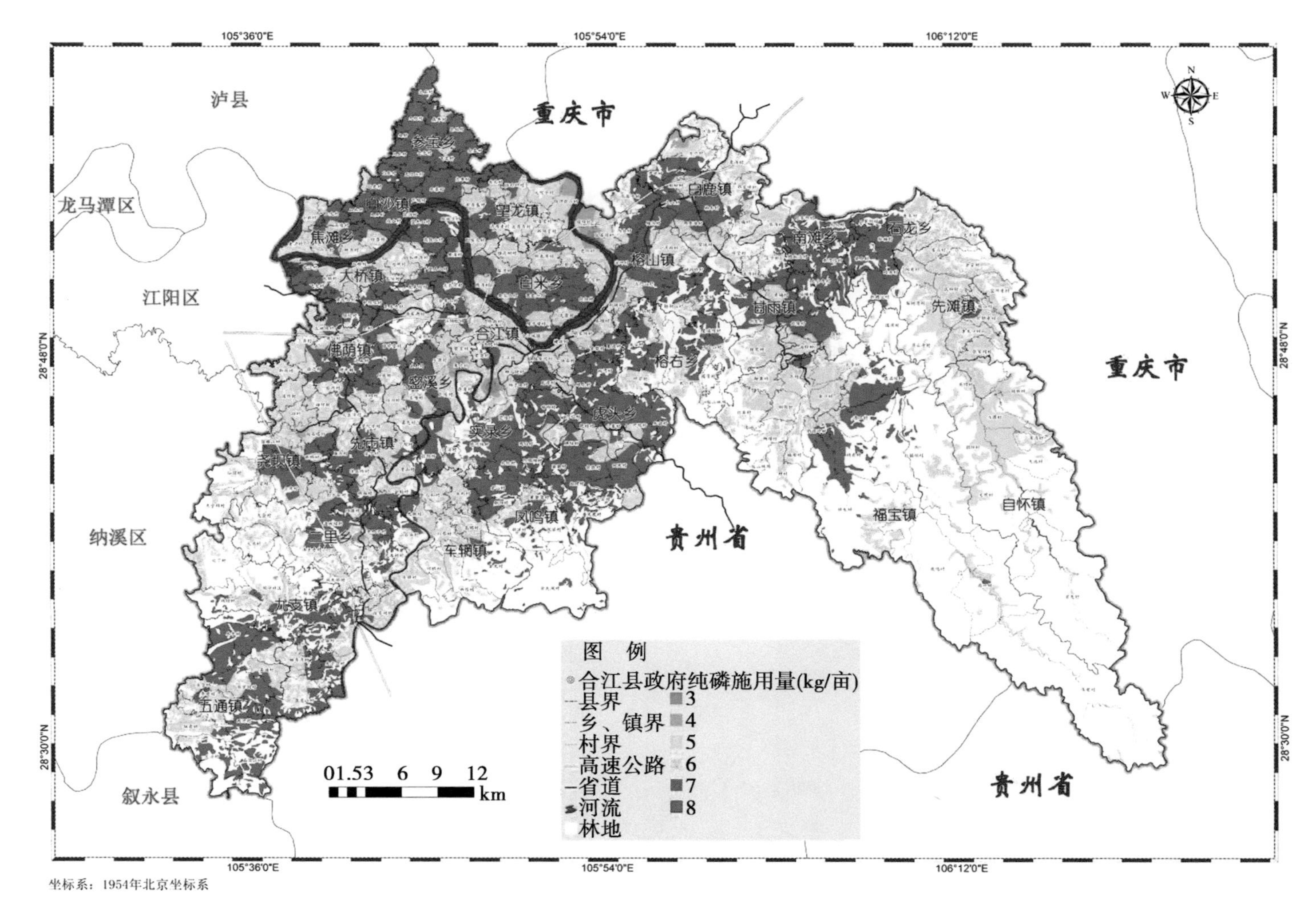

附图 57　合江县油菜亩产 150～200kg 磷肥施肥分区图

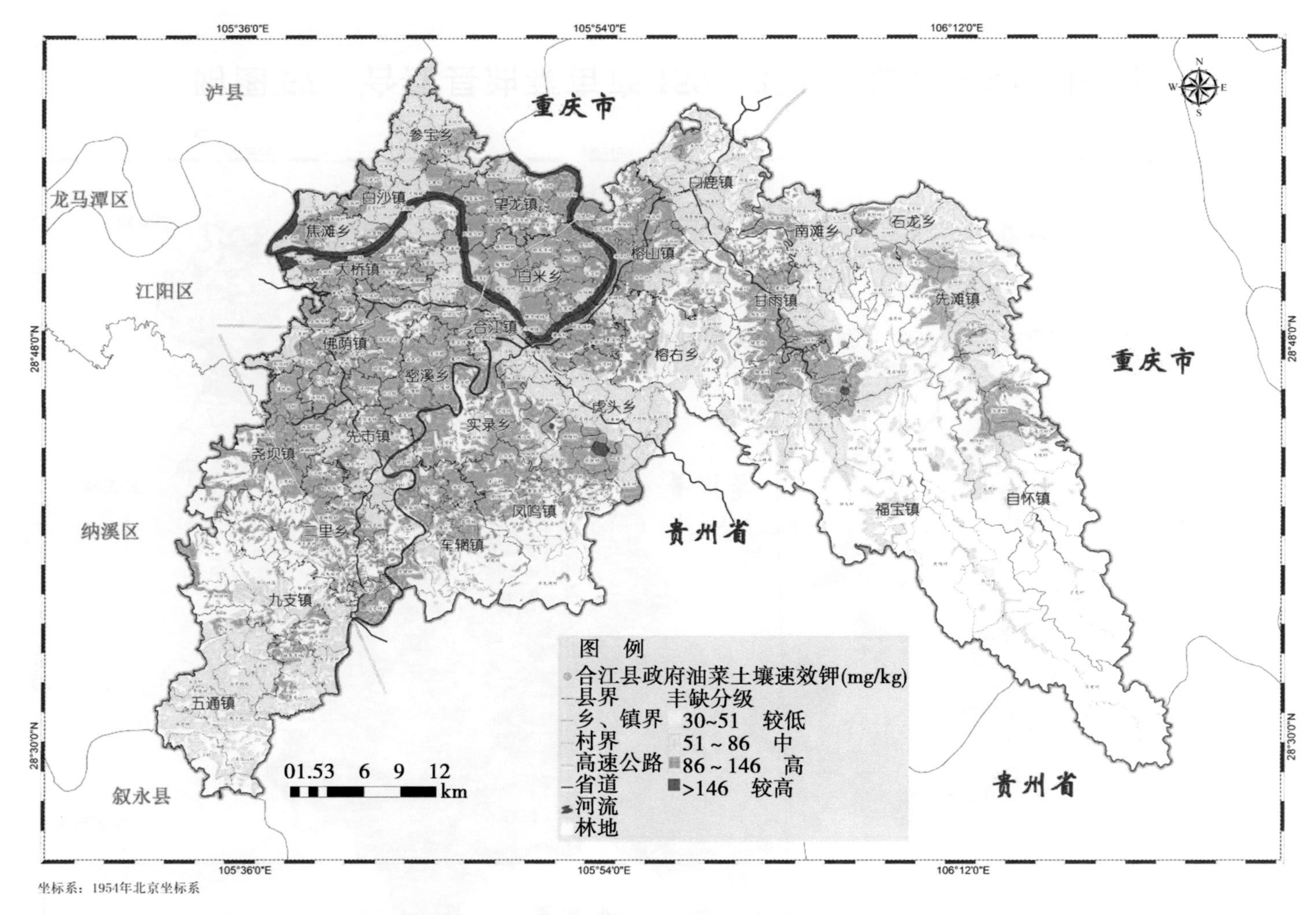

附图 58 合江县油菜土壤速效钾丰缺分区图

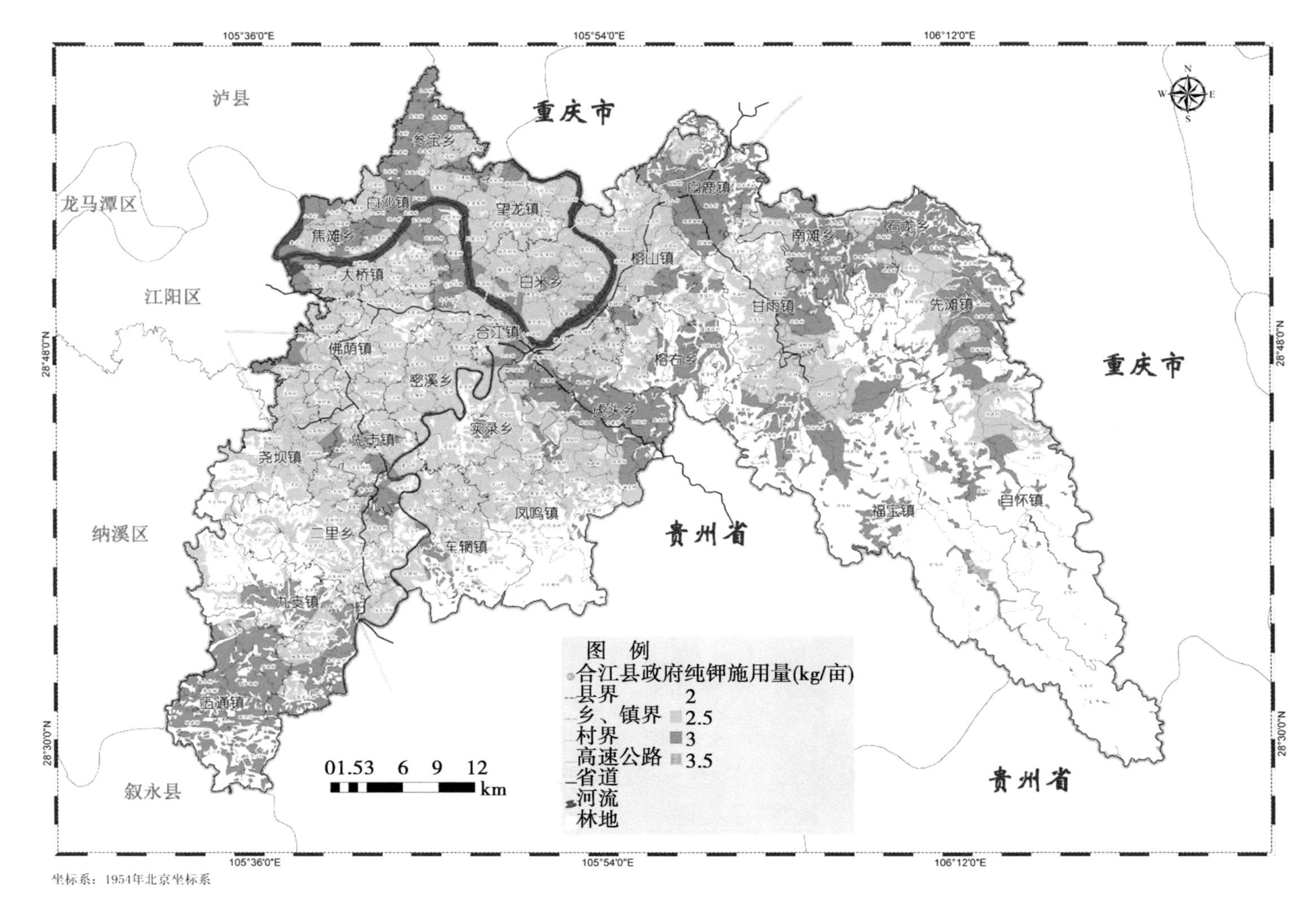

附图 59 合江县油菜亩产 100 ~ 150kg 钾肥施肥分区图

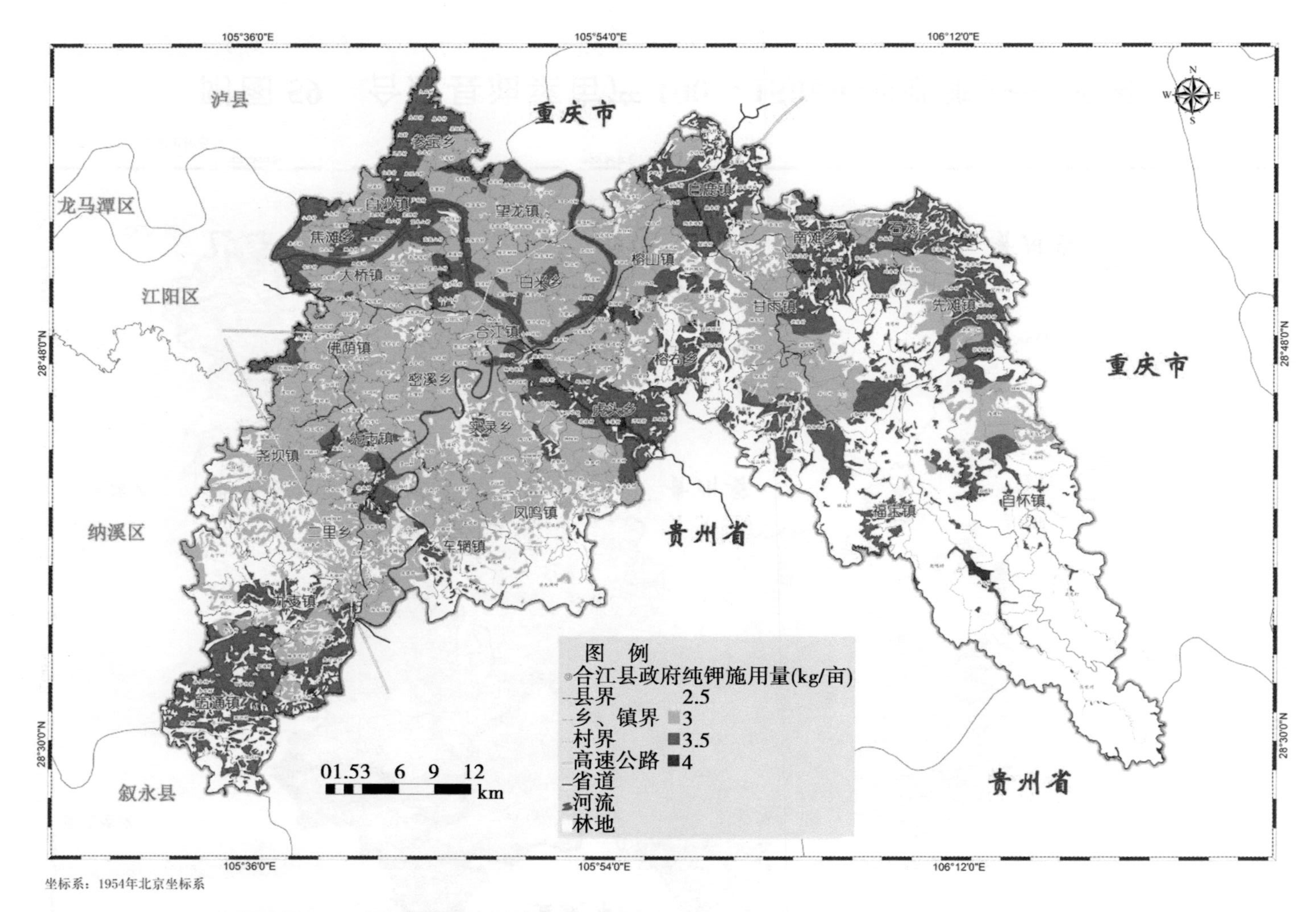

附图60 合江县油菜亩产150～200kg钾肥施肥分区图

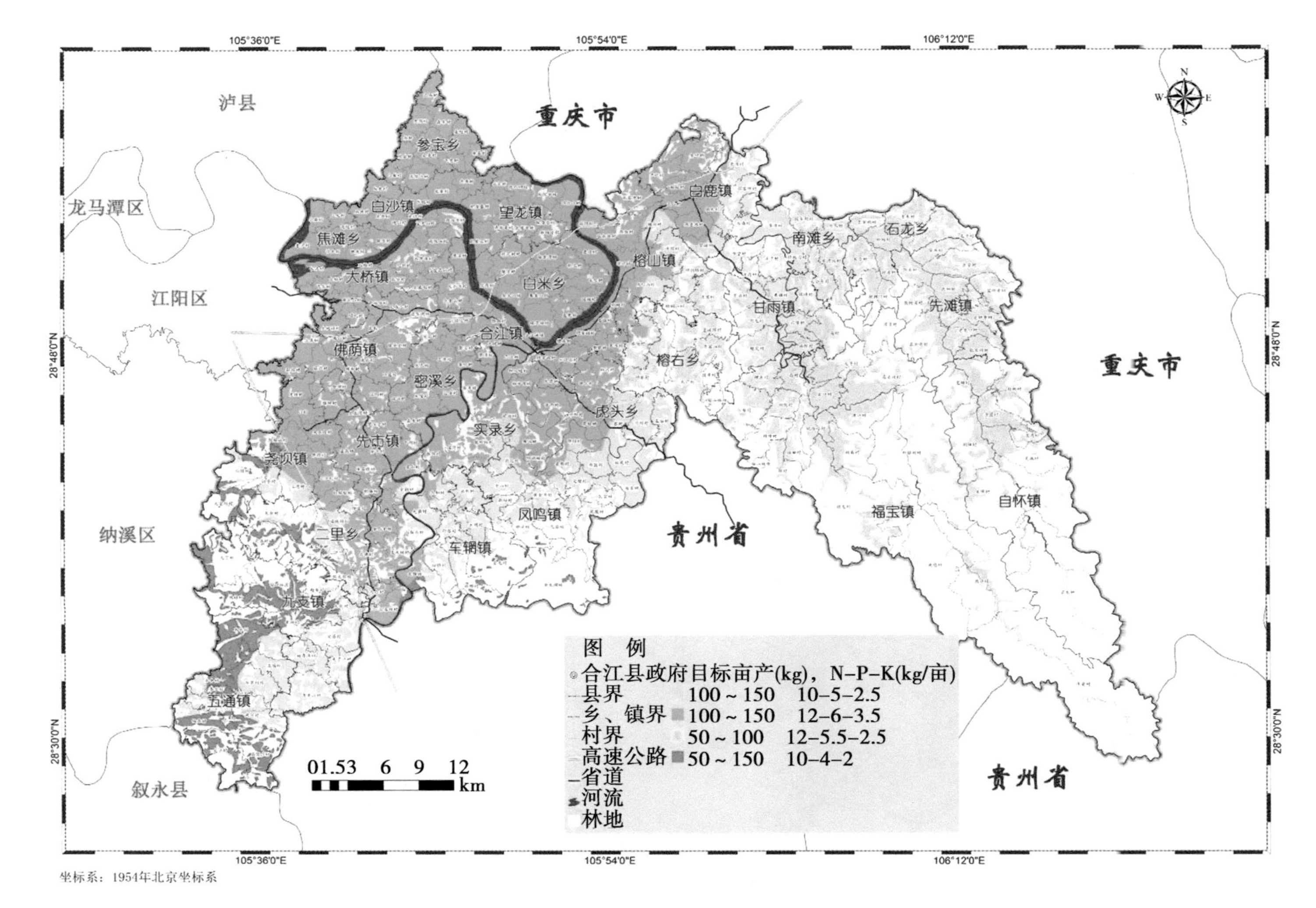

附图61　合江县油菜通用配方施肥分区图

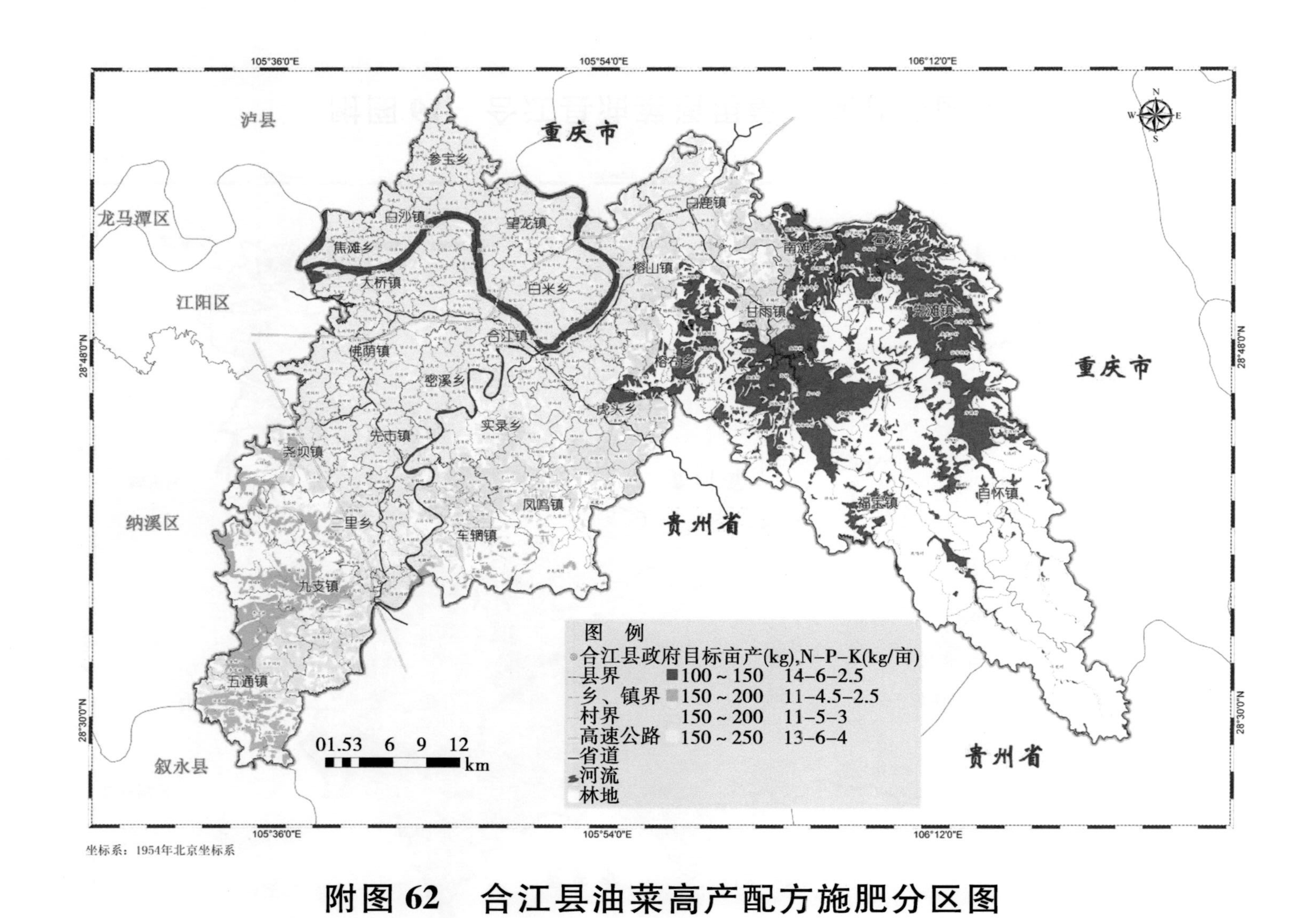

附图 62　合江县油菜高产配方施肥分区图